Helmut Rzehak (Hrsg.)

Echtzeitsysteme
und objektorientierter Entwurf

Helmut Rzehak (Hrsg.)

Echtzeitsysteme
und objektorientierter Entwurf

Gedruckt auf säurefreiem Papier

ISBN 978-3-528-05542-4   ISBN 978-3-322-90480-5 (eBook)
DOI 10.1007/978-3-322-90480-5

Vorwort

Vor etwa zwei Jahren erschien der erste Band mit einer Auswahl von aufbereiteten Beiträgen der ECHTZEIT, einer Kongreßmesse für Echtzeitdatenverarbeitung. Nach dem guten Erfolg dieses Buches habe ich mich entschlossen, einen weiteren Band mit Beiträgen aus den Jahren 1994 und 1995 herauszugeben. Leitschnur sollte auch diesmal sein, daß die zum allgemeinen Verständnis notwendigen Grundlagen sowie die bei den Anwendungen auftretenden grundsätzlichen Probleme und deren Lösungsmöglichkeiten dargestellt werden. Theorie und Anwendungsbezug sollen eine Symbiose eingehen. Die Beiträge wurden aufeinander abgestimmt und ein gemeinsamer Index zur besseren inhaltlichen Erschließung erstellt. Zusammen mit dem ersten Band ergibt sich ein guter Überblick über den aktuellen Stand der Echtzeitdatenverarbeitung.

Der Titel „Echtzeitsysteme und Objektorientierter Entwurf" entspricht der aktuellen Diskussion über den Nutzen und die nicht zu verkennenden Probleme bei der Einführung objektorientierter Techniken für die Konstruktion von Echtzeitsystemen. Zweifellos ist hier ein neuer Denkansatz entstanden, dessen Vorteile auch für Echtzeitanwendungen erschlossen werden müssen. Es stellt sich also mehr die Frage, was bei der Anwendung dieser Techniken besonders zu berücksichtigen ist, und wie insbesondere der zeitliche Determinismus und die Laufzeiteffizienz gewährleistet werden können. Ich hoffe als Herausgeber, daß ich mit diesem Band der Echtzeitgemeinde einen guten Dienst erweisen kann.

Die Aufbereitung der Texte und das Erstellen des Index ist mit viel Kleinarbeit verbunden. Hierbei bin ich von meinem Mitarbeiter, Herrn Dipl.-Ing. M. Mächtel tatkräftig unterstützt worden. Hierfür möchte ich meinen Dank und meine Anerkennung aussprechen. Dank gebührt auch den Beitragenden für die Bereitschaft, uns die Rohfassung in der von uns gewünschten Form auf Datenträger zur Verfügung zu stellen und dem Verlag für die rasche Herausgabe des Bandes.

Neubiberg, im April 1996   Helmut Rzehak

Inhaltsverzeichis

Betriebssysteme - Konzepte, Standards, Leistungsaspekte

Objektorientierte Techniken in Echtzeitsystemen

Fuzzy-Logic in der Prozeßautomatisierung

Kommunikationsobjekte

Fallstudien

Autorenliste

Sachwortverzeichnis

Betriebssysteme -

Konzepte, Standards, Leistungsaspekte

DOBOS: Ein *Distributed Object-Based Operating System* für Soft Real-Time Systeme

U. Schmid, W. Kastner

Zusammenfassung:

We present some important features of our *Distributed Object-Based Operating System* DOBOS designed for high-performance, heterogeneous, distributed soft real-time systems. It provides concurrent objects, location transpacency, persistence, and dynamic classes in the static type checking framework of C++, thus preserving the usability of existing software and development/debugging environments. DOBOS is built upon a runtime kernel layered on top of traditional operating systems, and a native C++-compiler in conjunction with some particular class libraries, forming a powerful yet relatively easy-to-provide concurrent object-oriented environment.

1. Einleitung

Objektorientierung und verteilte Systeme sind aus der modernen Datenverarbeitung nicht mehr wegzudenken. Die Integration dieser beiden "Welten" ist zwar noch Gegenstand aktiver Forschung (siehe z. B. [2], [1], [4], [7]); es gibt aber bereits einige "kommerziell verfügbare" Systeme (etwa NEXT's *distributed objects*) und sogar einschlägige Standardisierungsaktivitäten — man denke nur an die OMA (*Object Management Architecture*) der OMG (*Object Management Group*).

Etwas anders ist hier die Situation der Echtzeit-Datenverarbeitung. *Hard real-time systems* erfordern bekanntlich Lösungsansätze (etwa für das Scheduling), die sich grundlegend von traditionellen Verfahren unterscheiden - deren Realisierung wird durch die Forderung nach objektorientierten Konzepten nicht gerade einfacher. Die einschlägige Forschung steht ziemlich am Anfang; vgl.[7] oder [4]. Im Gegensatz dazu sind die aus der traditionellen Datenverarbeitung stammenden Paradigmen für *soft real-time systems* durchaus brauchbar, wenngleich auch mit Einschränkungen und Modifikationen. Letztendliches Ziel solcher Bestrebungen sollte die Bereitstellung einer Programmierumgebung sein, die dem Entwickler all den Komfort der Objektorientierung bietet, den er - mit einigem Recht - erwarten kann. Das allmähliche Auftauchen von C++-Entwicklungsumgebungen für *embedded systems* oder gar Lösungen wie [3] belegen den konkreten Bedarf recht deutlich. Die den letztgenannten Systemen üblicherweise zugrundeliegende, relativ "naive" Übertragung herkömmlicher Paradigmen (etwa von OMA-Standards) auf den Bereich der Echtzeitsysteme ist allerdings aus Performance-Gründen eher wenig befriedigend.

Die vorliegende Arbeit ist einer praktisch verwendbaren Programmierumgebung für high-performance *distributed soft real-time systems* gewidmet. Konkret wurde uns die Nichtverfügbarkeit eines derartigen Systems sehr unangenehm bewußt, als wir im Zuge eines Forschungsprojektes (*Versatile Timing Analyzer*[1] VTA for Distributed Real-Time Systems, siehe z. B. [8]) vor dem Problem standen, den mit objektorientierten Methoden entworfenen, sehr komplexen VTA auf einer verteilten Architektur bestehend aus Sun Workstation(s) unter Solaris (UNIX) und 68030 VME-CPUs unter ISI/SCG's pSOS+*m* implementieren zu müssen. Unsere konkrete Applikation setzt - neben den Standardkonzepten der Objektorientierung wie Mehrfachvererbung, Polymorphismus, usw. - unter anderem folgendes voraus (siehe [5]):

- *Parallelität*: Aus Performance-Gründen kann auf Parallelverarbeitung (inklusive Multitasking) nicht verzichtet werden.

- *Verteilte Objekte*: Objekte müssen transparent von jedem Rechner im verteilten System aus manipulierbar sein.

- *Dynamische Klassen*: Trotz *static type checking* muß es möglich sein, zur Übersetzungszeit (noch) nicht bekannte Klassen zu verwenden.

- *Persistente Objekte*: Wir benötigen wenigstens elementare Mechanismen zur Verwaltung von Objekten, die ihren Status auch über die Programmlaufzeit hinaus behalten können.

- *Übliche Programmiersprache*: Es ist vom Einarbeitungsaufwand der Projektmitarbeiter her gesehen kaum vertretbar, irgend eine "exotische" Programmiersprache einzuführen.

- *Einfache Anbindung (existierender) C/C++-Software*: Angesichts der unabsehbaren Fülle wertvoller Software sollte eine einfache (und trotzdem homogene) Integration derselben möglich sein.

---

[1]Gefördert vom Österreichischen Fonds zur Förderung der Wissenschaftlichen Forschung, Projekt-Nr. P8390.

All diese Features müssen natürlich unter dem Aspekt der maximalen Performance bereitgestellt werden. Entscheidende Bedeutung kommt schließlich auch der Verfügbarkeit einer leistungsfähigen Entwicklungsumgebung zu.

Eine Evaluation existierender Systeme machte bald klar, daß an einer - ursprünglich nicht vorgesehenen - Eigenentwicklung kein Weg vorbeiführen würde: Inadäquate Modellierungsmittel, fehlende bzw."exotische" sprachliche Mechanismen, Probleme mit der Verteilung auf unsere heterogene Hardware-Architektur, unzureichende Integration existierende Software und nicht zuletzt auch mangelnde Performance ließen sowohl "kommerziell verfügbare" Systeme als auch Research-Prototypen rasch ausscheiden. Wir waren daher gezwungen, uns selbst um die Bereitstellung eines geeigneten Betriebssystems zu kümmern. Das Ergebnis der bisherigen Arbeiten daran (siehe auch [6], [5]) ist das Detailkonzept eines *Distributed Object-Based Operating Systems* DOBOS, das eine leistungsfähige Basis für die Entwicklung von *distributed soft real-time systems* darstellt.

DOBOS selbst basiert auf einem relativ einfachen Laufzeitsystem, das auf Solaris und pSOS+m aufsetzt und die oben erwähnten Features auf Systemebene bereitstellt. Darauf aufbauend sorgen ein (Standard-)Compiler für C++ und einige notwendige Klassen-Bibliotheken dafür, daß diese Funktionalitäten dem Applikations-Programmierer auch tatsächlich zur Verfügung stehen. Ein wesentlicher Vorteil unseres Ansatzes besteht darin, daß sehr leicht existierende Entwicklungs/Debugging-Umgebungen eingesetzt werden können.

2. Objekte in DOBOS

Fast alle existierenden sequentiellen Entwicklungsumgebungen unterstützen das objektorientierte Paradigma auf der Basis von *passiven Objekten*: Ein Objekt wird erst nach Erhalt einer Nachricht (nach einem Methodenaufruf) aktiviert. Der Empfänger dieser Nachricht beginnt daraufhin mit der Verarbeitung der entsprechenden Befehle; der Absender ist hingegen gezwungen, auf das Ende der Verarbeitung (die mit der Rückgabe etwaiger Ergebnisse verbunden sein kann) zu warten. Zu jedem Zeitpunkt kann daher immer nur ein Objekt tatsächlich aktiv sein.

Diese Betrachtungweise gilt auch für verteilte Systeme unter DOBOS, mit der Auflage, daß aufgrund der hier möglichen gleichzeitigen Aktivierung von Methoden passiver Objekte Mechanismen für den gegenseitigen Ausschluß bereitgestellt werden müssen. Die Methodenaufrufe werden dabei in der Regel als herkömmliche (schnelle) Funktionsaufrufe realisiert, was auch die geforderte einfach Anbindung/Integration herkömmlicher Software sehr vereinfacht.

Obwohl fast alle zur Zeit existierenden objektorientierten Systeme für nicht parallele Software gedacht sind, passen Objekte *a priori* gut in die Konzepte der parallelen Programmierung. Ihre logische Autonomie formt sie zu Einheiten, die im Prinzip auch gleichzeitig exekutiert werden können. In DOBOS wird Parallelität konkret mit Hilfe von *aktiven Objekten* modelliert. Ein aktives Objekt verfügt über ein eigenständiges inhärentes "Leben" (*thread of control*) und seinen eigenen "Lebensraum" (*Kontext*). Es bestimmt von sich aus, wann es bereit ist, Nachrichten (Methodenaufrufe) zu empfangen, zu verarbeiten und in diesem Zuge Methodenaufrufe an andere Objekte abzusetzen. Aktive Objekte in DOBOS verwenden ihre passiven Gegenstücke vorwiegend als Dienstelemente, deren Methoden normalerweise als Funktionen im Kontext der aufrufenden aktiven Instanz ausgeführt werden. Derartige Methoden sind daher implizit *synchron* in dem Sinne, daß der Auftraggeber grundsätzlich auf die Beendigung der aufgerufenen Methode "warten" muß. Methoden der aktiven Objekte können hingegen wahlweise synchron oder asynchron sein.

Im Falle des Aufrufs einer *asynchronen* Methode ist der Auftraggeber nicht gezwungen, nichtstuend auf deren Termination zu warten, sondern kann währenddessen seinen eigenen Aufgaben nachgehen. Der Grad der Parallelität des Gesamtsystems steigt somit mit der Anzahl der asynchronen Methodenaufrufe. Dieser Mechanismus ist natürlich nur in Situationen von Interesse, in denen die aufrufende Instanz keine Rücklieferung von Resultaten benötigt (Triggermethoden).

Abbildung 1 zeigt ein Beispiel, in dem das aktive Objekt *a1* eine als asynchron deklarierte Methode *m1* des aktiven Objekts *a2* aufruft. *a1* wartet nicht darauf, daß die Methode *m1* von Objekt *a2* tatsächlich zur Ausführung gelangt, sondern fährt augenblicklich mit der weiteren Exekution seiner eigenen Aktionen (wenn vorhanden) fort.

Im Gegensatz dazu bietet der Aufruf einer synchronen Methode eines aktiven Objekts die Möglichkeit, Verarbeitungsresultate zurückzuliefern und - quasi als Seiteneffekt - die beiden beteiligten aktiven Objekte zu synchronisieren.

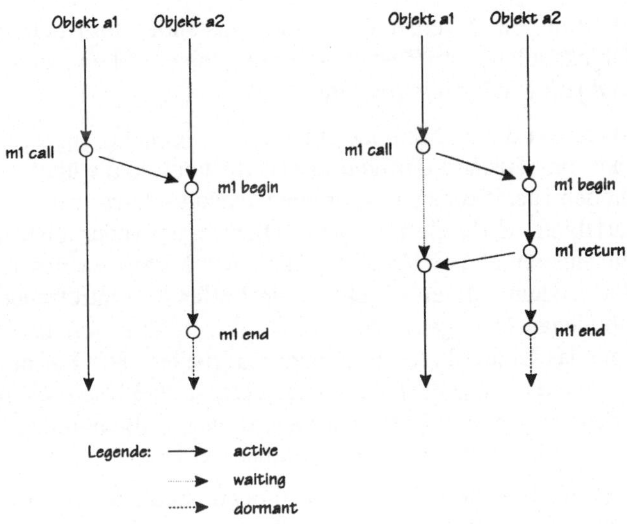

Abbildung 1

Für aktive Objekte lassen sich folgende Zustände unterscheiden (an dieser Stelle sollte nochmals auf den Umstand hingewiesen werden, daß passive Objekte über kein eigenständiges Leben verfügen und ihre Methoden im Kontext aktiver Objekte zur Ausführung gelangen):

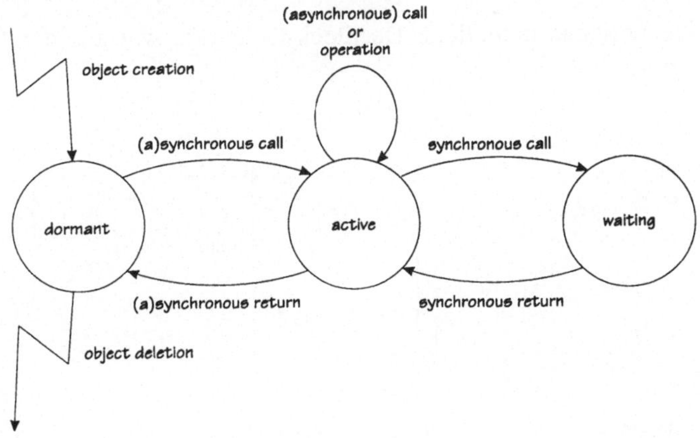

Abbildung 2

- **Dormant State**. Nach seiner Erzeugung (Instantiierung) befindet sich ein aktives Objekt solange im Zustand *dormant*, bis ein Methodenaufruf erfolgt oder das Objekt wieder zerstört wird.

- **Active State**. Wird eine Methode eines aktiven Objekts aufgerufen, so geht das Objekt vom Zustand *dormant* in den Zustand *active* über. Nun werden die Methoden-spezifischen Operationen exekutiert, so beispielsweise die Instanzvariablen modifiziert, weitere Dienste entweder über asynchrone Methoden anderer aktiver Objekte oder über Methoden passiver Objekte angefordert. Jedem aktiven Objekt ist ein Puffer für eintreffende Nachrichten (Methodenauslösungen) zugeordnet, die in ihm solange gespeichert werden, bis das Objekt bereit ist, sie zu verarbeiten. Die Pufferung arbeitet losgelöst vom aktuellen Zustand des Objekts, so daß Nachrichten unabhängig von den gerade stattfindenden Operationen aufgenommen und ihrem Auftrittszeitpunkt entsprechend eingeordnet werden.

- **Waiting State**. Bei Aufruf einer synchronen Methode findet ein weiterer Zustandsübergang statt: Die aufrufende Instanz geht bis zur Beendigung der aufgerufenen Methode (die mit der Rücklieferung von Parametern verbunden sein kann) in den Status *waiting* über. Dieser Zustand ist allerdings nur dann mit einem tatsächlichen Warten des aufrufenden aktiven Objekts verbunden, wenn die aufgerufene Methode ebenfalls einem aktiven Objekt gehört. Der vorhin beschriebene Mechanismus der Pufferung von Nachrichten wird in keinem Fall beeinträchtigt.

Man beachte übrigens potentielle Deadlock-Gefahren, wie aus der folgenden Abbildung ersichtlich:

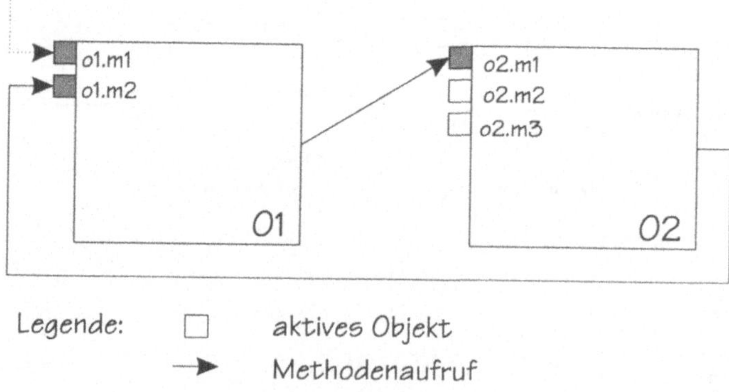

Abbildung 3

3. Domains

Die oft riesige Anzahl von Objekten, aus denen sich ein komplexes Software-System zusammensetzt, verlangt nach einem leistungsfähigen Strukturierungs-konzept. In DOBOS wird dafür, zusätzlich zu dem bekannten (statischen) Konzept verschachtelter Klassen (*nested classes*), eine (dynamische) Hierarchie von *Domains* bereitgestellt. Jedes Objekt liegt in genau einer Domain und darf Methoden von Objekten aufrufen, die in seiner Domain oder in irgendeiner in der Hierarchie darüberliegenden Domain liegen. Nicht erlaubt sind direkte Methodenaufrufe von Objekten, die in der Hierarchie weiter unten angesiedelt sind. Die folgende Abbildung soll dies verdeutlichen; aktive Objekte werden durch Rechtecke, ihre Domain mit durchbrochener Linienführung, passive Objekte durch Dreiecke dargestellt:

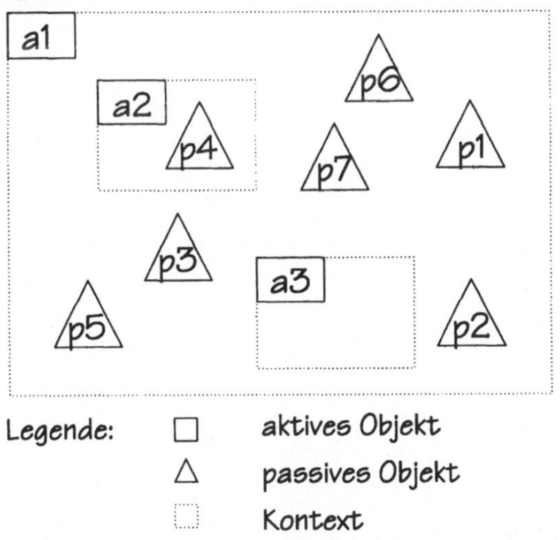

Abbildung 4

Die oberste Ebene der Domain-Hierarchie wird als *System Domain* bezeichnet; jede Subdomain ist eindeutig mit einem aktiven Objekt assoziiert. Bei der Instanziierung eines Objekts wird (implizit oder explizit) festgelegt, in welcher (erreichbaren) Domain dieses Objekt angelegt werden soll. Die Instanziierung eines aktiven Objekts bewirkt darüber hinaus die Errichtung der assoziierten Subdomain (im Falle der Instanziierung in der System Domain einer *Top Level Domain*). In bezug auf die Referenz von Objekten unterstützt DOBOS *Object Identifier*, die

- innerhalb jeder Top Level Domain mit allen Subdomains und

- innerhalb der System Domain.

eindeutig sind. Erst dadurch ist es möglich, die vorhin erwähnten Methodenaufrufe innerhalb der Domain-Hierarchie auch praktisch zu realisieren.

Die Zuordnung der diversen Objekte auf verschiedene Prozessoren des verteilten Systems erfolgt in DOBOS dadurch, daß jedem Objekt der System Domain ein fixer *node of residence* zugeteilt werden muß. Auf diese Weise wird auch jeder Top Level Domain ein eindeutiger Prozessorknoten zugewiesen; alle in dem entsprechenden Zweig der Domain-Hierarchie liegenden Objekte werden dann auf diesem Knoten angelegt. Die umseitige Abbildung zeigt ein einfaches Beispiel.

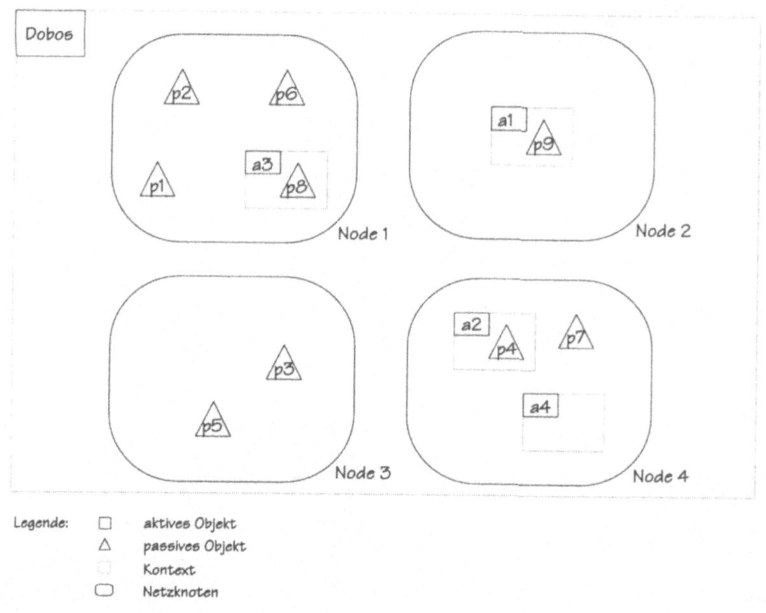

Abbildung 5

Zu beachten ist, daß das Gesamtsytem trotz der Verteilung der Objekte in der System Domain homogen ist. Instanziierung und Methodenaufrufe sowie Objektreferenzierung werden gegebenenfalls, für den Benutzer transparent, über Knotengrenzen hinweg (*remote*) durchgeführt (dies impliziert natürlich Einschränkungen bezüglich der bei einem Methodenaufruf zulässigen Parameter-Typen). Der remote Methodenaufruf stellt an das Betriebssystem und die untergelagerte Hardware hohe Anforderungen. Aus Gründen der Performance unterscheidet DOBOS deshalb verschiedene *Environments*: Bei der Instanziierung eines Objekts kann angegeben werden, von wo aus Methodenaufrufe an das Objekt kommen können; gegenwärtig werden folgende Environments unterstützt:

- **Common**: Methodenaufrufe von allen Knoten aus möglich.

- **Solaris**: Methodenaufrufe nur von Solaris-Rechnern aus möglich.

- **pSOS**: Methodenaufrufe nur von $pSOS^{+m}$ -Rechnern aus möglich.

4. Weitere Features

In diesem Abschnitt werden kurz einige weitere, das Konzept von DOBOS betreffende Eigenschaften erläutert. Zunächst einmal ist festzuhalten, daß die Objektorientierung in DOBOS völlig von der verwendeten Programmiersprache C++ stammt. Damit stehen automatisch die bekannten Mechanismen/Sprachmittel für Mehrfachvererbung mit Sichtbarkeitsregeln und Zugriffsrechten, Polymorphismus mittels virtuellen Funktionen, voll statische Typ-Überprüfung usw. zur Verfügung. Alle DOBOS-spezifischen Sprachkonstrukte werden durch eine standardmäßige Erweiterung von C++ (Overloading, Klassenbibliotheken) bereitgestellt. Einige der wichtigsten Features sind:

- **Flexible Instanziierungsmechanismen.** In DOBOS kann die Instanziierung eines Objekts auf zwei Arten erfolgen:

  - *Interne Objekte* werden analog zu lokalen Variablen in den Methoden deklariert. Ihre Konstruktoren bzw. Destruktoren werden automatisch bei Eintritt bzw. Verlassen des jeweiligen Programmblocks aufgerufen. Sie gehören implizit jener Domain an, die mit dem aktiven Objekt assoziiert ist, in deren Kontext die Methode tatsächlich ausgeführt wird.

  - *Objekte in Domains* werden durch den Operator *new* erzeugt und durch den Operator *delete* beseitigt. In jedem Fall muß die (mit den Sichtbarkeitsregeln der Domain-Hierarchie verträgliche) Domain des Objekts angegeben werden.

- **Persistente Objekte.** Viele Software-Systeme operieren mit Daten, die eine über einzelne Programmabläufe hinausgehende Lebensdauer haben sollen und daher auf permanente Datenspeicher gesichert werden müssen. Die objektorientierten Modellierungsmöglichkeiten lassen sich aber nur ungenügend oder überhaupt nicht mit satzorientierten oder relationalen Datenbanksystemen abdecken. Das komplexe Modell, das im Arbeitsspeicher mit Hilfe der objektorientierten Programmierung aufgebaut wurde, müßte für jede Dateioperation in eine flache Struktur (Datei, Tabelle, Record) gepreßt und später aus dieser wieder zusammengesetzt werden.

In der Vergangenheit wurden deshalb objektorientierte Datenbanksysteme entwickelt, die derartige Nachteile vermeiden. Obgleich solche Systeme teilweise sehr mächtige Funktionen bieten, ziehen wir einen anderen Ansatz vor: In DOBOS ist es möglich, Objekte *persistent* zu erzeugen und optional in logischen Einheiten zusammenzufassen. Im Gegensatz zu objektorientierten Datenbanken sind hier keine expliziten Schreib/Lese-Funktionen zur Rettung/Wiederherstellung eines persistenten Objektes notwendig; DOBOS kümmert sich implizit darum, daß alle persistenten Objekte nach dem Wiedereinschalten in dem zuletzt gültigen Zustand wiederhergestellt werden.

- **Gegenseitiger Ausschluß in passiven Objekten.** DOBOS stellt vordefinierte Klassen zur Verfügung, deren Methoden die Funktionalität zum gegenseitigen Ausschluß paralleler Methodenaufrufe bei Zugriffen auf gemeinsame Daten bieten.

- **Einfache Anbindung/Integration existierender (C-)Software-Systeme.** Angesichts der Vielzahl der (*public domain* oder sonstwie leicht erhältlichen) Software-Tools für UNIX und C bzw. C++ wäre es äußerst unvernünftig, ein System einzuführen, das deren Verwendung ausschließt. In DOBOS ist es deshalb möglich,

  - bei der Entwicklung der Applikations-Software unter DOBOS gewöhnliche C/C++-Libraries zu verwenden und darüber hinaus

  - aus gewöhnlichen (also "isolierten") UNIX-Prozessen heraus beliebige Methoden von zur Applikation gehörenden DOBOS-Objekten (in der System Domain) aufzurufen.

Von besonderer Bedeutung konkret für unseren VTA ist es, daß dadurch Interface-Builder, Visualisierungssysteme und andere Tools, die für das Design von Multiwindow-Systemen (v.a. unter X-Windows) geeignet sind, verwendet werden können. Die erwähnten Mechanismen gestatten tatsächlich eine nahtlose Anbindung derartiger Callback-basierender Software-Systeme an DOBOS-Applikationen.

Mangelnder Platz verbietet es uns, auf weitere Details oder gar auf die Implementierung einzugehen. Es ist uns aber ein Anliegen, abschließend all den vielen Mitarbeitern im Projekt VTA, insbesondere J. Klasek sowie St.Stöckler und H. Haberstroh für ihr Engagement in Sachen DOBOS zu danken.

Literatur

[1] Agha, G., *Concurrent Object-Oriented Programming*, Communications of the ACM, September 1990.

[2] Cahill, V., Baker, S., Horn, C., Starovic, G., *The Amadeus GRT -- Generic Runtime Support for Distributed Persistent Programming*, Proceedings OOPSLA-93, 1993.

[3] DSET Corporation, *Distributed Systems Generator (DSG) System Overview*, Califon, New Jersey, May 1993.

[4] Jensen, D., Northcutt, J.D., *Alpha: A Non-proprietary Operating System for Mission-critical Real-time Distributed Systems*, Proceedings IEEE Workshop on Experimental Distributed Systems, Oktober 1990.

[5] Schmid, U., Kastner, W., *DOBOS - Konzept eines Distributed Object-Based Operating Systems*, TU Wien, Technical Report Inst. für Automation Nr. 183/1-40, Dezember 1993.

[6] Klasek, J., *Dynamische Software- und Hardware-Instrumentierung*, Diplomarbeit TU Wien, Inst.für Automation, voraussichtlich Juni 1994.

[7] Mercer, C., Tokuda, H., *The ARTS Real-Time Object Model*, Proceedings Real-Time Systems Symposium, Dezember 1990.

[8] Schmid, U., *Monitoring Distributed Real-Time Systems*, to appear in Real-Time Systems, 1994.

MAXION™ - ein innovatives Systemkonzept für Echtzeitanwendungen

G. Sauermann

Zusammenfassung

Ein Echtzeitsystem muß fähig sein, jederzeit und unter jeder möglichen Last rechtzeitig zu reagieren. Moderne Systeme stellen diesbezüglich besonders hohe Anforderungen: Anspruchsvolle graphische Datendarstellungen oder das Mitwirken in einem Netzwerk erhöhen die Dauerbelastung, gleichzeitig werden noch schnellere Reaktionszeiten erwartet.

Durch die parallele Kopplung von mehreren Prozessoren, durch die sogenannte Multiprozessorsysteme entstehen, und noch schnellere, leistungsfähigere Hardwarekomponenten konnten die Hersteller bis heute mit diesen Anforderungen Schritt halten, eine echtzeitfähige Software vorausgesetzt. Allerdings wirken die erzielten Steigerungen einzelner Systemkomponenten sehr unterschiedlich und führen allmählich zu Ungleichgewichten, die das Gesamtverhalten des Systems erheblich verschlechtern. Der Artikel zeigt, wie durch ein neues, intelligentes architektonisches Konzept dieses Problem gelöst werden kann.

1. Klassifikation von Multiprozessorsystemen

Im Sinne des von Flynn angegebenen Klassifikationsschema für Rechnerarchitekturen handelt es sich bei den Multiprozessorsystemen um MIMD-Architekturen (Multiple Instruction - Multiple Data): Durch die Verfügbarkeit mehrerer Prozessoren kann die Maschine zu jedem Zeitpunkt mehrere Befehle und mehrere Daten gleichzeitig verarbeiten. Neben dem Operationsprinzip der impliziten Parallelität, das bereits auf klassischen von-Neumann-Rechnern zur Verfügung steht und das auf der in einzelnen Anweisungen enthaltenen Parallelität beruht, wird in Multiprozessorsystemen auch das Prinzip der expliziten Parallelität direkt unterstützt: Prinzipiell parallel ausführbare Befehle können durch das Vorhandensein mehrerer Prozessoren tatsächlich parallel ausgeführt werden.

Ein bedeutendes Klassifikationsmerkmal in Multiprozessorsystemen ist die enge oder lose Kopplung von Komponenten. Bei der engen Kopplung greifen mehrere Prozessoren sowie das Ein-/Ausgabe-Subsystem auf einen gemeinsamen Speicher zu und arbeiten parallel an verschiedenen Aufgaben. Die Verbindung zwischen Prozessoren, dem E/A-Subsystem und dem Speicher wird durch einen schnellen Bus (Systembus) hergestellt. Diese Architektur ist in Bild 1 schematisch dargestellt. Bei der losen Kopplung gibt es keinen gemeinsamen Speicher, sondern jeder Prozessor besitzt seinen eigenen Speicher und die einzelnen Prozessoren treten über Nachrichtenaustausch miteinander in Verbindung. Der Unterschied zur ersten Architektur wird in Bild 2 deutlich.

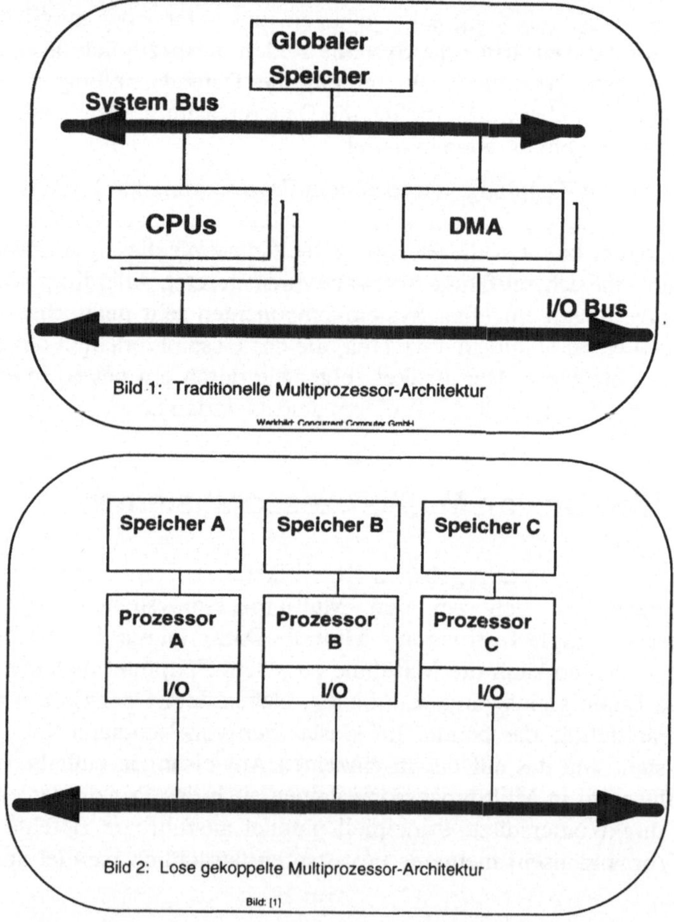

Bild 1: Traditionelle Multiprozessor-Architektur

Werkbild: Concurrent Computer GmbH

Bild 2: Lose gekoppelte Multiprozessor-Architektur

Bild: [1]

2. Die traditionelle Multiprozessor-Architektur

Basierend auf der Parallelisierbarkeit der meisten Anwendungen hat sich seit dem Aufkommen der ersten Multiprozessor-Systeme vor etwa 10 Jahren das Konzept der "engen Kopplung" als Grundregel etabliert. Um die Wartezeiten der Prozessoren auf die Speicherdaten zu reduzieren, erhält jede CPU einen sehr schnellen Pufferspeicher (Cache), der einen Teil des Codes und der Daten bereithält.

Die Wirkung dieser Pufferspeicher beruht auf der Tatsache, daß in einem Mikrocomputersystem der Systembus einen Betriebsmittelengpaß darstellt. Ist dies bei der klassischen von-Neumann-Architektur schon kritisch, so verschärft sich die Situation, wenn mehrere Prozessoren auf den selben Bus zugreifen. Dadurch sinkt der Quotient aus der Zeit, die ein Prozessor tatsächlich Befehle ausführt und der Zeit die er auf Daten wartet. Dieser Quotient ist für die Leistung eines Mehrprozessorsystems von großer Bedeutung. Aus ihm leitet sich direkt die sogenannte Ausbaugrenze ab, die die Zahl der Prozessoren angibt, ab der keine weitere Leistungssteigerung mehr möglich ist. Ohne den Einsatz von Caches wäre die Ausbaugrenze eines Systems bereits mit wenigen Prozessoren erreicht. Dieser Wert wird durch den Einsatz von Caches wesentlich vergrößert. Er hängt allerdings entscheidend davon ab, wie hoch die „cache miss" Rate ist, d.h. wie oft der Prozessor trotzdem auf den Hauptspeicher zugreifen muß. Hierbei spielt wiederum die Lokalität der ablaufenden Programme oder Prozesse eine wichtige Rolle, eine Größe also, die von architektonischen Gesichtspunkten unabhängig ist und in der Verantwortung des Programmierers liegt.

Bei der Benutzung von Caches muß allerdings sichergestellt werden, daß zwei Prozessoren in ihrem Pufferspeicher nicht unterschiedliche Kopien derselben Speicherzelle halten. Dies wird durch ausgeklügelte Cache-Kohärenz-Protokolle sichergestellt: Alle Transfers auf dem Systembus werden von allen Prozessoren beobachtet, um festzustellen, ob die im eigenen Cache gehaltenen Daten betroffen sind. Bei dieser Vorgehensweise, die man "Bus snooping" nennt, wird ein im Cache befindlicher Eintrag invalidiert, wenn die zugehörige Adresse auf den Bus gegeben wird. Dabei ist es notwendig, daß der Cache-Controller die sogenannte WRITE-THRU-Strategie verwendet, d.h. er schriebt veränderte Daten sofort in den Hauptspeicher zurück. Nur so können die anderen Cache-Kontroller die Änderung erkennen. Da bei dieser Strategie die Busbelastung vergleichsweise hoch ist, kommen oft auch andere Cache-Kohärenz-Strategien zum Einsatz, wie z.B. WRITE-ONCE, wo der Busverkehr dadurch reduziert wird, das die Daten möglichst spät in den Hauptspeicher zurückgeschrieben werden. Dadurch ist allerdings der Hauptspeicherinhalt nicht immer aktuell. Eine vergleichsweise einfache Strategie ist hingegen die des Instruction-Only-Cache. Hierbei werden nur Befehle gecachet, es müssen also keine veränderten Daten zurückgeschrieben werden. Nachteilig ist hierbei, daß nur vergleichsweise wenig Daten den Vorteilen des Cache-Prinzips zugänglich gemacht werden.

Diese traditionelle Multiprozessor-Architektur war in den vergangenen Jahren außerordentlich erfolgreich. Heute bietet jeder namhafte Rechnerhersteller Multiprozessor-Computer mit diesem Konzept.

3. Die Grenzen herkömmlicher Multiprozessor-Systeme

Entscheidend für das "worst case" Verhalten solcher Systeme ist allerdings das Gleichgewicht der Leistung seiner Komponenten: Prozessorleistung, Bandbreite des Bussystems und Zugriffszeit des Speichers. Durch die Weiterentwicklung der Prozessor-Technologie, insbesondere durch das Aufkommen der RISC-Prozessoren, ist dieses Gleichgewicht gestört worden. In den vergangenen 10 Jahren konnte die Prozessorleistung etwa um den Faktor 80 verbessert werden. In der gleichen Zeit ist die Zugriffszeit auf DRAM-Speicher nur etwa um den Faktor 2 verbessert worden. Der "Hunger" auf Daten ist so stark gestiegen, daß der globale Speicher und der Systembus große Mühe haben, ihn zu stillen. Dies hat zur Folge, daß sich mit jeder zusätzlichen CPU am globalen Bus die Skalierbarkeit der Anlage verschlechtert. **Die Leistungssteigerung moderner Prozessoren kann also nicht voll ausgenutzt werden.**

Verschiedene Rechnerhersteller haben versucht, diese Problematik durch die Implementierung schneller Bussysteme und die Verwendung größerer Pufferspeicher zu begegnen. Gegen diesen Ansatz spricht jedoch, daß dadurch die Leistungsfähigkeit des DRAM-Speichers nicht verbessert wird. Das Laden einer Cache-Zeile vom Speicher in den Cache wird nur dann nachhaltig beschleunigt, wenn der Durchsatz aller Komponenten gleichmäßig verbessert werden kann. Dies liegt daran, daß sich durch die höhere Prozessorleistung die Ausführungszeit der Befehle verringert. Wird nun die Geschwindigkeit des Speichers nicht angepaßt, so bleibt die Wartezeit der Prozessoren konstant und die Ausbaugrenze, die auf diesem, schon oben erwähnten Quotienten, beruht, sinkt.

Große Pufferspeicher nützen zudem wenig, wenn die Anwendung stark von externen Ereignissen abhängt, was gerade für Echtzeitapplikationen gilt. Das Eintreten jedes neuen Ereignisses macht den Cache-Inhalt unbrauchbar, da neue Daten und eine neue Programmsequenz geladen werden müssen. Die erforderliche drastische Erhöhung des Bus-Durchsatzes ist außerdem kostspielig und technisch aufwendig. Robuste Systeme im Doppel-Europakarten Format sind dann nicht mehr machbar.

Gerade im Echtzeitbereich kommt ein weiteres Problem hinzu: Multiprozessor-Systeme sollten erlauben, zeitkritische Prozesse so zu isolieren, daß sie nicht durch "Hintergrundaktivität" auf dem Rechner, wie z.B. die Verarbeitung von Interrupts, beeinflußt werden. Dies ist mit der hier geschilderten Multiprozessor-Architektur nur eingeschränkt möglich. Immer wenn der zeitkritische Prozeß Daten aus dem globalen Speicher benötigt, kann er durch Speicherzugriffe der Hintergrund-Prozesse abgebremst werden.

Neben der erwähnten "Hintergrundaktivität" beeinflußt auch jede Ein- oder Ausgabe von Daten von bzw. zu den Platten oder intelligenten DMA-fähigen Controllern den Durchsatz des Echtzeitprozesses drastisch - immer dann, wenn dieser gleichzeitig auf den Speicher zugreifen muß. **Eine weitgehende Isolierung zeitkritischer Prozesse läßt die traditionelle Architektur also nicht zu.**

4. Der Crosspoint - die Lösung des Problems

Das traditionelle Multiprozessor-Konzept hindert uns, die Fortschritte der Prozessor-Technologie für unsere Anwendung nutzbar zu machen. Da der Speicherzugriff der Engpaß ist, liegt es nahe, jedem Prozessor einen eigenen Speicher zu geben. Dies ist allerdings nur dann sinnvoll, wenn jeder Prozessor nicht nur auf seinen ihm direkt zugeordneten Speicher, sondern auch auf die Speicher anderer Prozessoren zugreifen kann. Dabei ist wichtig, daß die Konsistenz der gespeicherten Daten durch geeignete Maßnahmen (Cache Kohärenz Protokoll) sichergestellt wird.

Bild 3 zeigt das neue Konzept. Es stellt die Skalierbarkeit des Systems wieder her und wurde speziell für die Bedürfnisse von Echtzeitanwendungen entwickelt.

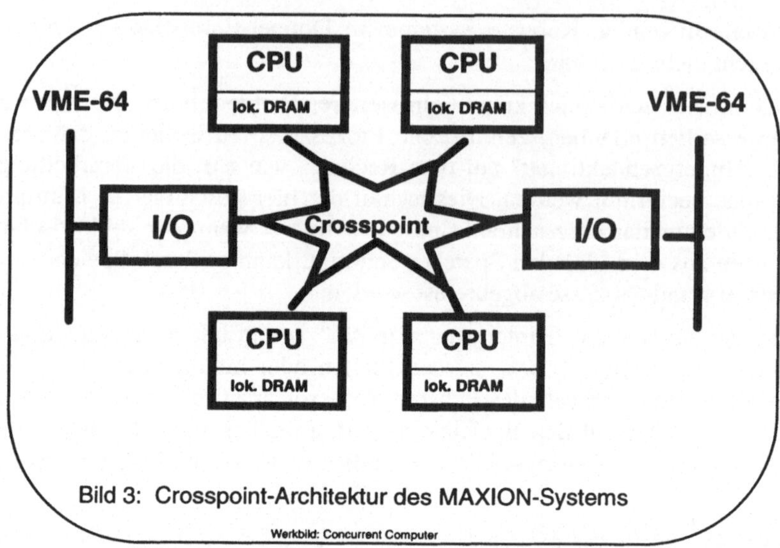

Bild 3: Crosspoint-Architektur des MAXION-Systems

Im Mittelpunkt der UltraSMART-Architektur steht der "Crosspoint", eine Variante des aus der Literatur bekannten "Crossbar"-Modells. Hierbei besitzt jeder Prozessor seinen eigenen, lokalen Speicher. Der "Crosspoint" dient hierbei als Koordinator im Datenaustausch zwischen den lokalen Speichern. Führt ein Prozessor Code aus, so bedient er sich seines lokalen Speicher-Segments, um seinen Cache aufzufüllen. Das lokale Speichersegment kann bis zu 128 MB groß sein. Diese Architektur erlaubt es jedem Prozessor, seine Leistungsfähigkeit ganz zur Geltung zu bringen. Er wird nicht durch unabhängige Aktivitäten anderer Prozessoren gebremst. Gleichzeitig können durch die hohe Lokalität zeitkritische Prozesse besser isoliert werden. Diese Architektur nähert sich, insgesamt gesehen, dem Konzept der losen Kopplung an.

Die den CPUs zugeordneten Speichersegmente sind Teil eines globalen Speichers. Aus der Sicht des Programmierers unterscheidet sich die Speicherorganisation nicht vom globalen Konzept des traditionellen Multiprozessor-Ansatzes. Will z.B. CPU #2 auf das Speichersegment von CPU #3 zugreifen, so geschieht dies über den "Crosspoint". Der "Crosspoint" stellt CPU #2 einen Zugriffspfad zum Speichersegment von CPU #3 zur Verfügung. Dieser Pfad ermöglicht einen Durchsatz von 400 MBytes pro Sekunde. Gleichzeitig kann der "Crosspoint" zwei weitere solche Pfade schalten, z.B. für den Zugriff von CPU #4 auf das Speichersegment von CPU #1 und für DMA ("direct memory access") von einem E/A-Kanal (z.B. ein A/D-Wandler) auf das Speichersegment von CPU #2. Dadurch stehen 3 unabhängige Datenpfade gleichzeitig zur Verfügung und die Einbußen, die durch die serialisierte Datenübertragung bei der traditionellen Architektur entstehen, werden verringert. Insgesamt ermöglicht der "Crosspoint" somit einen Durchsatz von 1,2 GBytes pro Sekunde.

Vier der derzeit möglichen sechs "Crosspoint" Anschlüsse können für CPUs verwendet werden. Die anderen beiden sind für die Ein-/Ausgabe reserviert. Als I/O-Bus wird der VMEbus™ verwendet, dessen leistungsfähige VME64-Variante unterstützt wird. Für Konfigurationen mit Bedarf an besonders hohem Daten-Durchsatz kann der 6. "Crosspoint"-Anschluß mit einem zweiten VME-bus belegt werden. Für die Erweiterung auf acht und mehr Prozessoren wird an einem der beiden E/A-Kanäle ein "Coherency Link"-Modul angeschlossen, der die cache-kohärente Verbindung zu weiterer solcher Vierer-Cluster herstellt.

5. MAXION - das neue Multiprozessor System

Die hier vorgestellte neue Architektur ist Grundlage des von Concurrent Computer entwickelten MAXION™ Multiprozessor Systems[2]. Die erste Version ist seit Anfang 1994 mit bis zu vier R4400 Prozessoren mit einer Taktrate von 150 MHZ verfügbar. Zur Zeit wird die auf der 200 MHZ R4400 basierende Version mit bis zu acht Prozessoren angeboten.

Für jeden Prozessor wird ein 6U-VME-Slot (Doppel-Europakarte) benötigt. Der "Crosspoint" und die integrierten I/O-Schnittstellen für Ethernet und Fast-SCSI-2 sind auf einer einzigen separaten 6U-VME-Karte realisiert.

Zahlreiche Hochleistungsperipherie-Geräte stehen als Hardware-Optionen zur Verfügung, darunter Fast Wide SCSI-2-Platten und DMA-fähige Graphiksubsysteme mit RealTimeX™ (einer echtzeitfähigen Version von X11 und OSF/Motif™) sowie Geräte für Datenerfassung und Signalanalyse. Von besonderem Interesse für Systemintegratoren ist das IBIM, ein Intelligentes Bus Interface Modul, das als VME DMA Master für sehr schnelle Datenübertragungen benutzt werden kann. Das IBIM kann bis zu 4 Daughter Cards steuern, die verschiedene E/A-Funktionen erfüllen. Durch die Verwendung solcher intelligenter Subsysteme wird eine ausgewogene Belastung des Gesamtsystems auch bei hohen Grafik- oder Datentransfer-Anforderungen sichergestellt.

Auf MAXION ist MAX/OS, ein auf UNIX SVR4.2MP der Novell UNIX Systems Group basierendes und für Echtzeit optimiertes und erweitertes Betriebssystem, verfügbar. MAX/OS ergänzt das SVR4.2MP Basisprodukt mit dem vollen Umfang von Real-Time-POSIX (ISO/IEC 9945-1 POSIX Amendment 1:

---

[2]MAXION und die UltraSMART-Architektur sind eingetragene Warenzeichen der Firma Concurrent Computer

Real Time Extensions) sowie der POSIX-Threads Spezifikation. Kombiniert mit den Vorzügen eines Resilient File Systems (xfs) sind außerdem Contiguous Files und File Advisories (POSIX 1003.4b) implementiert, die für viele I/O intensive Echtzeitapplikationen unerläßlich sind. Durch die POSIX-Konformität bietet MAX/OS die Vorzüge eines offenen Systems auch für den Echtzeitbereich an. Der Real-Time-POSIX-Standard sowie die POSIX-Threads werden in der zu erwartenden Norm ANSI/IEEE Std 1003.1, 1996 Edition enthalten sein.

Das Konzept von MAXION stellt eine Herausforderung an die klassischen Multiprozessor-Systeme dar. Seine Architektur gewährleistet die volle Ausnutzung der Leistungsfähigkeit eines der schnellsten Prozessoren auf dem Markt unter Verwendung eines echtzeitfähigen Standard-UNIX-Betriebssystems.

Literatur

[1]   Hermann Eichele; Multiprozessorsysteme; Verlag B.G. Teubner, Stuttgart, 1990, ISBN 3-519-06128-7

[2]   Bill O. Gallmeister; POSIX.4 - Programming for the Real World; O' Reilly & Associates, Inc., 1995, ISBN 1-56592-074-0

[3]   W.K. Giloi; Rechnerarchitektur, 2. Auflage; Springer Verlag, Heidelberger Taschenbücher, 1993

[4]   P. Laplante; Real-Time Systems Design and Analysis: An Engineer's Handbook; IEEE Press, New York, 1993

[5]   Dieter Zöbel, Wolfgang Albrecht; Echtzeitsysteme: Grundlagen und Techniken; Thomson Publ., 1995

Ein Softwaremonitor zur Messung von Latenzzeiten in Echtzeitbetriebssystemen

J. Schneider, M. Mächtel

1. Motivation

Echtzeitbetriebssysteme werden bei der Steuerung zeitkritischer Systeme eingesetzt. Eine Grundforderung an Echtzeitbetriebssysteme ist deshalb einerseits die Garantie eines deterministischen Zeitverhaltens für den Ablauf der einzelnen Prozesse auf dem Steuerrechner, sowie andererseits die Garantie einer oberen Schranke für die maximale Reaktionszeit auf externe asysnchrone Ereignisse.

Von Echtzeitbetriebssystemherstellern gibt es verschiedene Aussagen zu den Reaktionszeiten ihrer Systeme. Dabei ist jedoch festzustellen, daß diese Messungen oft unter „idealen" Bedingungen erfolgten und die veröffentlichten Ergebnisse unter Praxisbedingungen nicht reproduziert werden können. Ein weiterer Nachteil der Herstellerangaben ist, daß oft nur Mittelwerte veröffentlicht werden, jedoch keine Maximalwerte, d. h. im Sinne der Echtzeitfähigkeit schlechtmöglichste Reaktionszeiten.

Daraus entstand der Wunsch, herstellerunabhängige Messungen durchführen zu können. Dies führte in der Vergangenheit zu einigen echtzeitspezifischen Metrikdefinitionen. Bei diesen Metriken werden die Leistungsdaten durch Echtzeitbenchmarks oder Monitore gemessen. Da Benchmarks jedoch wiederum nur Mittelwerte liefern, müssen Worst Case Resultate mit Monitoren gemessen werden.

Die Entwicklung und die Ergebnisse eines derartigen Monitors werden hier vorgestellt. Besonderer Wert wird hierbei auf die Messung der Process Dispatch Latency Time (PDLT) gelegt, der Zeitspanne, die zwischen dem Auftreten eines Ereignisses und der benutzerdefinierten Reaktion auf dieses Ereignis vergeht. Eine weitere Latenzzeit, die sich mit dem Softwaremonitor bestimmen läßt, ist die Kernellatenzzeit. Diese beiden Latenzzeiten werden im weiteren näher beschrieben.

2. Meßumgebung

Für die Messungen standen folgende Echtzeitbetriebssysteme zur Verfügung:

- HP-RT, Version 1.1 von Hewlett Packard,

- LynxOS, Version 2.2 von Lynx Real Time Systems

- und RealIX von der AEG Tochter Modular Computer Systems Inc. .

Für HP-RT stand ein hp742rt-Board mit einem PA-RISC-Prozessor mit 50 Mhz zur Verfügung. LynxOS läuft auf einem 486 DX 2/66. Dabei ist anzumerken, daß HP-RT einen portierten Kernel von LynxOS enthält. Dennoch weisen beide Systeme deutliche Unterschiede auf. HP-RT ist im Prinzip eine Anpassung von LynxOS an die PA-RISC Architektur (Precision Architecture-RISC) von Hewlett Packard. LynxOS ist auf anderen Plattformen wie Sun, Motorola und Intel vertreten. RealIX basiert auf UNIX System V Release 3 und läuft ebenfalls auf einem 486 DX 2/66.

Sowohl HP-RT als auch LynxOS unterstützen das in POSIX 1003.4 vorge-schlagene Threadkonzept. Ein Thread ist gemäß POSIX 1003.4a ein unabhän-giger „Faden" im Programmablauf eines Prozesses. RealIX unterstützt in der derzeitigen Version keine Threads. Der Datenaustausch zwischen Threads einer Task ist schneller als bei Prozessen. Auch der Kontextwechsel zwischen Threads ist schneller. Ist der benötigte Thread im laufenden Prozeß definiert, beschränkt sich der Kontextwechsel auf einen Wechsel der Register.

3. Process Dispatch Latency Time

Die Process Dispatch Latency Time (PDLT) ist definiert als Zeitspanne zwi-schen der Erzeugung eines Interrupts durch die Peripherie und der Ausführung der ersten Anweisung der Anwendungstask, die aufgrund des externen Ereig-nisses in den Zustand rechenwillig versetzt wurde. Die bei der Bearbeitung ei-nes Interrupts auftretenden Verzögerungen sind in Abbildung 1 dargestellt.

Die PDLT ist somit abhängig von:

- der Interruptantwortszeit

- der Dauer der Interruptserviceroutine

- der Zeit, die benötigt wird, um zu erkennen, daß ein Kontextwechsel durch-geführt werden muß

- der Preemption Delay: diese tritt auf, wenn die zu unterbrechende Task gerade kritischen Systemcode ausführt und diesen erst beenden muß, bevor zu einer anderen Task gewechselt werden kann

- der Zeit, die der Scheduler für die Durchführung des Kontextwechsels braucht

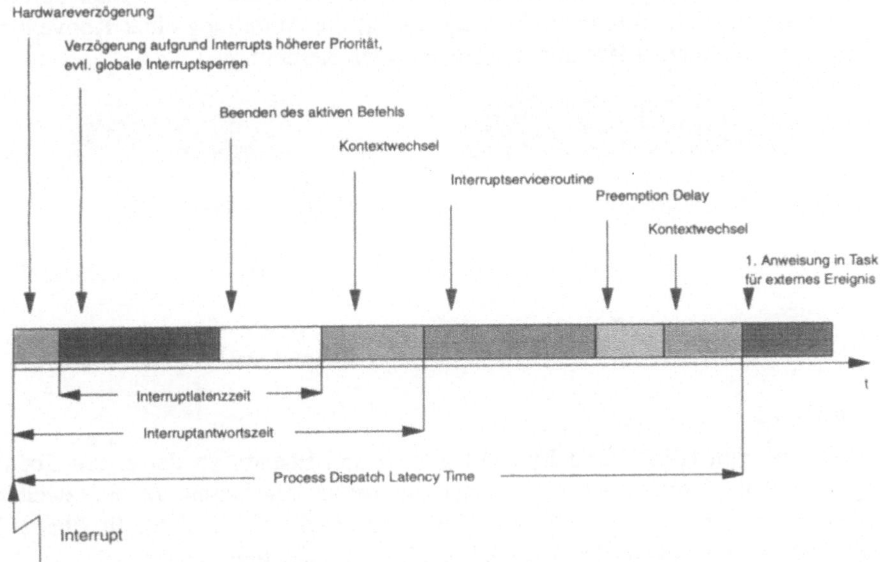

Abbildung 1

3.1 Auswirkung von Kernelthreads auf die PDLT

Ein wesentliches Problem bei der PDLT ist die Interruptserviceroutine (ISR), da alle Interrupts eine höhere Priorität haben als jeder andere Prozeß. Dieses Problem wird bei HP-RT, LynxOS und RealIX durch Kernelthreads gelöst. Kernelthreads teilen Daten und Adressraum mit dem Kernel und können nur dort erzeugt werden. Der Scheduler unterscheidet nicht zwischen Applikationthreads und Kernelthreads, für ihn ist die Priorität das einzige Kriterium.

In konventionellen Betriebssystemen werden die notwendigen Aktivitäten nach einem Interrupt innerhalb der ISR ausgeführt. ISR's können jedoch nur durch höherpriorisierte Interrupts unterbrochen werden. ISR's gleicher oder niedrigerer Priorität müssen auf die Beendigung vorher gesetzter Interrupts warten. Die

Worst Case PDLT muß deshalb die maximalen Zeiten der ISR's gleicher oder höherer Priorität beinhalten. Dieses Problem kann durch die Ausführung der notwendigen Aktivitäten nach einem Interrupt in einem schedulbaren Kernelthread umgangen werden. Die einzige Aktion einer ISR vor der Rückkehr und damit vor der Behandlung von Interrupts gleicher oder niedrigerer Priorität ist es, diesen Kernelthread schedulbar zu machen. Dadurch kann die Behandlung des Interrupts getrennt als schedulbarer Kernelthread und als Interruptroutine implementiert werden. Abbildung 2 zeigt die Aufteilung einer Konventionellen in eine kürzere ISR und den zugehörigen Kernelthread.

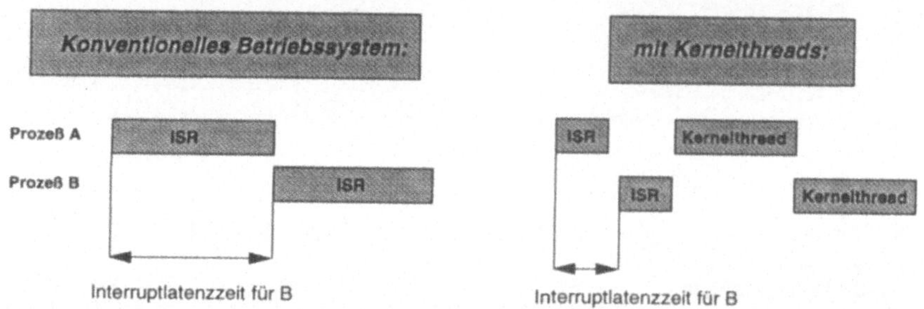

Abbildung 2

Im Kernel von HP-RT und LynxOS gibt es drei Ebenen. In der ersten Ebene sind sowohl Kontextwechsel als auch Interrupts zugelassen. In der zweiten Ebene sind Interrupts zugelassen, Kontextwechsel jedoch nicht. In Ebene 3 schließlich sind sowohl Kontextwechsel als auch Interrupts gesperrt.

Bei RealIX sind durch die volle Semaphosierung des Systemkerns keine Preemption Locks notwendig. Interruptsperren werden zum Schutz von kurzen kritischen Bereichen gesetzt. Für kritische Codesequenzen die aufgrund ihres Umfangs nicht unter Interruptsperre laufen können, gibt es in RealIX Kernel Threads. Für HP-RT/ LynxOS ergibt sich folgender Aufbau der Worst Case PDLT:

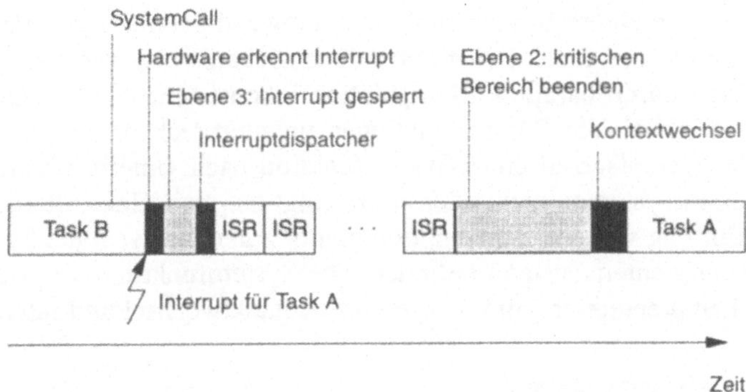

Abbildung 3

In Abbildung 3 führt Task B eine Systemfunktion aus, während ein Interrupt für Task A eintrifft. Geht man vom Worst Case aus. befindet sich der Kernel durch das Ausführen der Systemfunktion in Ebene 3. Nach Erkennen des Interrupts durch die Hardware und einer eventuellen Interruptsperre wird vom Interruptdispatcher die entsprechende ISR aktiviert. Während der Behandlung dieses Interrupts erzeugen andere Geräte weitere Interrupts, die behandelt werden müssen. Nach Behandlung aller Interrupts will das System einen Kontextwechsel von Task B zu Task A ausführen. Dieser Wechsel ist nicht möglich, da sich Task B durch einen Systemaufruf in einer kritischen Region des Systems befindet. Nachdem Task B die kritische Region verlassen hat. ermittelt der Scheduler Task A und der Kontextwechsel wird ausgeführt. Die Aufteilung des Kernes in drei Ebenen ist hinsichtlich der Messung der PDLT interessant. Da Worst Case Werte gemessen werden sollen, müssen diese betriebssystembedingten Verzögerungen dabei gezielt provoziert werden.

4. Kernellatenzzeit

Um deterministische Antwortszeiten zu gewährleisten müssen die Zeiten, in denen Kontextwechsel oder Interrupts gesperrt sind, möglichst kurz gehalten werden. Längere kritische Regionen werden meist durch Semaphore realisiert. Dadurch kann es zu einer Kernellatenzzeit kommen. Um diese zu erklären, wird hier zunächst etwas genauer auf die Konstruktion von Systemfunktionen eingegangen.

Generell sind alle Daten im Kernel, mit denen Systemfunktionen operieren, global, wird dieselbe Systemfunktion von verschiedenen Prozessen aufgerufen, oder teilen sich mehrere Systemfunktionen notwendigerweise gemeinsame Daten, muß durch geeignete Synchronisationsmechanismen verhindert werden, daß die Daten durch parallele Manipulation inkonsistent werden. Die Lösung bei Standard-UNIX, die Systemfunktionen ununterbrechbar zu gestalten oder auch das Wiederaufsetzen einer Systemfunktion nach Unterbrechung sind bei Echtzeitbetriebssystemen nicht oder nur bedingt tauglich. Eine Alternative dazu ist die Einführung von sog. „preemption points", an denen sich die Systemdaten in einem konsistenten Zustand befinden. Die Systemfunktion wird dann bis zu einem solchen preemption point ausgeführt, Kontextwechsel und Interrupts sind gesperrt.

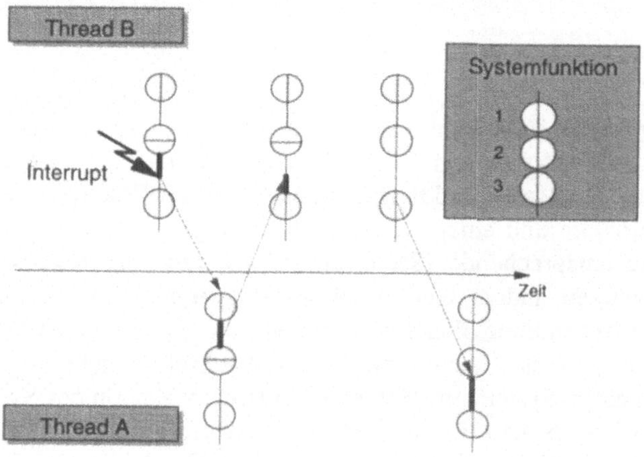

Abbildung 4

Eine andere Methode ist die Konstruktion von Systemfunktionen aus kritischen Abschnitten, wobei durch Semaphore sichergestellt wird, daß der gleiche kritische Bereich nicht mehrfach betreten wird. Die Systemfunktionen sind wiedereintrittsfest gestaltet und eine Unterbrechung ist jederzeit möglich. Diese Methode ist in Abbildung 4 dargestellt. Task A benutzt die gleiche Systemfunktion wie Task B, kann diese aber nur bis zu dem gesperrten Semaphor ausführen. Anschließend muß Task B den kritischen Bereich verlassen und das Semaphor freigeben, bevor Task A das Semaphor sperren und die Systemfunktion zu Ende führen kann.

Diese Kernellatenzzeit, die durch zwei zusätzliche Kontextwechsel und durch das Beenden des kritischen Bereichs durch Task B auftritt, ist nicht Bestandteil der PDLT. Diese Latenzzeit tritt nur auf, wenn nach einer Unterbrechung durch eine hochpriore Task diese nochmals auf die gleichen Systemdaten zugreift.

Wie aus Abbildung 4 zu erkennen ist, ergibt sich dabei die maximale Kernellatenzzeit (MKLZ) aus der Dauer von zwei Kontextwechseln (KW) zuzüglich des längsten kritischen Bereichs der Systemfunktion (Kb_{max}):

$$MKLZ = Kb_{max} + 2\,KW$$

5. Der Softwaremonitor

Nun wird der Softwaremonitor vorgestellt, mit dem sich sowohl die PDLT messen als auch eventuelle Kernellatenzzeiten feststellen lassen. Für HP-RT stand dabei ein hp742rt - Board zur Verfügung. Dieses Board stellt bereits drei Timer mit einer Auflösung von 1 µs zur Verfügung. Für LynxOS und RealIX steht eine Timerkarte für den AT-Bus mit der gleichen Auflösung zur Verfügung. Die Ansteuerung der Timerkarte geschieht bei LynxOS und RealIX über einen selbstentwickelten Treiber.

Das Prinzip des Softwaremonitors ist auf allen Systemen gleich. Nur bei RealIX wurde der Monitor anstelle von Threads mit Prozessen realisiert, da RealIX kein Threadkonzept zur Verfügung stellt. Deshalb mußte hier die Synchronisation der Prozesse modifiziert werden. In Abbildung 5 wird das Prinzip des Monitors mit Threads vorgestellt.

In Abbildung 5 initialisiert Thread B den Timer mit einem Anfangswert und einem Intervall. Der Anfangswert gibt den Wert an, nachdem der Timer das erste Mal abläuft. Nach diesem Ablaufen des Timers wird dieser periodisch immer wieder mit dem Wert gesetzt, der durch das Intervall spezifiziert wurde. Nachdem der Timer gesetzt und gestartet wurde, wartet Thread B auf den Interrupt des Timers. Nun wird Thread A von Scheduler ausgewählt und rechnet. Bei Ablauf des Timers wird Thread A unterbrochen, der Timer setzt sein Zählregister mit dem zuvor spezifizierten Intervall und dekrementiert diesen Wert in 1 µs-Schritten. Durch den Interrupt wird Thread B gescheduled und liest diesen bereits dekrementierten Wert des Zählregisters aus. Die Differenz zwischen dem gesetzten Zeitintervall und dem Wert, den Thread B ausliest, ist die PDLT. Der Timer wird dabei mit verschiedenen Werten gesetzt, um die Systemfunktion an verschiedenen Stellen zu unterbrechen und eventuelle kritische Bereiche der Systemfunktion herauszufinden.

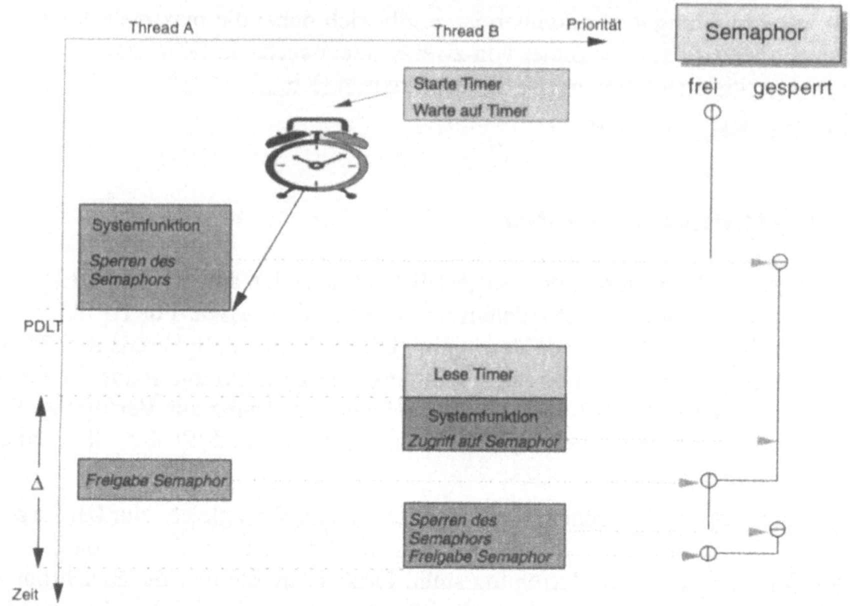

Abbildung 5

Auch für das Erkennen der Kernellatenzzeit ist es wichtig, daß genau eine Systemfunktion durch den Timer unterbrochen wird. Ist der kritische Bereich der Systemfunktion nicht durch eine Interruptsperre oder ein Sperren des Kontextwechsels gesichert, sondern durch ein Semaphor, ist die PDLT immer gleich, unabhängig davon, wann die Systemfunktion unterbrochen wird. In diesem Fall wird ja der Kontextwechsel zu der durch den Interrupt aktivierten Anwendertask durchgeführt, bevor der kritische Bereich beendet wird. Ruft die reagierende Anwendertask nochmals die gleiche Systemfunktion auf, kommt es zu einer Kernellatenzzeit. Um diese zu erkennen, wird in der hochprioren Task B, nachdem der Timer zum Bestimmen der PDLT ausgelesen wurde, die gleiche Systemfunktion aufgerufen, die eben durch den Interrupt des Timers unterbrochen wurde. Falls es zu einer Kernellatenzzeit kommt, zeigt sich dies in unterschiedlichem Δ bei Unterbrechung der Systemfunktion an verschiedenen Stellen. Dabei soll die Systemfunktion durch Variieren des Timers „abgetastet" werden, d.h. gezielt an unterschiedlichen Stellen unterbrochen werden.

6. Ergebnisse

Mit dem Softwaremonitor wurden verschiedene Systemfunktionen untersucht. Dabei wurde repräsentativ für die Menge aller Systemfunktionen diejenigen ausgewählt, bei denen die Wahrscheinlichkeit von nicht unterbrechbaren Bereichen bzw. von unterbrechbaren, jedoch wiedereintrittsfesten Bereichen hoch ist. Die gewählten Systemfunktionen befassen sich mit der Prozeßumgebung, Dateien, der Prozeßerzeugung und der Erzeugung von Special Files für Shared Memory, Prozeßsynchronisation und Interprozeßkommunikation. Die hier vorgestellten Ergebnisse beziehen sich auf HP-RT. Bei LynxOS und RealIX werden die Messungen zur Zeit durchgeführt.

6.1 PDLT bei der Systemfunktion open()

Abbildung 6 zeigt die PDLT, abhängig von dem Wert, mit dem der Timer gesetzt wurde. Die PDLT beträgt bei der Systemfunktion open() bei den ersten Timerwerten 92 µs und sinkt dann ab einem Timerwert von 115 µs auf 87 µs. Die Unterbrechung der Systemfunktion erfolgt bei allen Timerwerten zwischen 142 µs und 360 µs. Berücksichtigt man den Meßfehler von ca. 10 µs, dauert die Systemfunktion also 202 µs. Ab einem Timerwert von 150 µs steigt die PDLT auf bis zu 100 µs. Kritische Bereiche verlängern also hier die PDLT um bis zu 13 µs.

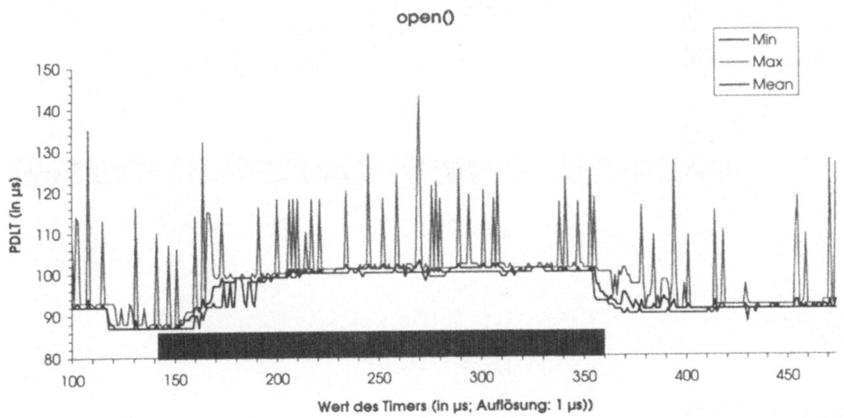

Abbildung 6

6.2 Kernellatenzzeit bei der Systemfunktion fork()

Die Verzögerungen, die durch kritische Bereiche verursacht werden, sind bei HP-RT bei allen getesteten Systemfunktionen sehr gering. Deshalb liegt die Vermutung nahe, daß die Systemfunktionen wiedereintrittsfest gestaltet sind. Dies bestätigen auch die Messungen. So zeigt Abbildung 7 die Dauer der Systemfunktion fork() abhängig von dem Wert, mit dem der Timer gesetzt wurde. Wie die Abbildung zeigt, dauert die Systemfunktion fork() ohne Unterbrechung ca. 18.000 µs. Ab Timerwerten von ca. 1100 µs steigt die Dauer der Systemfunktion dann sprunghaft auf bis zu 36.000 µs an, um dann linear abzusinken, bis das Ausgangsniveau wieder erreicht ist. Es kommt also zu einer Kernellatenzzeit von bis zu 18.000 µs (36.000 µs - 18.000 µs). Bei höherem Timerwert wird der kritische Bereich der Systemfunktion zu einem späteren Zeitpunkt unterbrochen. Der zu beendende Teil, der sich auf die Kernellatenzzeit auswirkt, verkürzt sich deshalb mit steigendem Timerwert, was die lineare Abnahme der Kernellatenzzeit erklärt.

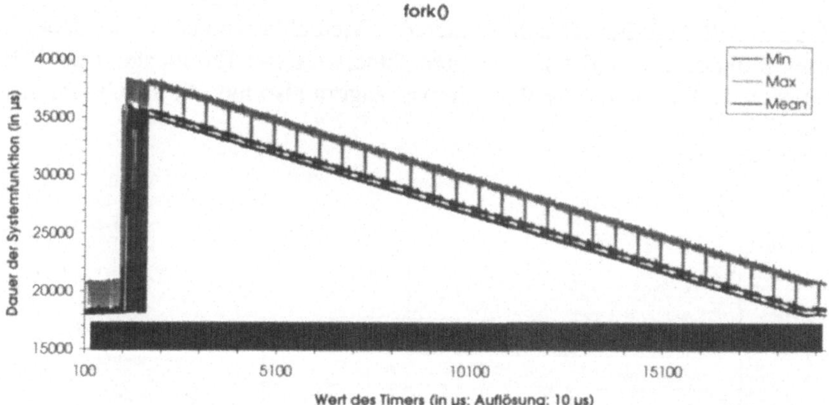

Abbildung 7

7. Ausblick

Bei der Entwicklung des Softwaremonitors wurde, ausgehend von der Definition der PDLT, großer Wert darauf gelegt, das Betriebssystem in gezielt ungünstige Zustände zu versetzen, um Worst Case Werte, die bei Echtzeitanwendungen entscheidend sind, zu erzielen. Spezielle Berücksichtigung fanden dabei verschiedene Modelle, kritische Bereiche der Systemfunktionen sicher zu gestalten, da dies erheblichen Einfluß auf die Latenzzeiten haben kann. Der Softwaremonitor wurde dabei, soweit vom jeweiligen Betriebssystem unterstützt, bewußt POSIX-konform gestaltet, um eine Portierung auf andere Systeme zu erleichtern und einen Vergleich zwischen verschiedenen Echtzeitbetriebssystemen zu ermöglichen.

Literatur

[1]   Bach, Maurice J.,UNIX - Wie funktioniert das Betriebssystem?, Carl Hanser Verlag München Wien, 1991

[2]   Gallmeister, B.O.; Lanier, Chris, Early Experience With POSIX 1003.4 and POSIX 1003.4A, Proceedings of the IEEE Real-Time Systems Symposium, IEEE Computer Society Press, San Antonio, Dec. 4-6, 1991, pp. 199-208

[3]   Furht, B. et al., Real Time UNIX Systems: Design and Application, Kluwer Academic Publishers

[4]   Hackner, M.; Herberth, H., Das I/O-Subsystem: Ein Problem für jedes Echtzeitbetriebssystem?,Tagungsband Echtzeit '92, Hg. Prof. Dr. H. Rzehak, Ludwig Drebinger Gmbh, Karlsruhe, 02. - 04. Juni, 1992, S. 415-421

[5]   Application Programming in the HP-RT Environment, Hewlett Packard Manual Part No. B3127-90001, Nov. 1992, pp. 2-23 -2-31

[6]   Morgan, Kevin D., The HP-RT Real Time Operating System, Hewlett Packard Journal August 1993, pp. 23ff

[7]   Joseph, M.; Singh, G., Factors Affecting the Performance Of A Real-Time System, Tagungsband Echtzeit '93, Hg. Prof. Dr. H. Rzehak, Ludwig Drebinger Gmbh, Karlsruhe, 15. - 17. Juni, 1993, S. 209-218

[8]   Liebold, U.; Lohse, H., Kernel-Threads zur Implementierung von Gerätetreibern im Echtzeit-UNIX-Betriebs-system LynxOS,Tagungsband Echtzeit '92, Hg. Prof. Dr. H. Rzehak, Ludwig Drebinger Gmbh, Karlsruhe, 02. - 04. Juni, 1992, S. 213-219

[9]   Lohse, H; Liebold, U., Leistungssteigerung durch "Kernel-Threads", Elektronik, Nr. 24, 1992, S. 118-122

[10] Realtime Extensions for Portable Operating Systems, IEEE P1003.4/D6, Feb. 1992

[11] Thread Extensions for Portable Operating Systems, IEEE P1003.4/D11, Oct. 1991

[12] Rzehak, H., Der POSIX-Standard und echtzeitfähige UNIX-Systeme, PEARL 92 - Workshop über Realzeitsysteme, Boppard, 28. -29. Nov., S. 1-15, Informatik Fachberichte 295, Springer Verlag

POSIX 1003.5b Ada-Anbindung für Echzeit-Erweiterungen

P. E. Obermayer, R. A. Peek, R. Landwehr

Zusammenfassung

Der Standard „POSIX 1003.5b Ada-Sprachschnittstellen - Teil 2: Anbindung für Echtzeit-Erweiterungen" definiert eine Ada-Schnittstelle, die Dienste der Teilstandards P1003.1b (Echtzeiterweiterungen) und P1003.1c (POSIX threads) eines POSIX-konformen Betriebssystems anbietet. Der Standard POSIX 1003.5b erweitert den Standard „POSIX 1003.5 Ada-Sprachschnittstellen - Teil 1: Anbindung für die System-Anwendungsprogrammschnittstelle" um asynchrone Ein- und Ausgabe, Synchronisationsprimitive, Speicherverwaltung, Scheduling, Uhren, Interprozeßkommunikation und task-Verwaltung. Damit stehen dem Ada-Anwender auch die POSIX-Schnittstellen für Echtzeitanwendungen in standardisierter Form als Ada-Anbindungen zur Verfügung. Die Verwendung des Standards wird durch die Wahl der Form einer „abstrakten Anbindung" für die Definition der Schnittstelle wesentlich erleichtert. Dadurch wurde die Ada-gemäße Implementierung der Schnittstelle ermöglicht.

Im folgenden wird die POSIX 1003.5b Ada-Sprachschnittstelle vorgestellt und auf spezielle Probleme eingegangen.

1. Einleitung

POSIX („*Portable Operating System Interfaces*") ist eine Familie von derzeit ca. 20 Teilstandards, zu denen jeweils ein POSIX-Dokument entwickelt wird (Ein Überblick wird in Tabelle 1 gegeben). Die POSIX-Standards werden durch das Technische Komitee vom „*Institute of Electrical and Electronics Engineers*" (IEEE) für Betriebssysteme (TCOS) entwickelt. Zur Bearbeitung der Teilstandards veranstaltet IEEE im vierteljährlichen Abstand POSIX-Arbeitsgruppentreffen. Die POSIX-Arbeitsgruppen tagen meistens gleichzeitig an einem Ort für jeweils eine Woche.

Einige POSIX-Standards sind bereits als internationale ISO-Standards normiert, so der Standard für die Betriebssystemschnittstelle P1003.1 als ISO/IEC

9945-1:1990 und der Standard für die „*shell*" und die Dienstprogramme P1003.2 als ISO/IEC 9945-2:1993. Die ISO-Standardisierung von P1003.5 („*Ada binding*") wird unter der Bezeichnung ISO/IEC DIS 14519-1 durchgeführt.

POSIX Nummer	Kurztitel	Status
P1003.0	POSIX Guide	*Draft*
P1003.1	System Interface	1990
P1003.1b (P1003.4)	Realtime Extensions	1993 [1]
P1003.1c (P1003.4a)	Thread Extensions	*Draft*
P1003.2	Shell and Utilities	1992
P1003.3	Test Methods	1991
P1003.5	**Ada Binding**	**1992 [2]**
– P1003.5b	**Ada Realtime Binding**	***Draft* [3]**
– P1003.5c&d	**Ada Communication Interfaces**	***Draft***
P1003.6	Security	*Draft*
P1003.7	System Administration	*Draft*
P1003.8	Network File Access	*Draft*
P1003.9	FORTRAN 77 Binding	1992
P1003.10	Supercomputing Profile	*Draft*
P1003.11	Transaction Processing	*Draft*
P1003.12	Protocol Independent Networking	*Draft*
P1003.13	**Realtime Profile**	***Draft***
P1003.14	Multiprocessing Profile	*Draft*
P1003.15	Batch Services	*Draft*
P1003.16	C-Binding	*Draft*
P1003.17	Directory/Name Service	*Draft*
P1003.18	POSIX Profile	*Draft*
P1003.19	FORTRAN 90 Binding	*Draft*
P1003.21	**Distributed Systems**	***Draft***
P1003.22	Distributed Security	*Draft*

P1201.1	User Interface Services	*Draft*
P1201.2	User Interface Driveability	*Draft*
P1224	ASN.1 Object Management	*Draft*
P1238	File Transfer Access Mode	*Draft*
P1387	System Administration	*Draft*
P2003.0	Test Methods	*Draft*
P2003.3	Revision of Test Methods Std. P1003.3	*Draft*
P2003.4	Test Methods for P1003.4	*Draft*
P2003.5	**Test Methods for P1003.5**	*Draft*

Tabelle 1: Überblick über die gegenwärtigen POSIX-Standardisierungsprojekte und ihren Status. Standards mit Bezug zu Ada sind fett gesetzt.

2. P1003.5 - POSIX Ada Binding

Im Dokument zm POSIX-Ada-Teilstandard P1003.5 ist eine Ada-gemäße Abstraktion der im Basisdokument P1003.1 in C festgelegten Schnittstellen definiert. Der Teilstandard ist als selbständigs Dokument entwickelt worden (sog. „abstrakte Anbindungen", auch „dicke Anbindungen" genannt). In ihm sind eine Reihe von Ada-Paketen definiert, welche die Funktionalität von POSIX repräsentieren und die so strukturiert sind, daß sie der Forderung nach einem guten Ada-Stil genügen.

2.1 Konformität

Um die Konformität einer Anwendung mit den POSIX-Standards zu klassifizieren, werden Konformitätskategorien mit unterschiedlichen Anforderungen definiert [2]:

- „Strenge Konformität" („*strictly conforming*"),
- „Konformität (ohne Erweiterungen)",
- „Konformität (mit Erweiterungen)".

Eine Anwendung mit strenger Konformität mit dem POSIX-Standard P1003.5 benötigt nur die in diesem POSIX-Standard definierten Funktionalitäten neben denen des Ada-Sprachstandards. Dies ist die am leichtesten portierbare Form einer POSIX-konformen Anwendung.

Übereinstimmende Anwendungen (ohne Erweiterungen) können sich zusätzlich noch auf weitere ISO- bzw. IEC-Standards beziehen und deren Funktionalitäten nutzen. Übereinstimmende Anwendungen (mit Erweiterungen) können darüber hinaus noch herstellerspezifische Erweiterungen nutzen, was die Portabilität am meisten einschränkt.

In analoger Weise wird die Konformität einer POSIX-Schnittstelle mit den POSIX-Standards („Implementierungskonformität") gefordert. Diese stellt sicher, daß alle im Standard definierten Eigenschaften von der Implementierung unterstützt werden und sie sich standard-gemäß verhält (vgl. [2]).

2.2 Aufbau und Konzepte des P1003.5 - POSIX Ada Binding

Das Dokument P1003.5 besteht aus drei Teilen, welche die allgemeinen Dienstleistungen, die Dienstleistungen für Dateien sowie Ein- und Ausgabe und die Dienstleistungen für Prozesse betreffen.

Die in diesem Dokument definierten Dienstleistungen unterstützen folgende Konzepte:

- Zeichen und Zeichenketten

- Fehlercodes

- Prozesse

- Signale

- Zeiten

- Dateien

- hierarchische Dateisysteme

- Ein- und Ausgabe-Primitive

- Terminal

- Systemdatenbasis

3. P1003.5b - POSIX Ada Realtime Binding

Dieses Dokument ist eine Ergänzung zum Dokument P1003.5. P1003.5b hält sich an die Strukturierung von P1003.5. Es ist geplant, den Inhalt dieses Dokumentes in P1003.5 einzuarbeiten, so daß ein ergänzter, erweiterter und teilweise korrigierter Standard P1003.5 entsteht. Deshalb ist die Beibehaltung der Aufwärtskompatibilität bei der Entwicklung der Standards von größter Bedeutung.

Das Hauptziel von P1003.5b ist die Bereitstellung einer Ada-Variante zu der sprachunabhängigen Funktionalität, die für C-Applikationen mit den Dokumenten P1003.1b (*„Realtime Extensions"*) und dem Entwurf des Dokuments P1003.1c (*„Threads Extensions"*) zur Verfügung stehen, sowie die Berücksichtigung des Dokumentes P1003.1a (Korrekturen zu P1003.1).

Der Begriff „Echtzeit in Betriebssystemen" wird im Dokument P1003.1b definiert als „die Fähigkeit eines Betriebssystems, ein gefordertes Niveau von Diensten in einer beschränkten Antwortzeit zur Verfügung zu stellen" [1]. Der Aufgabenbereich der Echtzeit-Erweiterungen wird durch folgende Schlüsselelemente abgegrenzt:

- die Definition einer hinreichenden Menge von Funktionalität, um einen signifikanten Teil des Bereichs von Programmen für Echtzeitanwendungen abzudecken und

- die Definition hinreichender Beschränkungen für das Leistungsverhalten und von leistungsbezogenen Funktionen, um einer Echtzeitanwendung zu erlauben, deterministische Antworten vom System zu erhalten.

Für C-Applikationen ist für die Verwendung von *„threads"* das Dokument P1003.1c entwickelt worden. Diese *„threads"* werden durch Ada-*"tasks"* zur Verfügung gestellt. Nur die über die von Ada-*"tasks"* hinausgehende Funktionalität von P1003.1c wird in das Dokument P1003.5b übernommen.

Die in diesem Dokument definierten Dienstleistungen unterstützen folgende, über den Standard P1003.5 hinausgehende Konzepte (die kursiv gesetzten Konzepte werden von P1003.5 übernommen, verfeinert und ergänzt):

- *Prozesse,*

- *Signale,*

- *Zeiten,*

- *Dateien,*

- *Ein- und Ausgabeprimitive,*

- Asynchrone Ein- und Ausgabe,

- Semaphore,

- Mutexes,

- Speicherverwaltung (Shared memory, memory locking, memory mapping, memory protection),

- Prioritäten und Scheduling,

- Uhren und Timer.

Allerdings ist die Unterstützung der jeweiligen Funktionalitäten der neuen Konzepte optional. Falls ein Konzept von einer Implementierung nicht unterstützt wird, können Aufrufe an die explizit definierten Operationen dieses Konzeptes die Ausnahme POSIX_Error auslösen.

3.1 Asynchrone Ein- und Ausgabe

Die Schnittstelle zur asynchronen Ein- und Ausgabe wird in dem eigenständigen Paket **Package** POSIX_Asynchronous_IO definiert, das Zugang zu den entsprechenden Diensten gibt. Unterstützt wird asynchrones Lesen und Schreiben, die Abfrage des Zustandes einer asynchronen Ein- oder Ausgabe sowie deren Beendigung und das Warten auf ihre vollständige Abarbeitung, des weiteren die asynchrone Datei- und Datensynchronisierung sowie listenbezogene Ein- und Ausgabe.

3.2 Semaphore

Zählende Semaphore werden im Paket **Package** POSIX_Semaphores zur Synchronisation von Prozessen bzw. „*tasks*" untereinander zur Verfügung gestellt. Es werden sowohl namenlose Semaphore als auch Semaphore mit Namen unterstützt. Semaphore dürfen, müssen aber nicht im Dateisystem unter Verwendung von Dateideskriptoren implementiert sein.

3.3 Mutexes

Die Dienstleistungen, die sich auf Mutexes beziehen, werden im Paket **Package** POSIX_Mutexes zur Verfügung gestellt. Mutexes sind Synchronisationsobjekte, die zum gegenseitigen Ausschluß zwischen „*tasks*" verwendet werden können.

3.4 Speicherverwaltung

Es werden Schnittstellen zur Speicherverwaltung, einschließlich Speicherverriegelung, Speicherabbildung, gemeinsam genutzten Speichers und Speicherschutz zur Verfügung gestellt.

```ada
with POSIX,
     System_Storage_Elements,
     system;
package POSIX_Memory_Range_Locking is
-- 12.2.1 Lock / Unlock a Range of Process Address Space
   procedure Lock_Range
        (First:  in System.Address;
         Length: in System_Storage_Elements.Storage_Offset);
   procedure Unlock_Range
        (First:  in System.Address;
         Length: in System_Storage_Elements.Storage_Offset);
end POSIX_Memory_Range_Locking;
```

Abbildung 1: Deklaration des Paketes POSIX_Memory_Range_Locking

Speicherabbildungsoperationen und Speicherbereichsverriegelungsoperationen werden auf „*pages*" bezogen durchgeführt. Implementierungen dürfen Speicherbereiche in Größe und Ausrichtung auf „*pages*" beziehen.

In Abbildung 1 ist als Beispiel ein Paket aus POSIX dargestellt, das Speicherbereichsverriegelungsoperationen zur Verfügung stellt.

3.5 Prioritäten und Scheduling

Es existiert ein systemweiter Scheduling-Mechanismus, der die Zuweisung von Ressourcen durchführt. Für das Scheduling können zwei Ebenen existieren, eine systemweite Ebene und eine Ebene innerhalb eines Prozesses. In letzterer werden die einzelnen threads des Prozesses verwaltet. Scheduling-Regeln `FIFO_Within_Priorities` und `Round_Robin_Within_-Priorities` werden unterstützt.

3.6 Uhren und Timer

Die Schnittstelle zu Uhren und Timern wird im Paket **Package** `POSIX_Timers` angeboten. Darin erhält man Zugriff auf Dienste, die zum Lesen und Setzen von Werten einer Uhr, zum Ermitteln der zeitlichen Auflösung einer Uhr, zur Erzeugung, Armierung, Sicherung und zum Ermitteln des Zustands eines Timers verwendbar sind.

4. Spezielle Probleme

4.1 Tasking

Ada verfügt über ein spezielles Modell für parallele Prozesse und ihre Kommunikation miteinander. Diese Prozesse werden „*tasks*" genannt. Sie haben einen gemeinsamen (Daten-)Adreßraum (globale Objekte sind möglich). Verwaltet werden die „*tasks*" durch einen Ada-"*Runtime scheduler*", der entweder selbständig ist (d. h. unabhängig vom Betriebssystem ist oder ganz ohne Betriebssystem auskommt, was z. B. für „*embedded systems*" ohne Betriebssystem notwendig ist) oder sich des Betriebssystems bedient. Ada definiert Regeln für die Erzeugung wie auch für die Beendigung der „*tasks*", um deren Verhalten möglichst präzise zu beschreiben.

POSIX verfügt über ein zweistufiges Modell für parallele Prozesse.

Die erste Stufe bilden POSIX-Prozesse. POSIX-Prozesse „wissen nichts voneinander" (wenn sie nicht explizit über vom Betriebssystem zur Verfügung gestellte Dienste miteinander kommunizieren). Sie verhalten sich so, als ob sie allein die Maschine besitzen und haben deshalb keinen gemeinsamen Adreßraum. Um diese „Anonymität" aufrechtzuerhalten, müssen bei einem Prozeßwechsel umfangreiche Sicherungsmaßnahmen durchgeführt werden, was zu langen Prozeßwechselzeiten führen kann.

Die zweite Stufe bilden die „*threads*" der POSIX-Prozesse. „*Threads*" sind parallele Prozesse innerhalb eines POSIX-Prozesses mit einem gemeinsamen Adreßraum. Ein Umschalten zwischen „*threads*" bedarf nur weniger Maßnahmen durch das Betriebssystem und kann schnell erfolgen. Der POSIX-Standard fordert allerdings nicht, daß „*threads*" von konformen Betriebssystemen unterstützt werden.

Ada-„tasks" stimmen in ihren Eigenschaften am ehesten mit POSIX-„*threads*" überein. Unterschiede existieren bei der Erzeugung und Beendigung von „tasks" bzw. „*threads*", bei der Kommunikation zwischen „*tasks*" bzw. zwischen „threads", bei ihrer Synchronisation und bei ihrem Laufzeit-Scheduling. Dennoch sollte eine Abbildung von Ada-„*tasks*" auf POSIX-„*threads*" möglich sein. Dies wird in der im POSIX/Ada Real-Time (PART) Projekt entwickelten Gnu-Ada-Runtime-Library (GNARL) versucht durchzuführen [4].

4.2 Ein- / Ausgabe

Dateiverwaltung über das Erzeugen, Öffnen, Schließen und Löschung sowie das Lesen und Schreiben hinaus werden von Ada nicht unterstützt, um plattformunabhängig zu sein. Hier kann eine Schnittstelle zum Betriebssystem dessen Dienste zur Verfügung stellen.

Externe Dateien bilden für Ada Datenquellen und -senken. Ihre genaue Interpretation muß im Anhang F der Beschreibung der jeweiligen Implementierung dargelegt sein.

Ada 83 kennt für die Textein- und -ausgabe zwei Standarddateien (STANDARD_INPUT und STANDARD_OUTPUT). In UNIX-Systemen hat sich STANDARD_ERROR bewährt, und Ada 95 wurde darum ergänzt.

4.3 Kommandozeilenschnittstelle

Diverse Betriebssysteme stellen die Möglichkeit zur Verfügung, in der Kommandozeile, d. h. beim Aufruf eines Programmes, dem Programm zusätzliche Information, Kommandozeilenparameter genannt, zur Verfügung zu stellen. Die Sprachdefinition von Ada 83 sieht keine Möglichkeiten für einen Zugriff auf diese Parameter vor. Ada 95 bietet hier einige rudimentäre Möglichkeiten. Die jeweiligen Möglichkeiten hängen jedoch vom Betriebssystem ab und müssen separat, z. B. durch eine Betriebssystemschnittstelle, unterstützt werden, wobei sich POSIX als Standard für eine weitergehende Portabilität anbietet.

4.4 Ortsabhängigkeit

Länderabhängige Zeichensätze, Zahlendarstellungen („1,000.00" im Vergleich zu „1.000,00") sowie Datums- und Zeitdarstellung stellen aufgrund der grenzüberschreitenden Verbreitung von Software ein immer stärkeres Problem dar. Diverse Zeichensätze (ASCII, Latin1, 16-bit- und 32-bit-Zeichensätze) bestehen parallel und werden verwendet, zum Teil abhängig von der Programmiersprache. Dies zwingt teilweise bei der Übergabe von Zeichen innerhalb eines Systems zu Konvertierungen zwischen den Zeichensätzen.

Ada 83 hatte sich auf 7-bit ASCII als „kleinsten gemeinsamen Nenner" beschränkt, um möglichst auf allen Systemen einsetzbar zu sein. Diese Beschränkung führte allerdings auch zu Problemen bei der Anwendung, so daß für Ada 95 Latin1 als Standard-Zeichensatz definiert wurde (Die ASCII-Zeichen sind in Latin1 enthalten, und dieser ist damit aufwärtskompatibel) und die Möglichkeit für weitere Zeichensätze gegeben ist.

Die POSIX-Ada-Anbindung definiert die Eigenschaften eines eigenständigen Zeichensatzes (`POSIX_CHARACTER`). Seine Eigenschaften sind so definiert, daß sie durch Latin1 erfüllt werden. Damit wird eine Unabhängigkeit von den Zeichensätzen des Betriebssystems und der Ada-Implementierung erreicht und gleichzeitig eine direkte Abbildung ermöglicht.

Für Datum und Zeit werden in Ada spezielle Datentypen definiert. Undefiniert ist allerdings absolute Zeit („Weltzeit") und Zeitzonen. Dies bleibt dem Betriebssystem überlassen.

Literatur

[1]   IEEE Std 1003.1b-1993: IEEE Standard for Information Technology - Portable Operating System Interface - Part 1: System Application Program Interface (API) - Amendment 1: Realtime Extension, The Institute of Electrical and Electronics Engineers, Inc., New York, 1993

[2]   IEEE Std 1003.5-1992: IEEE Standard for Information Technology - POSIX Ada Language Interfaces - Part 1: Binding for System Application Program Interface (API), The Institute of Electrical and Electronics Engineers, Inc., New York, 1992

[3]   Draft Standard for Information Technology - POSIX Ada Language Interfaces - Part 2: Binding for Realtime Extensions P1003.5b/D3, August 1994, The Institute of Electrical and Electronics Engineers, Inc., New York, 1994

[4]   E.W. Giering III, T.P. Baker; „The Gnu Ada Runtime Library (GNARL): Design and Implementation", Washington Ada Symposium, Proceedings, acm, 1994

POSIX-konforme Echtzeitbetriebssysteme

H. Rzehak, M. Mächtel

Zusammenfassung

Der POSIX-Standard findet als konsistente und eindeutige Definition des existierenden UNIX-Systems immer größere Beachtung. Dieser Standard kann auch für zeitkritische Anwendungen genutzt werden, wenn die Echtzeiterweiterungen implementiert sind. Dieser Beitrag beschreibt die Erweiterungen der Programmierschnittstelle und erläutert die Anforderungen an eine Implementierung. Durch Beispiele wird die Verwendung der Funktionserweiterungen dargestellt.

1. Das POSIX-Projekt

POSIX (Portable Operating System Interface) ist die Bezeichnung für einen Standard, der in der IEEE-Arbeitsgruppe 1003 ursprünglich erarbeitet wurde. Der erste zusammenfassende Bericht wurde 1988 veröffentlicht (IEEE Std 1003.1-1988). Darauf aufbauend wurde 1990 die Norm ISO/IEC 9945-1 [6] verabschiedet. Wesentliches Ziel des Projektes war es, die verschiedenen UNIX-Dialekte zu vereinheitlichen und eine Basis für portable Programme zu schaffen. Dabei wurden folgende Prinzipien besonders berücksichtigt:

- Der Standard soll eine klare, konsistente und eindeutige Definition des existierenden UNIX-Systems sein, um die Portabilität zwischen den UNIX-Systemen zu fördern.

- Es soll eine Schnittstellen (Interface) -definition gegeben werden, keine Festlegung einer Implementierung.

- Die Portierbarkeit von Quellenprogrammen wird angestrebt, nicht von Objektprogrammen.

- Die Beschreibung benutzt ANSI-C.

- Super-User und Systemadministration wurden nicht in die zu spezifizierenden Aspekte einbezogen.

- Der Schnittstellenumfang soll minimal sein.

- Breite Implementierungsmöglichkeit wird gefordert.

- Änderungen in bestehenden Implementierungen und bestehenden Anwendungsprogrammen sollen möglichst klein gehalten werden.

Die Bindung an die Programmiersprache C soll zukünftig aufgehoben werden, indem in einem Teil die grundlegenden Anforderungen sprachunabhängig beschrieben werden, und ein zweiter Teil die Sprachbindungen (Language Bindings) enthält.

Die Echtzeiterweiterungen sind als Ergänzungen zum Basisdokument abgefaßt. Ein erster Teil wurde bereits als Amendment zu ISO/IEC 9945-1 [7] im Jahr 1995 verabschiedet. Weitere Teile, u.a. die Thread-Erweiterungen, sind in Abstimmung. Es ist geplant, alle Ergänzungen in einer Neufassung des Basisdokuments zu vereinigen.

Durch die Standardisierung soll das ganze Spektrum der Echtzeitanwendungen abgedeckt werden. Um das Betriebssystem an Anwendungen anpassen zu können, die nicht den vollen Funktionsumfang benötigen (z.B. wegen fehlender Hardware), sollen verschiedene Anwendungsprofile definiert werden. Die Vorschläge umfassen z.Z. vier Klassen (Application Environment Profiles, AEP):

AEP 1 (Minimal real-time system):

Dieses Profil ist kennzeichnend für "eingebettete Systeme". Das Programmiermodell kennt nur einen Adreßraum, was einem POSIX-Prozeß entspricht. Nebenläufige Objekte werden durch mehrere POSIX-Threads realisiert. Minimale Hardwarevoraussetzung ist der Prozessor mit seinem Hauptspeicher, aber keine Speicherverwaltungseinheit für dynamische Adreßtransformation (memory management unit).

AEP 2 (Real-time controller system):

Das Minimalsystem ist erweitert um eine Dateienschnittstelle, zeichenweise serielle Ein- und Ausgabe und eine Ausnahmebehandlung (POSIX-Signals). Die minimalen Hardwarevoraussetzungen werden ergänzt um eine oder mehrere serielle Schnittstellen (z.B. RS 232). Ein Massenspeicher ist nicht Voraussetzung, da das Dateiensystem auch im Hauptspeicher realisiert werden kann.

AEP 3 (Dedicated real-time system):

Dieses Profil unterstützt mehrere POSIX-Prozesse, eine allgemeine Schnittstelle für Gerätetreiber und die Schnittstelle zu einem nicht hierarchischen Dateiensystem. Für Systeme mit dynamischer Adreßtransformation (memory management unit) sind hauptspeicherresidente Prozesse und Daten (memory locking) vorzusehen. Minimale Hardwarevoraussetzungen sind ein oder mehrere Prozessoren mit oder ohne Speicherverwaltungseinheit für dynamische Adreßtransformation (memory management unit).

AEP 4 (Multi-purpose real-time system):

Hier werden alle POSIX-Funktionserweiterungen für Echtzeitanwendungen unterstützt. Hardwarevoraussetzungen sind Prozessoren mit Speicherverwaltungseinheit für dynamische Adreßtransformation (memory management unit), Massenspeicher, Netzwerkunterstützung und Sichtgeräte.

AEP 1 kann auch als Funktionsumfang eines Betriebssystemkerns aufgefaßt werden. Mit den dort beschriebenen Basisfunktionen lassen sich die übrigen Funktionen implementieren (hierarchische Struktur des Betriebssystems). Ob zukünftige Implementierungen diesen Aspekt ausnutzen werden, bleibt abzuwarten.

Ursprünglich war auch die Definition von Leistungsmetriken für alle Systemfunktionen vorgesehen. Anbieter einer POSIX-konformen Implementierung sollten Werte zu diesen Leistungsmetriken veröffentlichen. Die Definitionen waren so gewählt, daß die Werte von außen überprüfbar sind. Dies hätte die Auswahl eines geeigneten Betriebssystems erleichtert. Leider wurde dies nicht in die endgültige Norm übernommen.

Die Echtzeiterweiterungen zu POSIX sind ein wichtiger Schritt in Richtung auf eine Standardisierung der Programmierschnittstelle zu Echtzeitbetriebssystemen. Wenn sich die Hersteller in den Standardisierungsgremien jedoch nur auf den kleinsten gemeinsamen Nenner einigen, und die übrig bleibende Funktionalität für den Anwender viel zu gering ist, so sind weiterhin proprietäre Erweiterungen des Standards nötig. Eine einheitliche Anwenderschnittstelle ist dann in weite Ferne gerückt.

2. Eigenschaften von Echtzeitbetriebssystemen

2.1. Funktionale Anforderungen

Die besonderen Anforderungen an Echtzeitsysteme bestehen darin, daß das Zeitverhalten des Systems innerhalb der zulässigen Abweichungen vorher bestimmbar sein muß (zeitlicher Determinismus), d.h. das System muß auf äußere Anforderungen mit einem bestimmten reproduzierbaren Verhalten - innerhalb vorgegebener Toleranzgrenzen - reagieren. Das Betriebssystem muß hierzu an der Programmierschnittstelle Funktionen zum Prozeßmanagement und zur Betriebsmittelverwaltung bereitstellen, mit deren Hilfe das geforderte reproduzierbare (Zeit-) Verhalten definiert werden kann, wobei die Auslastung von untergeordneter Bedeutung ist. Durch den internen Aufbau muß gewährleistet werden, daß keine sporadisch auftretenden Wartezeiten die Reproduzierbarkeit über die Toleranzgrenzen hinaus stören. Dies bedeutet, daß nur ein Teil der Anforderungen an ein Echtzeitbetriebssystem an der Programmierschnittstelle sichtbar wird.

2.1.1. Reaktion auf externe Ereignisse

Ein Echtzeitsystem muß auf externe Ereignisse zeitgerecht reagieren. Dabei wird das Ereignis durch einen Interrupt gemeldet, und die benutzerspezifische Reaktion kann nur in einer Benutzer-Task formuliert werden. Durch den Interrupt wird eine Interrupt-Service-Routine gestartet (Primärreaktion). In dieser erfolgt der Start oder die Fortsetzung einer Benutzer-Task, in der die benutzerspezifische Ereignisreaktion enthalten ist (Sekundärreaktion).

Das Beenden der Interrupt-Service-Routine bewirkt nicht die Fortsetzung der ursprünglich unterbrochenen Task sondern eine Neuzuweisung des Prozessors an die ablaufbereite Task höchster Priorität. Ist dies die Task mit der entsprechenden benutzerspezifischen Reaktion, so wird diese gestartet oder fortgesetzt und damit die Sekundärreaktion ausgeführt. Diejenige Task, die beim Eintreffen des Interrupts bearbeitet wurde, wird fortgesetzt, wenn ihr entsprechend ihrer Priorität der Prozessor zugewiesen wird. Der Ablauf ist in Bild 1 schematisch dargestellt.

In POSIX-Systemen ist die Interrupt-Service-Routine zur Realisierung der Primärreaktion Bestandteil des Gerätetreibers zur Verwaltung der Unterbrechungseingänge. Die Sekundärreaktion wird durch ein POSIX-Signal ausgelöst und muß in der Form einer Signalreaktion in einer geeigneten Task beschrieben werden. Für Echtzeitanwendungen wurde das Signalkonzept überarbeitet und eine neue Klasse von Echtzeitsignalen eingeführt, für die eine sichere, prioritätsgesteuerte Ereignisbehandlung gewährleistet ist. Dabei wurde auch berücksichtigt, daß eine größere Anzahl von anwendungsspezifischen Signalen zur Verfügung steht, und daß der Zeitbedarf für die Einleitung der Signalreaktion minimal bleibt. Wie in Bild 1 angedeutet, kann eine Signalreaktion durch die neue Funktion *sigwaitinfo()* eingeleitet werden. Diese Funktion wird erst verlassen, wenn eines der spezifizierten Signale empfangen wird. Die aufrufende Task bleibt so lange blockiert. Dies vermeidet die zeitaufwendige Behandlung durch einen Signal-Handler. Da die alte Form der Signalbehandlung Vorrang hat, muß das Signal bei der Verwendung von *sigwaitinfo( )* blockiert werden. Durch die Übergabe eines anwendungsspezifischen Parameters (*u_param* in Bild 1) können gleichartige Ereignisse über den selben Signalbezeichner abgehandelt werden. Die Definition eines Signal-Handlers ist grundsätzlich nicht mehr notwendig.

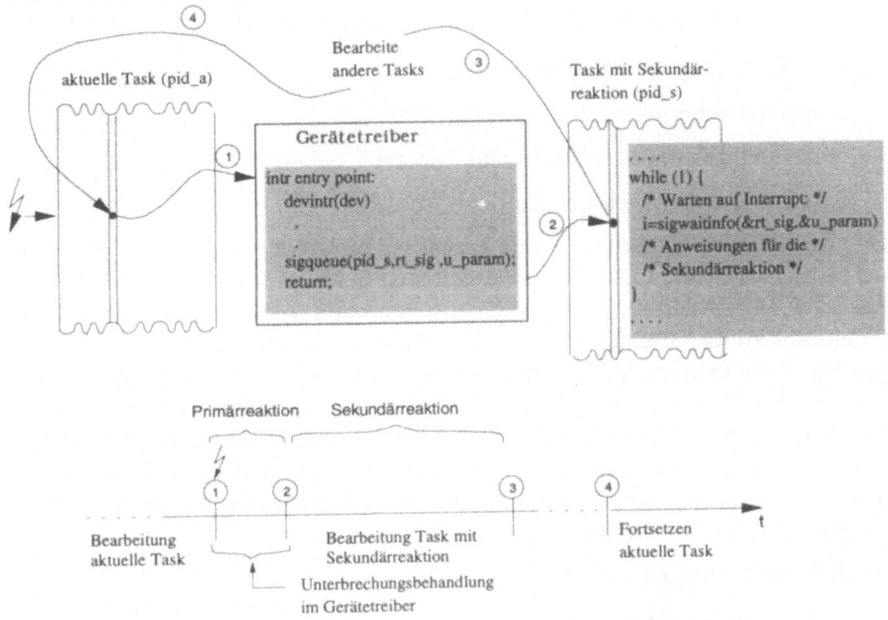

Bild 1 Grundsätzlicher Ablauf einer Ereignisreaktion

Die Funktion *sigqueue( )* muß innerhalb einer Interrupt-Service-Routine aufrufbar sein (Forderung an die Implementierung). In Betriebssystemen, die bereits vor der Verabschiedung des Standards entwickelt wurden, wird statt dessen häufig eine Interrupt-Service-Routine angeboten, die ein definiertes Semaphor frei gibt. In Analogie zu *sigwaitinfo( )* kann die Task mit der Sekundärreaktion auf diese Freigabe des (vorher blockierten) Semaphors warten. Die Übergabe eines Parameters ist dabei nicht möglich.

2.1.2. POSIX-Funktionserweiterungen

Die POSIX-Funktionserweiterungen für Echtzeitanwendungen sehen im einzelnen folgende Erweiterungen zu ISO/IEC 9945-1 vor:

- Pioritätsgesteuerte Prozessorzuteilung

- Semaphore

- Hauptspeicherresidente Prozesse (Process Memory Locking)

- Hauptspeicherresidente Dateien und gemeinsamer Speicher für mehrere Prozesse (Memory Mapped Files and Shared Memory)

- Botschaftensystem (Message Passing)

- Echtzeiterweiterungen zum Signalkonzept

- Uhrzeit und Zeitgeber (Clocks and Timers)

- Synchrone und asynchrone Ein- und Ausgabe

Diese Funktionserweiterungen sind grundsätzlich notwendig, um den geforderten zeitlichen Determinismus des Programmsystems zu realisieren. Sie sind die Basis für POSIX-konforme Echtzeitbetriebssysteme (Amendment 1: Realtime Extensions zu ISO/IEC 9945-1). Darüber hinaus sind verschiedene Erweiterungen zur Verbesserung der Leistungsfähigkeit vorgesehen. Hierzu gehört insbesondere das Thread-Konzept. Ein POSIX-Prozeß erfordert eine aufwendige Verwaltung, so daß die Realisierung von mehreren selbständigen Kontrollflüssen - in der englischen Literatur *thread* genannt - innerhalb eines Prozesses einen sinnvollen Ausweg darstellt. Hierdurch ergibt sich eine Hierarchie nebenläufiger Objekte. Die wesentlichen Unterschiede sind:

Prozeß (auch Task genannt):

- Besitzer von Betriebsmitteln

- Eigener Adreßraum

- Enthält einen oder mehrere Threads

- Kommunikation über die Prozeß-Grenzen hinaus bevorzugt über Botschaften

Thread:

- Element eines Prozesses

- Kann selbst keine Betriebsmittel besitzen (Ausnahme: der Prozessor)

- Verfügt über alle Betriebsmittel der Task, der er angehört

- Kommunikation zwischen den Threads bevorzugt über globale Daten

Systeme ohne dynamische Adreßtransformation kennen nur einen (benutzerseitigen) Adreßraum. Der selbständige Kontrollfluß in einem solchen System wird zunehmend nicht mehr Prozeß oder Task sondern Thread genannt. Enthält ein Prozeß genau einen Thread, so ist eine Unterscheidung zwischen beiden unnötig. Ein Thread-Konzept als Erweiterung zu POSIX ist Ende 1995 durch die Normungsgremien verabschiedet worden.

Für die bestmögliche Benutzung der POSIX-Funktionen in Echtzeitanwendungen sind Programmierrichtlinien sinnvoll. Eine Berücksichtigung von Eigenschaften der Implementierung kann erforderlich sein. Insbesondere basieren die heute verfügbaren Betriebssysteme notgedrungen auf früheren Normentwürfen und sind noch nicht umgestellt. Das Problem der Portabilität von Programmsystemen für Echtzeitanwendungen kann gegenwärtig nicht als gelöst angesehen werden.

2.2. Anforderungen an die Implementierung

2.2.1. Latenzzeiten

Unter Latenzzeiten versteht man allgemein Verzögerungen bei der Ausführung einer Reaktion. Sie sind dadurch bedingt, daß der Prozessor zur Bearbeitung der geforderten Aufgabe zeitweilig nicht zur Verfügung steht. Die Ursachen liegen darin, daß

- der Prozessor zur Bearbeitung einer Interrupt-Service-Routine benötigt wird, oder daß

- die Bearbeitung von Betriebssystemfunktionen zurückgestellt werden muß, weil bereits von anderen Tasks veranlaßte Aufrufe aus systeminternen Gründen (z.B. Datenkonsistenz) zunächst fortgesetzt werden müssen.

Typisch für Latenzzeiten ist das nicht deterministische Auftreten und die Schwierigkeiten, Maximalwerte abzuschätzen. Für Echtzeitanwendungen kann man ihren Einfluß nicht außer acht lassen, da sie als mögliche Ursache für sporadische Fehler in Betracht gezogen werden müssen. Das nicht deterministische Auftreten verhindert in aller Regel die eindeutige Rekonstruktion des fehlerhaften Ablaufs.

Hinsichtlich des Auftretens unterscheidet man zwei Formen:

- Verzögerungen beim Start der Sekundärreaktion (Process Dispatch Latency Time: PDLT), und

- Verzögerungen während der Ausführung der Sekundärreaktion (Kernel Latency Time: KLT).

Für kurze Latenzzeiten müssen zwei Grundregeln beachtet werden:

- Die Interrupt-Service-Routinen müssen so kurz wie möglich sein. Dies gilt auch für die Interrupt-Ebenen mit niederer Priorität, da durch *jede* Interrupt-Service-Routine dem aktuellen Prozeß Prozessorleistung entzogen wird.

- Die Betriebssystemfunktionen müssen unterbrechbar sein (unterbrechbarer Betriebssystemkern).

Auf beide Punkte wird in den nachfolgenden Abschnitten näher eingegangen. Für Echtzeitbetriebssysteme werden demnach nicht nur Forderungen an die Programmierschnittstelle erhoben, sondern auch an die Qualität der Implementierung. So waren in früheren Generationen von UNIX-Systemen die Systemfunktionen nicht unterbrechbar. Dadurch waren sie für Echtzeitanwendungen nicht geeignet.

2.2.2. Unterbrechbare Systemfunktionen

Zur Verwaltung der Betriebsmittel und der internen Zustände benötigt das Betriebssystem interne Tabellen und andere Daten. Änderungen können im allgemeinen nur in mehreren zusammengehörenden Schritten (kritischer Bereich) vorgenommen werden. Während der Ausführung des kritischen Bereichs können die Daten von außen nicht sinnvoll interpretiert werden, und man bezeichnet dies auch als einen inkonsistenten Zustand. Die Daten dürfen in diesem Zustand nicht von weiteren Instanzen benutzt werden.

In einem System mit parallelen Aktivitäten ist es denkbar, daß ein Prozeß- oder Threadwechsel gerade dann eingeleitet werden soll, wenn der aktive Prozeß einen Systemdienst aufgerufen hat. Wird dieser Wechsel durchgeführt, so muß unter allen Umständen vermieden werden, daß bei dem erneuten Aufruf eines Systemdienstes ein noch nicht verlassener kritischer Bereich erneut betreten wird. Um dies sicherzustellen, kann man radikal vorgehen und den Prozeß- oder Threadwechsel während der Ausführung eines Systemdienstes verbieten, d.h. er wird bis zum Abschluß des Systemdienstes zurückgestellt. Man spricht dann von einem nicht unterbrechbaren Systemkern. Für Echtzeitanwendungen kann dies jedoch empfindliche Störungen des Zeitablaufs nach sich ziehen, so daß geeignetere Maßnahmen erforderlich sind.

Prinzipiell gibt es folgende Alternativen:

- Einführen von Zuständen mit konsistenten Daten (Unterbrechbarkeitsstellen, preemption points), in denen ein Prozeß- oder Threadwechsel möglich ist,

- Schutz der kritischen Bereiche durch Semaphore, oder

- Wiederaufsetzen der unterbrochenen Funktion an der Aufrufstelle.

Durch das Einführen von Unterbrechbarkeitsstellen kann die Zeit, während der kein Prozeß- oder Threadwechsel möglich ist, erheblich reduziert werden. Um zu kurzen Abständen zwischen den Unterbrechbarkeitsstellen zu kommen, müssen Programmkode und Daten sorgfältig strukturiert werden. Die Methode wird häufig angewandt.

Ein grundsätzlich anderes Konzept ist das Wiederaufsetzen einer Funktion an der Aufrufstelle, wenn eine Unterbrechung erfolgt. Der Kontext des Systemaufrufs (Aufrufparameter und Systemdaten, die von der Funktion geändert werden) muß dazu gesichert werden. Es können nur Latenzzeiten von dem Prozeß- oder Thread mit höchster Priorität ferngehalten werden, während alle anderen Verzögerungen durch die Wiederholung von bereits ausgeführten Befehlsfolgen und die Sicherung des Aufrufkontexts erleiden.

Das für Echtzeitanwendungen bevorzugte Konzept sieht die Konstruktion der Systemfunktionen aus kritischen Abschnitten vor, wobei die Benutzung von Semaphoren sicherstellen muß, daß der gleiche kritische Abschnitt nicht mehrfach aufgerufen wird, und daß kritische Abschnitte, in denen gemeinsame Daten manipuliert werden, unter wechselseitigem Ausschluß ausgeführt werden. Das Strukturieren der Daten und die Gliederung der Abschnitte muß sehr sorgfältig vorgenommen werden. Bei diesem Konzept muß der Prozeß- oder Threadwechsel nicht zurückgestellt werden, so daß man auch von einem voll unterbrechbaren Systemkern spricht. Die PDLT wird hierdurch minimiert.

Bei der Ausführung der Sekundärreaktion kann es zu zusätzlichen unkontrollierten Wartezeiten kommen, wenn ein Systemdienst ausgeführt wird, der einen gesperrten kritischen Bereich betreten will. Die weitere Ausführung muß dann unterbrochen werden, bis die Sperre aufgehoben wird. Diese Latenzzeit wurde oben mit KLT bezeichnet. Die Wartezeit ist durch die Ausführungszeit des längsten kritischen Abschnitts begrenzt. Eine genauere Analyse zeigt, daß Abläufe denkbar sind, in denen ein Systemdienst nacheinander mehrfach beim Betreten eines kritischen Abschnitts warten muß. Ein nicht zu pessimistischer Maximalwert für die KLT läßt sich nicht leicht angeben. Da ein solches Ereignis allenfalls nur sehr selten eintreten dürfte, kann man die Ausführungszeit des längsten kritischen Abschnitts als eine gute Näherung für den Maximalwert der KLT ansehen.

2.2.3 Kernel Threads

Eine konsequente Weiterführung des Thread-Konzeptes (vgl. Abschnitt 2.1.2) ist die Einführung von selbständigen Kontrollflüssen im Betriebssystemkern.

Diese sogenannten Kernel Threads sind Objekte des Betriebssystems und sind in dessen Adreßraum eingebettet. Sie haben Zugang zu allen Verwaltungsdaten und werden im privilegierten Modus ausgeführt. Für die Prozessorzuweisung sind sie in das Prioritätenschema der übrigen Threads bzw. Prozesse eingebettet. Man kann damit Funktionen des Betriebssystems in Kernel Threads realisieren. Für Echtzeitanwendungen ist dieses Konzept interessant, weil man hiermit den Zeitbedarf von Interrupt-Service-Routinen reduzieren kann. Diese müssen dann nur den Kode zum Start eines zugeordneten Kernel Threads enthalten. Man kann damit interruptbedingte Latenzzeiten für Threads bzw. Prozesse hoher Priorität reduzieren (vgl. Bild 2). Dies führt zu einer Verbesserung des zeitlichen Determinismus.

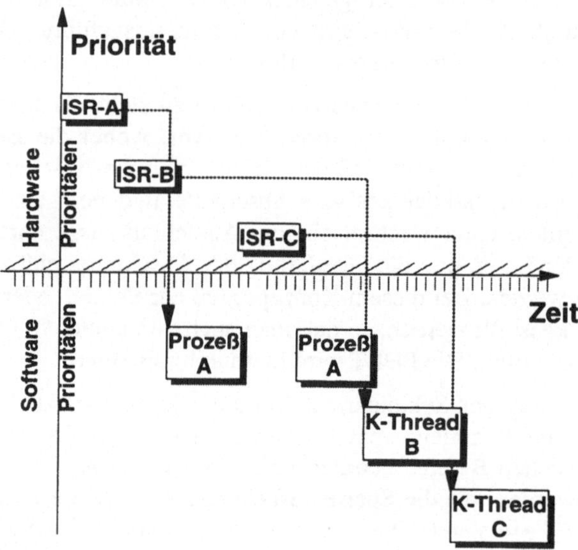

Bild 2 Verbessern des zeitlichen Determinismus durch Kernel Threads

Bei der Betrachtung von Latenzzeiten wird häufig außer acht gelassen, daß die Interruptebenen (in Bild 2 als Hardware-Prioritäten bezeichnet) in jedem Falle über den Prozeß- oder Thread-Prioritäten (in Bild 2 als Software-Prioritäten bezeichnet) liegen. Das heißt, daß die Interrupt-Service-Routine ISR-C trotz ihrer niederen Hardware-Priorität Vorrang vor dem Prozeß A mit höchster Software-Priorität hat. Daher müssen auch Interrupt-Service-Routinen mit niedriger Hardware-Priorität kurz sein. Die notwendigen Zeiten zur Bedienung von Interrupts können auch eine Ursache dafür sein, daß durch die Einrichtung neuer Dienste, insbesondere Netzwerkdienste, das Zeitverhalten der existierenden

Anwendungsprogramme nachhaltig gestört wird, und dies auch dann, wenn die neuen Dienste nur von Prozessen mit niederer Priorität beansprucht werden. Die Einbindung in Rechnernetze verursacht im allgemeinen auch dann Interrupts zur Abwicklung der Kommunikationsprotokolle, wenn die Netzwerkdienste von keiner Anwendung in Anspruch genommen werden.

Ohne Kernel Threads können bestimmte Aufgaben nicht aus einer Interrupt-Service-Routine verlagert werden, weil privilegierte Befehle ausgeführt werden müssen, oder weil Daten aus Systemtabellen benötigt werden. Dies gilt insbesondere für die Konstruktion von Gerätetreibern. Die Routinen werden verhältnismäßig lang mit den geschilderten Nachteilen für ein deterministisches Zeitverhalten. Bei der Benutzung von Kernel Threads verkürzt sich die Interrupt-Service-Routine auf die Anweisungen zum Start der zugeordneten Threads. Das Verfahren kostet zusätzlichen Organisationsaufwand (Overhead), verbessert jedoch den zeitlichen Determinismus.

3. Die Programmierschnittstelle

POSIX [6] definiert nur eine minimale Basisfunktionalität. Fortschrittlichere Funktionen, wie mmap(), fsync(), Timer, Interprozesskommunikation (IPC) und auswählbare Schedulingstrategien, wurden in POSIX nicht standardisiert. Der neue Real-Time-POSIX Standard [7] korrigiert viele dieser Mängel, die speziell für Echtzeitanwendungen eine bedeutende Rolle spielen. Diese Erweiterungen zielen auf die besonderen Anforderungen von Echtzeitsystemen und Applikationen mit hoher Übertragungsbandbreite. Anwendungen aus den Bereichen interaktive Videospiele, Datenbankserver mit hohem Datendurchsatz, Multimedia und verschiedene Arten von Kontrollsoftware benötigen deterministisches Scheduling und erweiterte Mechanismen für die Interprozesskommunikation, die über die Funktionalität von vielen UNIX Systemen hinausgehen.

Die in Real-Time-POSIX gegenüber POSIX erweiterten Konzepte und Funktionen werden im weiteren diskutiert [3].

3.1 Übersicht

3.1.1 Signale

In Real-Time-POSIX wird eine neue Klasse von Signalen definiert. Diese neue Klasse erweitert das Signalkonzept um folgende Eigenschaften:

- es stehen mehr Signale zur Verfügung, die vom Benutzer frei definiert werden können. Bisher waren hierfür nur zwei Signale vorgesehen (SIGUSR1, SIGUSR2).

- die Real-Time-POSIX Signale haben eine vordefinierte Zustellordnung aufgrund ihrer Priorität. Das bedeutet, daß man mit Signalprioritäten arbeiten kann.

- es gibt nun eine Warteschlange für Signale. Treten mehrere Signale vom selben Typ auf, bevor der Signalhandler aufgerufen wird, werden alle Signale übergeben und gehen nicht mehr verloren.

- mit den Signalen können auch Daten übertragen werden (Pointer oder Integerwert). Dies kann dazu benutzt werden dem Signalhandler mitzuteilen, warum das Signal auftrat.

- die neue Funktion sigwaitinfo() erlaubt es in der Benutzer-Task auf ein Signal zu warten. Dadurch wird die Signalbehandlung beschleunigt, da der zusätzliche Durchlauf durch den Signalhandlers entfällt (vgl. 2.1.1).

3.1.2 Interprozesskommunikation (IPC)

Die Methoden für die IPC werden in Real-Time-POSIX durch die Definition von Shared Memory, Messages und Semaphore erweitert. Die Funktionalität und das Design dieser Definitionen ist dem System-V-Mechanismus ähnlich. Die wichtigsten Erweiterungen sind:

- anstatt Zahlen werden nun Zeichenketten (z.B. Dateinamen) benutzt, um die IPC Ressourcen zu identifizieren. Dies erlaubt einen möglichen Konflikt der benutzten IPC Ressourcen einfacher zu erkennen.

- es gibt zwei Arten von Semaphoren: Kernelsemaphore auf Systemebene und Semaphore auf Benutzerebene. Kernelsemaphore sind manchmal aus Sicherheitsgründen erforderlich, allerdings ist dabei für jede P/V-Operation ein Betriebssystemaufruf nötig. Werden Semaphore auf Benutzerebene eingesetzt, ist ein Systemaufruf nur im Fall einer P-Operation nötig.

- mit der mmap() Systemfunktion kann sowohl jede Datei (Memory Mapped File) als auch Shared Memory in den Adreßbereich der Benutzer-Task abgebildet werden.

3.1.3 Memory Locking

Durch neue Funktionen in Real-Time-POSIX kann das Auslagern bestimmter oder aller Speicherbereiche einer Task verhindert werden.

- Dadurch ist eine schnellere Reaktionszeit einer Task garantiert, da diese Task sich immer im Hauptspeicher befindet und nicht teilweise oder ganz vom Hintergrundspeicher geladen werden muß.

- Eine weitere Anwendung finden diese Funktionen im sicherheitskritischen Bereich. Private Schlüssel oder Paßwörter lassen sich vor dem Auslagern auf den Hintergrundspeicher schützen, da sie dort auch noch lange nach dem Beenden des Programms gelesen werden könnten.

3.1.4 Synchrone Ein- / Ausgabe

Bei der synchronen Ein- / Ausgabe werden die Daten sofort auf das Speichermedium (z.B. Festplatte) geschrieben, ohne im System zwischengepuffert zu werden (flush).

- Mit der Funktion fsync() oder dem Flag O_SYNC bei Dateioperationen, werden die Daten sofort in der Datei gespeichert. Dies ist für verschiedene Anwendungen wie Datenbanksysteme und Mailsysteme nötig, da bei den benutzten Transaktionsprotokollen sichergestellt sein muß, daß die Daten nach einem abgeschlossenen Schreibvorgang durch eine Stromunterbrechung nicht verloren gehen.

- Die Funktion fdatasync() sorgt ebenfalls dafür, daß ein Datenblock sofort in die Datei auf dem Speichermedium geschrieben wird. Im Gegensatz zu fsync() wird dabei aber nicht notwendigerweise die Kontrollinformation (inode) über die Datei, in die geschrieben wurde, geändert. Dies ist nur nötig, wenn die Größe der Datei durch den Schreibvorgang geändert wird. Dadurch ist insbesondere bei Datenbanken ein Geschwindigkeitsvorteil zu erreichen, da diese oft mit konstanten Dateigrößen arbeiten.

- Um dies auch für Memory Mapped Files zu gewährleisten, definiert Real-Time-POSIX die Funktion msync(). Damit lassen sich Bereiche eines Memory Mapped Files ohne Pufferung auf das Speichermedium übertragen.

3.1.5 Asynchrone Ein- / Ausgabe

Im Gegensatz zu der synchronen Ein- / Ausgabe kann eine Task nach einer asynchronen Ein- / Ausgabe weiterarbeiten. Er muß nicht auf das Ende der Ein- / Ausgabe warten, sondern das Betriebssystem informiert die Task darüber

(Signal), falls diese es wünscht. Somit können z.B. für die Videodarstellung die nächsten Sekunden des Datenstroms von einem Speichermedium angefordert werden, während das Programm die bereits geladenen Teile des Datenstroms darstellt.

- Es können Prioritäten für verschiedene Ein- / Ausgabeaktivitäten vergeben werden. Dadurch ist es möglich dem Kernel mitzuteilen, daß z.B. der Lesezugriff der Task für die Videodarstellung wichtiger ist als der Lesezugriff einer anderen Task.

- Real-Time-POSIX definiert verschiedene Funktionen, die es erlauben eine Vielzahl von Lese- und Schreibzugriffen an verschiedenen Positionen in verschiedenen Dateien mit einem einzigen Systemaufruf auszulösen. Der Systemaufruf lio_listio(), der dies ermöglicht, läßt sowohl synchrone als auch asynchrone Ein- / Ausgabe zu. Dies ist zum Beispiel bei Datenbanken von Vorteil. Nachdem die Datenbank dem Kernel eine Liste von Lese- und Schreibzugriffen übergeben hat, kann dieser die Zugriffe auf das Speichermedium optimieren. Im Gegensatz zu einem sequentiellen Abarbeiten der Lese- und Schreibzugriffe, sind nach erfolgter Optimierung weniger Kopfbewegungen einer Festplatte nötig.

3.1.6 Uhrzeit und Zeitgeber (Clocks and Timers)

Funktionen für Uhrzeit und Zeitgeber sind schon lange Bestandteil in UNIX-Systemen. Dennoch bietet Real-Time-POSIX auch in diesem Bereich Erweiterungen.

- Um eine Echtzeituhr auszulesen oder zu setzen, gibt es in Real-Time-POSIX drei neue Funktionen: clock_gettimer(), clock_settimer() und clock_getres(). Mindestens eine Echtzeituhr muß jedes Real-Time-POSIX konforme Betriebssystem zur Verfügung stellen. Im Gegensatz zu den aus BSD-UNIX bekannten Systemfunktionen gettimeofday()/settimeofday() bieten die Real-Time-POSIX Funktionen eine Auflösung im Bereich von Nanosekunden anstatt Mikrosekunden. Mit clock_getres() kann die genaue Auflösung der Echtzeituhr festgestellt werden.

- Mit Hilfe der neuen Real-Time-POSIX Funktion nanosleep() läßt sich nun mit einer Auflösung von unter 1s warten. Die von anderen Systemen bekannte Funktion sleep() hat lediglich eine Auflösung von 1s.

- Real-Time-POSIX definiert ebenfalls die von BSD-Unix bekannten itimers. Im Gegensatz zu der BSD Implementation stehen unter Real-Time-POSIX

32 Timer für jede Task zur Verfügung, mit, zumindest theoretisch, einer Auflösung von 1 ns.

Im Zusammenhang mit IBM-PC kompatibler Hardware muß bei der Benutzung dieser neuen Funktionen jedoch mit Einschränkungen gerechnet werden. Auf diese Probleme wird später noch genauer eingegangen.

3.1.7 Scheduling-Verfahren

Das Round-Robin-Scheduling-Verfahren von UNIX-Systemen ist für viele Echtzeitanwendungen ungeeignet, da keine Reaktionszeiten für die Anwendungen garantiert werden können. Real-Time-POSIX definiert insgesamt drei verschiedene Scheduling Verfahren, von denen zumindest zwei mit statischen Prioritäten arbeiten.

- **SCHED_FIFO**: Eine unterbrechbare, prioritätenbasierte Schedulingstrategie. Jede Task bekommt die CPU solange zugeteilt bis:

  - sie sich selbst blockiert oder

  - ein Ereignis auftritt, das eine andere Task mit höherer Priorität "ablauffähig" (rechenbereit) setzt.

  Für jede Prioritätsebene im System existiert eine eigene Warteschlange, die nach dem FIFO (First In First Out) Prinzip arbeitet. Jede neu zu bearbeitende Task wird an das Ende der für seine Priorität zuständigen Warteschlange gesetzt. Die Funktion sched_yield() erlaubt der Task sich selbst an das Ende seiner Warteschlange zu setzen. Dieses Scheduling-Verfahren trifft man in den meisten Echtzeitbetriebssystemen an.

- **SCHED_RR**: Ein unterbrechbares prioritätenbasierendes Round-Robin Scheduling-Verfahren mit Zeitlimit. Es ist dem SCHED_FIFO Verfahren ähnlich, jedoch erhält jede Task ein Zeitlimit. Wenn die Task die ihr zugeteilte Zeit ausgeschöpft hat, wird sie unterbrochen und an das Ende der Warteschlange gesetzt.

  Tasks mit niedriger Priorität erhalten die CPU nie, solange höherpriore Tasks aktiv sind. Tasks mit einer höheren Priorität als die gerade ausgeführte Task erhalten die CPU sofort, wenn sie rechenbereit gesetzt werden.

- **SCHED_OTHER**: Das Scheduling-Verfahren für SCHED_OTHER wird von Real-Time-POSIX nicht vorgeschrieben, wobei hier jedoch sehr oft das von UNIX bekannte Round-Robin-Scheduling-Verfahren zum Einsatz kommt ([1] S.225: *"round robin mit Mehrlagen-Feedback"*). Es unterscheidet sich von SCHED_RR dadurch, daß die Prioritäten der einzelnen Tasks vom Scheduler geändert werden können. Das hat aber zur Folge, daß die Reaktionszeiten für eine Applikation nicht garantiert werden können.

3.2 Implementierung einer Ereignisreaktion

Mit Real-Time-POSIX ist es einfacher geworden Echtzeitprogramme portabel zu entwickeln. Insbesondere bei der Entwicklung eines Gerätetreibers - eine Aufgabe vor die ein Systementwickler oft gestellt wird - ist es interessant zu untersuchen, inwieweit Real-Time-POSIX hier für mehr Portabilität sorgt. Teile des Gerätetreibers und die Einbindung des Treibers in den Kernel sind nach wie vor systemabhängig, aber die Anbindung der Benutzer-Task an den Treiber (z.B. Ereignisbehandlung) kann durch Real-Time-POSIX portabel gehalten werden.

Die im weiteren diskutierten Ergebnisse sind aufgrund praktischer Erfahrungen in verschiedenen Echtzeitbetriebssystemen entstanden (siehe [11], [12] und [13]).

3.2.1 Signalisierungsmechanismen

Unter einem Signalisierungsmechanismus versteht man die Art und Weise, wie die Benutzer-Task von dem Auftreten eines Ereignisses (z.B. externer Interrupt) unterrichtet wird. Dazu gehören auch die Art und Weise, wie der Treiber den eintreffenden Interrupt in eine Benachrichtigung der Benutzer-Task umsetzt. Bei der Implementation der Ereignisbehandlung in dem Betriebssystem LynxOS von der Firma Lynx Real Time Systems wurden verschiedene Methoden der Signalisierung untersucht. LynxOS Version 2.2.0 unterstützte zum Zeitpunkt der Implementation noch nicht den vollen Real-Time-POSIX Standard. Daher stimmt die Syntax der folgenden Programmbeispiele nur zum Teil mit dem Standard überein.

Die drei Signalisierungsmechanismen die im weiteren genauer untersucht werden sind:

- Benachrichtigung der Benutzer-Task durch Freigabe eines Systemsemaphors im Treiber.

- Benachrichtigung der Benutzer-Task durch ein Signal aus der Interrupt-Service-Routine (ISR) des Gerätetreibers (vgl. 2.1.1).

- Benachrichtigung der Benutzer-Task durch ein Signal aus einem Kernel Thread (vgl. 2.2.3).

Bild 3 verdeutlicht die verschiedenen Signalisierungsmechanismen:

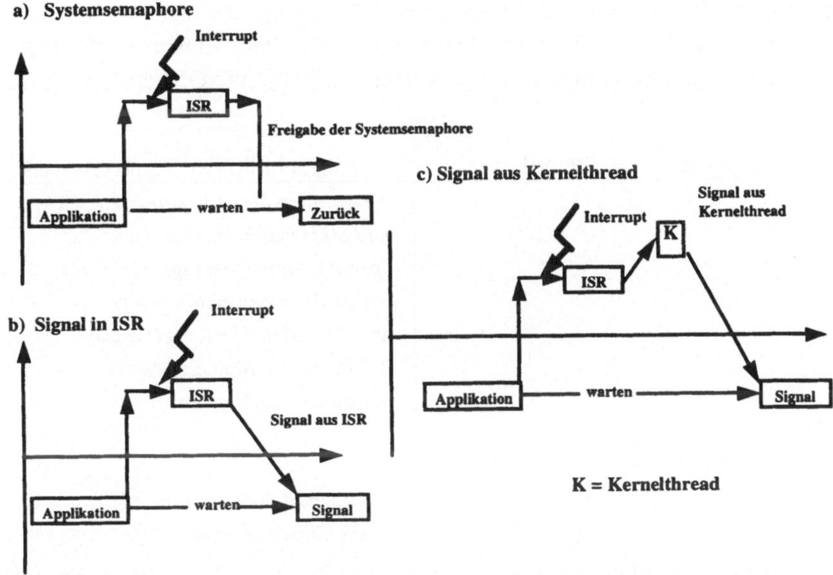

Bild 3: Schematischer Ablauf der Signalisierungsmechanismen

3.2.2 Implementierung der Signalisierungsmechanismen

Der erste Mechanismus ist die Benachrichtigung der Benutzer-Task durch Freigabe eines Systemsemaphors im Treiber. Nach der Ausführung einer P-Operation auf ein Systemsemaphor blockiert die Benutzer-Task. In der ISR des Gerätetreibers wird das Systemsemaphor freigegeben, wodurch die Benutzer-Task rechenbereit wird und mit der Ausführung fortfährt, sobald sie die CPU zugeteilt bekommt.

Aktionen im Gerätetreiber	Aktionen in der Benutzer-Task
/ Definition Systemsemaphor */* *s->interrupt_sem = 0; /* init */*	
	/ p-Operation auf Systemsemaphor* *durch Treiberaufruf (ioctl())*/* *swait (&(s->interrupt_sem),-1);*
/ ISR: v-Operation auf Systemsemaphor */* *ssignal(&(s->interupt_sem));*	

Der zweite Mechanismus ist die Benachrichtigung der Benutzer-Task durch ein Signal aus der ISR des Treibers. Dabei wird nach dem Eintritt in die ISR des Treibers mittels des Treiber-Service-Aufrufs **_kill()** (LynxOS) ein Signal direkt aus der ISR an die Benutzer-Task gesendet.

Aktionen im Gerätetreiber	Aktionen in der Benutzer-Task
	/ Definition Signalhandler */* *void SigHandler (ind dummy)* *{ printf ("Signal emfangen");}* */* Signalhandler einhängen */* *signal (SIGUDEF31, SigHandler);* */* Task wird schlafen gelegt */* *nanosleep(x, &y);*
/ ISR: _kill() */* *_kill(s->pid,SIGUDEF31);*	*/* in Signalhandlerroutine */* *printf("Signal empfangen");*

Der Ausdruck Treiber-Service-Aufruf (Driver Service Call) bezeichnet eine Gruppe von Befehlen, die für die Benutzung durch einen Gerätetreiber zur Verfügung stehen. Es stehen somit nicht alle Systemaufrufe auf Treiberebene zur Verfügung. Eine Portabilität, wie in 2.1.1 beschrieben, war bei diesem System nicht möglich. Außerdem muß eine Signalhandlerroutine in der Benutzer-Task definiert werden, da ein Warten auf das Signal, wie in Real-Time-POSIX beschrieben, in der benutzten LynxOS Version noch nicht implementiert ist.

LynxOS Version 2.2.0 unterstützt eine frühere Draft-Version des Real-Time-POSIX Standards, der die Verwendung von Events (erweitertes Signalkonzept) vorsieht. Die besonderen Eigenschaften der Events wurden in die neue Klasse der Signale von Real-Time-POSIX übernommen. Unter LynxOS (Version 2.2.0) ist es möglich, in der Benutzer-Task auf ein spezielles Event zu warten. Das Problem ist allerdings ein Event auf Treiberebene zu erzeugen, da auf Systemebene keine Events gesendet werden können (Driver Service Call).

Der dritte Mechanismus ist die Benachrichtigung der Benutzer-Task durch ein Signal aus einem Kernel Thread des Treibers. Der Kernel Thread wird vom Treiber gestartet und legt sich erst einmal schlafen. Beim Eintreffen des Interrupts in der ISR wird der Kernel Thread aufgeweckt und veranlaßt seinerseits das Aussenden eines Signals mittels der Funktion _kill(). Das Signal wird also vom Kernel Thread und nicht von der ISR gesendet. Die Vor- und Nachteile dieser Vorgehensweise wurden bereits in 2.2.3 diskutiert.

Aktionen im Gerätetreiber	Aktionen in der Benutzer-Task
/ Starten des Kernel Threads */* *s->stid = ststart(tm_thread,4096, s->kprio,* * "timer thread",1,s);* */* Kernel Thread wird schlafen gelegt*/* *swait (&s->kthread_sem,-1);*	
	/ Definition Signalhandler)*/* */* Signalhandler einhängen */* .... */* Task wird schlafen gelegt */* *nanosleep(x,&y);*
/ ISR: V-Operation auf Kernelthreadsema */* *ssignal(&(s->kthread_sem));* */* Kernel Thread: _kill() */* *_kill(s->pid,SIGUDEF31);*	
	/ in Signalhandlerroutine */* *printf("Signal empfangen");*

3.2.3 Ergebnisse

Die folgende Tabelle enthält die Ergebnisse der Latenzzeitmessungen unter
Normallast, abhängig von den verschiedenen Signalisierungsmechanismen.
Gemessen wurde unter LynxOS Version 2.2.0 auf einem 486DX2 EISA-PC.

	Signal aus ISR	Kernel Thread	Semaphor
Interruptantwortszeit:	14 μs	14 μs	13 μs
PDLT:	120 μs	140 μs	70 μs
Länge der ISR:	34 μs	13 μs	17 μs

Die Interruptantwortszeit und die Länge der ISR wurden mit Hilfe von
Benchmarks gemessen. Die Ergebnisse der PDLT wurden aus Meßprotokollen
der in [11] erstellten Arbeit entnommen.

Bei der Betrachtung der Interruptantwortszeit fallen keine nennenswerte Unterschiede auf. Dies ist als Folge der kaum vorhandenen Systemlast und der Meß-
methode (Benchmarks: Mittelwerte) anzusehen.

Bei Betrachtung der PDLT fällt auf, daß die Signalisierung mit Semaphoren die
schnellste Benachrichtigungsmethode darstellt. Aufgrund der geringen Dauer,

die eine V-Operation auf ein Semaphor im Vergleich zum Versenden eines Signals hat, war dies zu erwarten. Die Signalisierung aus dem Kernel Thread dauert erwartungsgemäß etwas länger durch den Kontextwechsel zum Kernel Thread.

Bei der Länge der ISR schließlich führt, wie zu erwarten, die Verwendung eines Kernel Threads zu einer deutlichen Verkürzung der ISR. In der ISR wird lediglich eine V-Operation auf das Kernel-Thread-Semaphor durchgeführt. Die V-Operation auf ein Semaphor ist auch etwas schneller als das Ausführen der _kill() Funktion, also das Senden eines Signals.

Bei der Portierung dieser Software auf andere POSIX-konforme Echtzeitbetriebssysteme mußten jeweils nur Teile des Treibers, insbesondere die Schnittstelle des Treibers an den Kernel, angepaßt werden. Auf Benutzerebene waren lediglich Änderungen an der Syntax aufgrund der frühen POSIX Implementation der benutzten Betriebssysteme notwendig.

Eine 1:1 Portierung eines Treibers wird es auch in Zukunft nicht geben, da der Aufbau eines Treibers von der jeweiligen Schnittstelle an den Kernel abhängt, was von System zu System verschieden ist. Portabel können jedoch höhere Dienste des Treibers gehalten werden. Dies wurde bei der Realisierung der Ereignisbehandlung versucht, leider nur mit beschränktem Erfolg. Das Senden eines Signals der neuen Signalklasse - wie in Real-Time-POSIX definiert - ist prinzipiell auch aus einem Treiber möglich, sollte also in den nächsten Versionen der Real-Time-POSIX konformen Betriebssystemen unterstützt werden.

Literatur

[1]   Bach, Maurice J.,UNIX - Wie funktioniert das Betriebssystem?, Carl Hanser Verlag München Wien, 1991

[2]   Furht, B. et al.: Real-time UNIX Systems: Design and Application Guide; Kluwer Academic Publishers, 1991

[3]   Bill O. Gallmeister, POSIX.4 - Programming for the Real World, O' Reilly & Associates, Inc., 1995, ISBN 1-56592-074-0

[4]   Herrtwich, R.G.; G. Hommel: Nebenläufige Programme; Springer- Verlag 1994

[5]   Lohse, H.; Liebold, U.: Leistungssteigerung durch "Kernel Threads"; Elektronik 24/1992, S. 118-122

[6]   Portable Operating System Interface for Computer Environments; ISO/IEC 9945-1: 1990 and IEEE Std 1003.1-1990 (POSIX.1)

[7] Portable Operating System Interface for Computer Environments (ISO/IEC 9945-1), Amendment 1: Real Time Extensions

[8] Rzehak, H.: Real-Time UNIX: What Performance can we Expect?; Control Eng. Practice, Vol. 1 (1993), No. 1, pp. 65-70

[9] Rzehak, H. (Hrsg.) Echtzeitsysteme und Fuzzy Control; Vieweg-Verlag, 1994

[10] H. Rzehak: "Echtzeitbetriebssysteme: Anwendungen und Stand der Technik"; Elektronik Nr. 6, 1996, S.106ff

[11] J. Schmidt: Messung von Latenzzeiten in einem POSIX-konformen Echtzeitbetriebssystem mit einem Hybridmonitor; 1995, Diplomarbeit TU München

[12] Schneider, J.; Mächtel, M.: Reaktionszeiten auf dem Prüfstand - Ein Softwaremonitor zur Messung von Latenzzeiten in Echtzeit- Betriebssystemen; Elektronik 26/1995, S. 77-87

[13] Schneider, J.; Mächtel, M.: Ein Softwaremonitor zur Messung von Latenzzeiten in Echtzeitbetriebssystemen; in diesem Buch

Objektorientierte Techniken in Echtzeitsystemen

Echtzeitgeeignete Implementation objektorientierter Softwaresysteme

E. Woitzel, M. Köller

Abstract

Today object oriented methods are widely accepted as favorite tools for analysing, designing and implementing software systems. In special the problem of reusability of software could be solved by consequent application of object oriented techniques.

Nevertheless some serious drawbacks prevent the overall usage of object oriented programming in the field of embedded systems and real-time programming. First of all object oriented software systems require at run time much more memory and processing time than other programs, consumed by algorithms and data structures which implement late binding and dynamical object organisation, both essential for object oriented programming.

Due to the used implementation techniques the processing time requirements and response time of such systems often become non-predictable, so that in many cases real-time behavior could not be guaranteed.

This paper introduces a prototype of an interactive object oriented programming environment using a run-time system which guarantees determined response time. An additional advantage of that system is the optional usage of components which implement some time-critical organisation tasks at hardware level.

1. Projektziele

In diesem Beitrag werden Ergebnisse des an der Universität Rostock, Fachbereich Elektrotechnik in Zusammenarbeit mit dem Lehr- und Forschungsgebiet Prozeßdatenverarbeitung (pdv) der RWTH Aachen ausgeführten und durch die Deutsche Forschungsgemeinschaft finanzierten Projekts "Echtzeitgeeignete Implementation objektorientierter Sprachsysteme" vorgestellt.

Im Mittelpunkt dieses Projekts standen Untersuchungen zu Datenstrukturen und Verfahren innerhalb von Laufzeitsystemen objektorientierter Sprachen, die die

Potenzen der objektorientierten Softwareentwicklung, insbesondere der auf Vererbung und Polymorphie beruhenden Wiederverwendbarkeit von Software- moduln, auch im Umfeld von Echtzeitanwendungen anwendbar gestalten soll- ten. Entsprechend den allgemeinen Kriterien für industriell einsetzbare Echt- zeitsoftware wurden folgende Forderungen aufgestellt:

- die zu entwickelnden Verfahren sollten ein <u>deterministisches</u> Zeitverhalten garantieren

- die zu entwicklenden Verfahren sollten <u>universellen</u> Charakter tragen, um in einer große Klasse objektorientierter Systeme anwendbar zu sein

- die Systemleistung sollte durch den optionalen Einsatz von Hardware- baugruppen <u>skaliert</u> werden können

- der Applikationsprogrammierer sollte durch eine <u>interaktive</u> Umgebung bei Test und Inbetriebnahme unterstützt werden

2. Designentscheidungen

Um die Testung verschiedener Verfahren innerhalb eines objektorientierten Laufzeitsystems einfach zu ermöglichen, wurde als experimentelle Basis für die Untersuchungen ein interaktives objektorientiertes Programmiersystem imple- mentiert. Der Entwurf dieses Systems wurde wesentlich von der oben genann- ten Forderung nach Universalität geprägt. Um die Verfahren auf eine möglicht große Klasse objektorientierter Systeme anwenden und gleichzeitig abschätzen zu können, in welchem Maße einzelne Merkmale eines objektorientierten Sy- stems auf die Laufzeiteigenschaften eines Anwendungssystems rückwirken, sollte das Experimentalsystem relativ hohe Anforderungen an das Laufzeitsy- stem stellen. Im einzelnen sollte das zu implementierende System folgende Ei- genschaften besitzen:

- analog zu SmallTalk sollten Zeiger auf Objekte <u>nicht typisiert</u> werden, so daß jede Methode an jedes Objekt gesendet werden darf; Methoden sind system- global bekannt

- die dynamische Erzeugung von Objekten sollte interaktiv möglich sein und als Methode implementiert werden, dadurch gelangt man zu einem <u>Metaklas- senansatz</u>

- unabhängig von der noch nicht abgeschlossenen Diskussion über ihre Not- wendigkeit sollte <u>Mehrfachvererbung</u> unterstützt werden, wobei auch das mehrfache Erben derselben Klasse möglich sein sollte

- Berücksichtigung interaktiv erweiterbarer Systeme, welche die Verwendung <u>inkrementeller Compilationsverfahren</u> fordern

- <u>automatische Freigabe</u> nicht mehr benötigter dynamischer Objekte zur Entlastung des Programmierers und Erhöhung der Robustheit

- Verschachtelung bzw. <u>Einbettung</u> von Objekten zur Vermeidung unnötiger Indirektionen und zur Minimierung der Anzahl der zu verwaltenden Speicherabschnitte

- explizite Unterscheidung <u>statischer und dynamischer</u> Objekte innerhalb eines Programms aus denselben Gründen

- der Programmierer sollte die Möglichkeit haben, spezielle Probleme auch außerhalb der objektorientierten Methodik zu lösen, dies führt zu einem <u>hybriden</u> Sprachansatz

Als Basis für die Implementation des Experimentalsystems wurde das Programmiersystem Forth gewählt, welches wegen seiner freien Erweiterbarkeit und der direkten Unterstützung einer interaktiven Arbeitsweise und inkrementellen Compilationstechnik beste Voraussetzungen für die Realisierung oben genannter Merkmale bot. Die Arbeiten wurden mit dem unter MS-DOS® arbeitenden System comFORTH 3.0 der FORTecH Software GmbH begonnen, die gegenwärtige Implementation arbeitet unter der jetzt verfügbaren MS-Windows ™-Variante desselben Systems.

3. Systemarchitektur

3.1 Schichtenaufbau

Auf Basis einer Analyse der für die Realisierung der oben genannten Eigenschaften des Sprachsystems notwendigen elementaren Funktionen des Laufzeitsystems wurden Kandidaten für eine optionale Hardwarerealisierung isoliert. Als besonders aussichtsreich erwiesen sich dabei die beiden Funktionsbereiche der

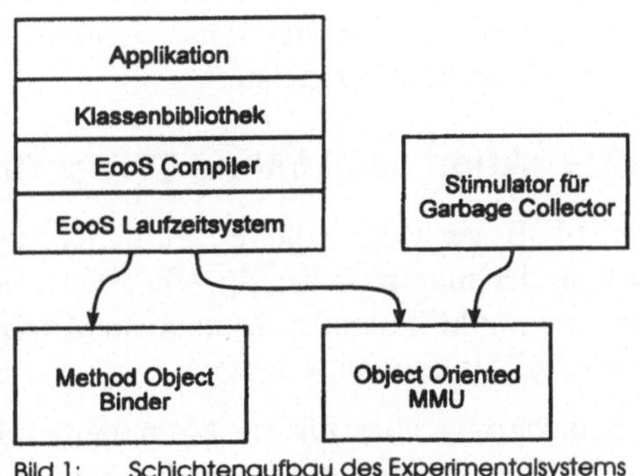

Bild 1:   Schichtenaufbau des Experimentalsystems

Methodenbindung und der dynamischen Speicherverwaltung, die beide wesentlich für das problematische Laufzeitverhalten objektorientierter Systeme verantwortlich sind. Die Algorithmen und Datenstrukturen, die für die Bestimmung des einem konkreten Methodenaufruf zuzuordnendem Programmcodes sowie seiner Parametrisierung notwendig sind, wurden in einer hypothetischen Hardwareeinheit mit dem Namen <u>Method Object Binder</u> (MOB), diejenigen Bestandteile, die zur Verwaltung dynamischer Objekte notwendig sind, einer ebenfalls hypothetischen Hardwarebaugruppe mit dem Namen <u>Object Oriented Memory Management Unit</u> (ooMMU) zugeordnet.

Um die Testung verschiedener Verfahren zu vereinfachen und gleichzeitig die Einhaltung streng definierter Schnittstellen zu überwachen, wurde in der realisierten Lösung die Funktionen hypothetischer Hardwarebaugruppen bzw. Coprozessoren getrennt vom eigentlichen Laufzeitsystem implementiert. Unter MS-DOS wird die jeweilige Funktionalität als TSR-Programm, unter MS-Windows als dynamische Bibliothek (DLL) bereitgestellt.

Die einer echten Hardwarelösung inheränte Parallelität wird im Fall der ooMMU durch eine nebenläufige Implementation der Algorithmen simuliert. Unter MS-DOS kommt dazu ein spezielles Zeitscheibenverfahren zur Anwendung. Unter MS-Windows wird das im Betriebssystem implementierte kooperative Multitasking genutzt, um durch einen eigenständigen Prozeß eine ständige Stimulation der ooMMU vorzunehmen. An dieser Stelle soll betont werden, daß beide implementierten Lösungen harten Echtzeitforderungen nicht genügen. Allerdings erlauben sie eine Bestimmung der Aufrufhäufigkeiten der verschiedenen Teilfunktionen, die als Basis für eine Abschätzung des Laufzeitverhaltens bei einer tatsächlichen Hardwareimplementation dienen können.

Die übrigen Funktionen des Experimentalsystems, speziell des Laufzeitsystems und des Compilers sind gemeinsam mit einer einfachen Klassenbibliothek und dem eigentlichen Applikationsprogramm in einer Erweiterung eines interaktiven Forth-Systems organisiert.

3.2 Funktion des Method Object Binder (MOB)

Der MOB verwaltet alle wesentlichen strukturellen Informationen über den Aufbau der innerhalb des Sprachsystems verfügbaren Klassen sowie der zu einem Zeitpunkt laufenden Methodenaufrufe. Im einzelnen nimmt der MOB folgende Teilfunktionen wahr:

- Speicherung aller für die Methodenbindung notwendigen Informationen zu einer Klasse (virtuelle Methodentabelle, Strukturtabelle)

- Bestimmung der Codeeintrittspunkte für einen Methodenaufruf über einem bestimmten Objekt

- Bestimmung der einer u. U. ererbten Methode zugänglichen Teilmenge der Instanzvariablen (des korrospondierden Teilobjekts)

- Bestimmung der Position einer Instanzvariablen innerhalb eines Objekts

Um ein deterministisches Zeitverhalten garantieren zu können, wurden alle Tabellen einstufig ausgelegt. Dies bedeutet beispielsweise für die virtuelle Methodentabelle einer Klasse, daß dort alle Informationen zu allen anwendbaren Methoden inklusive der ererbten und nicht redefinierten verfügbar sind. Dadurch entsteht zwar z. T. erhebliche Redundanz in den Verwaltungsstrukturen, die Zeit für die Ermitlung des zugehörigen Codes bleibt jedoch unabhängig von Form und Tiefe des Vererbungsbaumes.

Besondere Probleme verursacht hier die Fähigkeit zur mehrfachen Vererbung, die zu Schwierigkeiten bei der Vergabe systemweit eindeutiger Indizes für Methoden sowie bei der Bestimmung der Position der zugehörigen Instanzvariablen führt. Das Problem der Indexvergabe für Methoden ist insofern relevant, als dadurch die Gesamtgröße der virtuellen Methodentabellen wesentlich beeinflußt wird. Zur Minimierung des Speicherplatzbedarfs ist daher eine mehrfache Benutzung der selben Indizes durch unterschiedliche Methoden, die in keiner Klasse gemeinsam benutzt werden, vorzusehen. Durch die angestrebte inkrementelle Arbeitsweise des Compilers ist jedoch nicht auszuschließen, daß bei späteren Klassendefinitionen durch Ererben mehrerer Klassen aus bisher disjunkten Teilhierarchien Konflikte entstehen, die nur durch eine Neuvergabe der Methodenindizes gelöst werden können.

Zur eindeutigen Lokalisierung und Klassenbindung der in ein Objekt eingebetteten Instanzvariablen wurde eine sogenannte Strukturtabelle eingeführt, die nicht nur eine eindeutige Bestimmung von Teilobjekten in einem Objekt, sondern auch umgekehrt die Bestimmung desjenigen Objekts erlaubt, das Eigentümer eines gegebenen Teilobjekts ist.

3.3 Funktion der Object Oriented Memory Management Unit (ooMMU)

Durch die ooMMU werden alle dynamisch im System erzeugten Objekte verwaltet. Im Gegensatz zum MOB ist der ooMMU die innere Struktur zusammengesetzter Objekte jedoch nicht zugänglich. Die einzige relevante Information über den Aufbau eines Objekts stellt die Kenntnis derjenigen Zellen in einem Objekt dar, in denen Zeiger auf andere Objekte gespeichert werden. Diese Information wird der ooMMU als sogenannte Pointertabelle zur Verfügung gestellt.

Auf Basis dieser Informationen ist der ooMMU die kontinuierliche Durchmusterung des Objektsspeicherung nach nicht mehr referenzierten und damit nicht mehr benötigten Objekten möglich. Ausgangspunkt für die Suche nach Müll stellen dabei diejenigen Objekte dar, die aus statischen Objekten heraus referenziert werden. Derartige Referenzen werden durch das System bei der ooMMU an- bzw. abgemeldet und nach einem Reference-Count-Verfahren mitgezählt. Innerhalb des dynamischen Speichers wird kein derartiges Verfahren benutzt, da so zyklische Strukturen, die nicht mehr benötigt werden, nur schwer erkannt werden können. Die Bestimung der löschbaren Objekte erfolgt mit einem Mark&Sweep-Verfahren, das auch in derartigen Situationen fehlerfrei arbeitet.

Ein schwerwiegendes Problem stellt die bei längerer Nutzung des Speichers unweigerlich eintretende Fragmentierung des freien Speichers dar. Diesem Effekt wird durch einen periodischen Umkopierprozeß Real-Time Garbage Collection entegegengewirkt, der jeweils die nach einem Löschvorgang erhalten gebliebenen Objekte kompaktiert.

An dieser Stelle setzt die mögliche Hardwareimplementation an, die gerade diesen Umkopierprozeß durch Nutzung mehrerer mit einer DMA-Einheit gekoppelten Adreßrechenwerke auch unter Einhaltung harter Echtzeitbedingungen für die Software völlig transparent gestalten könnte.

4. Sprachansatz

Der oberhalb des Laufzeitsystems implementierte Compiler ist als Erweiterung des Forth-Compilers konzipiert worden und ergänzt diesen durch Ausdrucksmittel für die Definition und Nutzung von Klassen. Forth wird dabei als Implementationssprache für Methoden unverändert weiterbenutzt. Ebenso ist im Sinne einer hybriden Sprache der Aufruf von Methoden aus nicht objektorientiert implementierten Programmbestandteilen problemlos möglich.

Die Definition neuer Klassen erfolgt auf Basis eines expliziten Metaklassenkonzepts, d. h. das Schlüsselwort für die Definition einer neuen Klasse CLASS: wendet im wesentlichen die Methode NEW: auf die angegebene Metaklasse an. Klassen werden nach folgendem Schema definiert, wobei mit einem * versehene Syntaxelemente ggf. mehrfach benutzt werden dürfen.

```
metaclass_name CLASS: new_class_name    \ neue Klasse anlegen
classname INHERIT: inheritname*         \ erben, ggf. mehrfach
                                        \ Deklarationen
    atomname VAR: varname*              \ atomare
                                        \ Instanzvariable
```

```
    classname PART: partname*           \ eingebettetes Objekt
            METHOD: methodname*          \ neue Methode
                                         \ deklarieren
                                         \ Methodencode
  REDEFINE: methodname*                  \ neue oder ererbte
          ...source text... ;REDEFINE    \ Methode redefinieren
  ;CLASS                                 \ Abschluß der Klasse
```

Neue Metaklassen können durch Erben von der vordefinierten Klasse META
definiert werden. Die von SmallTalk her bekannten Klasssenmethoden und
Klassenvariablen können als Methoden bzw. Instanzvariablen von Metaklassen
implementiert werden.

Innerhalb von Methodencode ist durch die Nennung von Variablennamen eine
Bezugnahme auf die Adresse einer Instanzvariable möglich. Die Bezugnahme
auf das eigene Objekt ist durch das Schlüsselwort SELF möglich, die Adressie-
rung von Teilobjekten, die durch Vererbung eingebunden werden, ist durch das
Schlüsselwort PART möglich, das auf einen inheritname angewendet werden darf. Für den gezielten Aufruf von Methodencode einer Elternklasse, der in
der eigenen Klasse redefiniert wurde, kann durch Anwendung von SUPER auf
einen inheritname die Methodenbindung auf die Elternklasse umgelenkt
werden. Die generisch arbeitenden Operationen OWNER und BUILDER trans-
formieren einen Objektzeiger in einen Zeiger auf das umschließende Objekt
bzw. in das zugehörige Klassenobjekt.

Mit Hilfe dieser relativ schmalen Erweiterung des Forth-Compilers sind alle
oben aufgezählten Anforderungen an das Laufzeitsystem stimulierbar, so daß
diese Sprachoberfläche für den Test der skizzierten Verfahren geeignet ist.

5. Ausblick

Gegenwärtig befindet sich das Projekt in der abschließenden Evaluierungspha-
se, wobei insbesondere genaue Laufzeitmessungen einen Vergleich mit den Eigenschaften anderer objektorientierter und nicht objektorientierter Sprachsysteme gestatten werden. Dies ist insbesondere notwendig, um genauere Aussagen über die Effizienzgewinne treffen zu können, die bei einer Hardwarerealisierung der Basiskomponenten zu erwarten sind.

In einer anschließenden Phase ist die Erweiterung der Funktionalität des MOB
und der ooMMU für den Einsatz in Multitasksystemen geplant.

Objektorientierte Softwarekonstruktion von Echtzeitsystemen

S. Jovalekic

Zusammenfassung

Bei vielen Echtzeitaufgaben werden neben den Anforderungen wie nebenläufige und zeitgerechte Einplanung von Tasks, geringer Speicherplatzverbrauch, Zuverlässigkeit und Sicherheit der Bedarf an Wiederverwendbarkeit, Wartbarkeit, Anpaßbarkeit, Portabilität und Reduktion der Entwicklungszeit immer wichtiger. Dieser Aufsatz schlägt ein Entwicklungsmodell für Echtzeitsysteme unter Verwendung objektorientierter Verfahren vor. Objektorientierte Verfahren und die Programmiersprache C++ unterstützen die genannten Anforderungen gut. Das Klassenkonzept, das Prinzip der Vererbung, dynamisches Binden und erweiterte Typprüfungen sind hilfreich für schnelle und zuverlässige Produktentwicklung. Zur Erfüllung der Zeitanforderungen muß die Untersuchung der Einplanbarkeit des Tasksystems parallel zum Klassenentwurf durchgeführt werden. Die Beachtung objektorientierter Konstruktionsprinzipien führt zu stabilen Softwaresystemen. Graphische Dokumentation des Entwurfes sowie die Erstellung der Benutzerhandbücher für die entwickelten Klassen ist dabei sehr hilfreich. Am Beispiel des Prototyps eines objektorientierten Echtzeitbetriebssystems werden einige der beschriebenen Verfahren erläutert.

1. Einführung

Echtzeitsysteme sind durch starke Wechselwirkungen mit der Umgebung gekennzeichnet. Sie sollen üblicherweise die Ergebnisse in sehr kurzen Zeitintervallen liefern, um die vorgegeben Zeitanforderungen zu erfüllen. Oft sind Echtzeitsysteme eingebettet, d.h. sie sind physikalisch mit dem technischen Prozeß integriert. Die Arbeitsumgebung eingebetteter Systeme ist vielfältig und einschränkend und wirkt sich sowohl auf die Erstellung von Hardware als auch der Software des Echtzeitsystems aus [1].

Wegen starker Interaktion mit der sich ständig ändernden Umgebung muß das Echtzeitsystem leicht und zuverlässig modifizierbar sein. Gründe für die Änderungen werden durch den Wettbewerb oder Einhaltung von neuen Standards vorgegeben. Oft wird eine Familie der Produkte konzipiert, deren Eigenschaften sich von anderen nur geringfügig oder überhaupt nicht unterscheiden. Bereits ab Anfang der Entwicklung müssen wiederverwendbare Softwarekomponenten konstruiert oder verwendet werden.

Der objektorientierte Ansatz bietet Konzepte an, die die Erweiterbarkeit und Wiederverwendung von Softwarekomponenten unterstützen. Beim Entwurf wird die Struktur und die Komplexität der Echtzeitaufgabe auf natürliche Weise auf die Softwarestruktur übertragen. Objektorientierte Softwarekonstruktion ist geeignet übersichtlich strukturierte Software herzustellen. Man erreicht eine erhebliche Reduktion der Entwicklungs- und Wartungskosten, sowie eine drastische Verringerung der "Time-to-Market". Sie verbindet die bewährten klassischen Prinzipien der Datenabstraktion und Datenkapselung mit den modernen Prinzipien der Vererbung und dynamischer Bindung zu einem konsistenten und durchgängigen Verfahren [2].

Bei den Echtzeitaufgaben müssen zusätzlich die Zeitanforderungen erfüllt werden. Diese werden oft so formuliert, daß die zu bestimmten oder zufälligen Zeitpunkten anfallende Verarbeitung innerhalb vorgegebener Frist zu erfolgen hat. Dieses impliziert, daß der Softwareentwurf auch die Modellierung und Simulation des Zeitverhaltens beinhaltet. Die Untersuchung der Einplanbarkeit und die Optimierung sind Bestandteil der Softwarekonstruktion. Bei Echtzeitsystemen wird die Programmiersprache C++ wegen vergleichbar guter Laufzeit und Speicherplatznutzung sowie der Flexibilität des Klassenkonzeptes zunehmend genutzt.

2. Konzepte der Objektorientierung

Objektorientierte Softwaresysteme unterstützen die Konzepte Objekt, Klasse, Vererbung und dynamisches Binden. Objekte modellieren konkrete oder abstrakte Gebilde des Anwendungsbereiches. Sie enthalten Objektdaten und Methoden als eine Einheit. Die Objektdaten kennzeichnen seinen veränderlichen Zustand. Die Methoden können parametrisiert werden und dienen zum Abfragen und Modifizieren des Objektzustandes. Die Objekte existieren nur zur Laufzeit. Die Implementierung der Methoden und die Struktur der Objektdaten soll für das Anwendungsprogramm unsichtbar sein, damit das Geheimnisprinzip eingehalten wird. Nach Außen ist ein Objekt durch die Gesamtheit von ihm angebotenen Methoden bestimmt. Die Methoden eines Objektes sind prozedural aufgebaut, d.h. sie enthalten Anweisungen zum Kreieren neuer Objekte sowie Methodenaufrufe zur Kommunikation mit diesen Objekten.

Klassen sind Beschreibungen gleichartiger Objekte. Im Gegensatz zu den Objekten existieren sie nicht zur Laufzeit. Die öffentliche Klassenspezifikation beschreibt die nach Außen sichtbare Schnittstelle der Objekte.

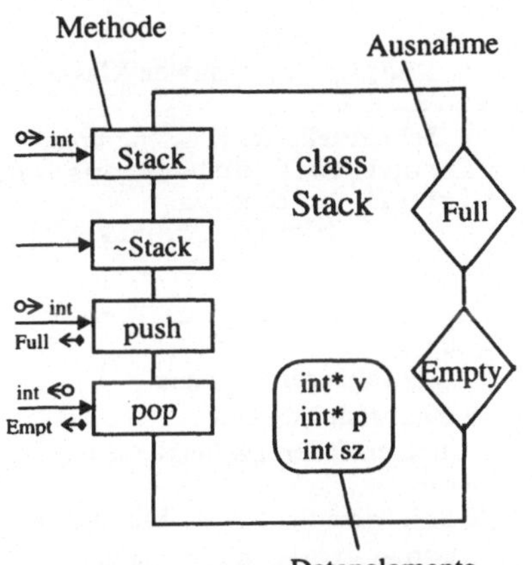


```
class Stack{
public:
    class Full;    // Überlaufausnahme
    class Empty;   // Unterlaufausnahme

        // Verwaltungsfunktionen
    Stack(int stackSize=MAXSIZE);
    ~Stack();      // Destruktor

        // Implementierungsfunktionen
    void push(const int&);
    int pop();
private:
    int*    v;     // Anfangszeiger
    int*    p;     // aktueller Zeiger
    int     sz;    // Größe
};
```

Bild 1: Klassenspezifikation in OOSD/C++

Die Klassenimplementierung enthält die unsichtbaren Details. Das Klassenkonzept stellt die Erweiterung des für die zuverlässige Softwareerstellung wichtigen Typenkonzeptes dar. Bei dem Klassenkonzept stehen die explizit vom Programmierer festlegbaren Operatoren im Vordergrund, wobei die Wertebereiche der internen Daten implizit durch sie definiert werden. Beim Kreieren eines Objektes wird Speicherplatz und eine spezielle Methode, der Konstruktor zur Initialisierung des Objektes benötigt. Die Existenz der Konstruktoren vermeidet die häufigen Initialisierungsfehler. Im Bild 1 ist die Spezifikation der Klasse `Stack` mit den Beschreibungsmitteln des objektorientierten strukturierten Entwurfes - OOSD [9] und C++ dargestellt. Dabei werden im Fehlerfalle die Klassen `Full` und `Empty` verwendet, um die zugehörige Ausnahmebehandlung zu realisieren.

In einem Softwaresystem gibt es oft ähnliche Klassen. Eine Klasse kann ein Spezialfall einer anderen Klasse sein, d.h. sie besitzt zusätzliche Methoden und Datenelemente. Das Vererbungskonzept unterstützt die Beschreibung von Gemeinsamkeiten und Differenzen von Klassen. Dabei wird eine Klasse von einer anderen Klasse sog. Basisklasse abgeleitet und den neuen Anforderungen durch Erweiterung und Modifikation angepaßt. Die abgeleitete Klasse erbt alle Datenelemente und Methoden der Basisklassen. Dabei wird weder Quelltext noch Objektcode kopiert sondern es wird darauf verwiesen. Dadurch werden die Redundanzen vermieden, die in den prozeduralen Softwaresystemen durch Kopieren und Modifizieren entstehen.

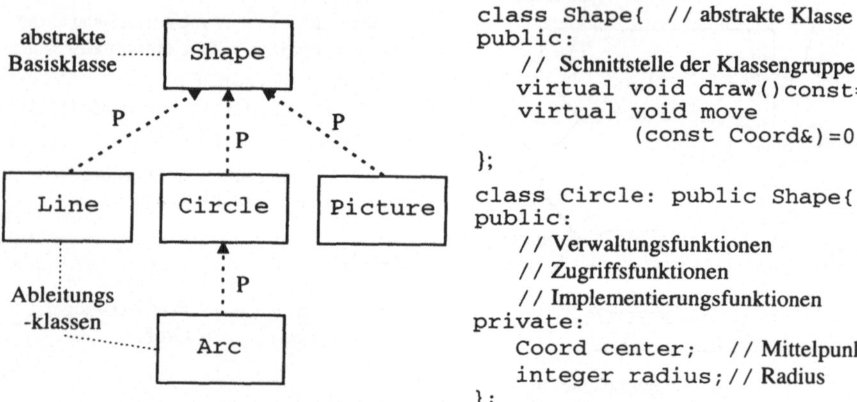


```
class Shape{  // abstrakte Klasse
public:
    // Schnittstelle der Klassengruppe
    virtual void draw()const=0;
    virtual void move
            (const Coord&)=0;
};
class Circle: public Shape{
public:
    // Verwaltungsfunktionen
    // Zugriffsfunktionen
    // Implementierungsfunktionen
private:
    Coord center;   // Mittelpunkt
    integer radius;// Radius
};
```

Bild 2: Vererbungsbeziehungen in OOSD/C++

Im Bild 2 sind die Vererbungsbeziehungen zwischen den Klassen graphisch [9] und in C++ dargestellt. Aus Gründen der Übersichtlichkeit beschränkt man sich bei der graphischen Darstellung nur auf die Beziehungen zwischen den Klassen.

In vielen Anwendungen müssen Objekte verschiedener, aber verwandter Klassen logisch gemeinsam verarbeitet werden. Heterogene Datenstrukturen können konventionell durch Einführung eines Typkennzeichens in den Klassen und den Fallunterscheidungen (switch) in den Methoden verarbeitet werden. Fundamentale Schwäche dieses Verfahrens liegt in der manuellen Überprüfung des Typkennzeichens ohne Unterstützung des Übersetzers. Jede Methode, die das Tykennzeichen benutzt, muß den Aufbau und die Implementierungsdetails der abgeleiteten Klassen kennen. Dadurch werden das Prinzip der Modularisierung und das Geheimnisprinzip verletzt. Diese Technik ist fehleranfällig und führt zu Wartungsproblemen.

Dynamische Zuordnung des Methodenkörpers zum Methodenaufruf eliminiert inflexible Verarbeitung polymorpher Datenstrukturen. Beim Entwurf wird lediglich die Methode angegeben, die aufgerufen wird. Während der Laufzeit wird bestimmt welcher Methodenkörper tatsächlich ausgeführt wird. In C++ wird die dynamische Bindung durch die virtuellen Funktionen realisiert. Sie werden in der Basisklasse definiert und in den abgeleiteten Klassen entsprechend den Anforderungen umdefiniert. Bei Erweiterung des Klassenbaumes sind die Teile mit virtuellen Funktionsaufrufen stabil und müssen nicht manuell angepaßt werden.

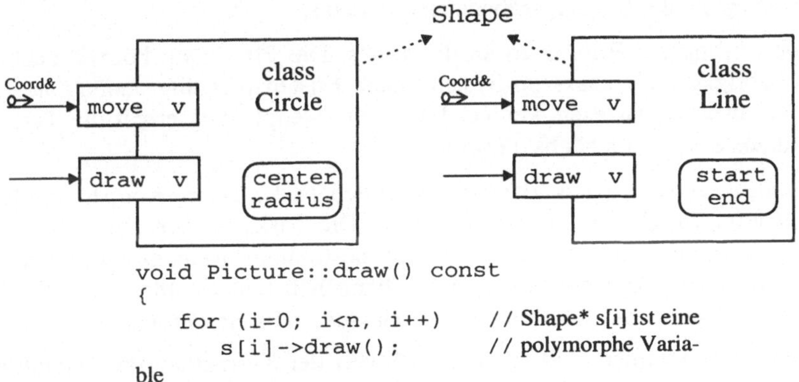


```
void Picture::draw() const
{
      for (i=0; i<n, i++)        // Shape* s[i] ist eine
          s[i]->draw();          // polymorphe Varia-
ble
```

Bild 3: Dynamisches Binden

Das Bild 3 stellt die abgeleiteten Klassen `Line` und `Circle` mit der virtuellen Funktion `draw()` dar, deren Aufruf dynamisch über den Zeiger `s[i]` erfolgt.

Besondere Stellung beim Entwurf haben die abstrakten Klassen. Im Gegensatz zu den konkreten Klassen, können keine Objekte von abstrakten Klassen während der Laufzeit kreiert werden. Es ist jedoch angebracht diese Unterscheidung bei Klassen zu machen, damit der Entwickler die Benutzung der Klassen versteht und der Übersetzer bestimmte Fehler abfangen kann. In C++ werden abstrakte Klassen implizit durch Definition einer oder mehrerer virtuellen Funktionen festgelegt, deren Implementierung der abgeleiteten Klasse überlassen wird.

3. Echtzeitanforderungen und Einplanbarkeit

In Echtzeitsystemen stellen Tasks die Hauptsoftwarekomponenten dar. Eine Task wird nebenläufig zu anderen Tasks ausgeführt. Die Ausführung von Tasks wird durch interne oder externe Ereignisse ausgelöst. Man unterscheidet zyklische Ereignisfolgen mit konstanten Zeitintervallen und azyklische Ereignisfolgen mit variablen Zeitintervallen zwischen den Ereignissen. Zyklische Ereignisfolgen treten z.B. bei der Regelung von technischen Prozessen auf.

Beim Entwurf eines Echtzeitssystems werden folgende Entscheidungen getroffen:

- Festlegung der Dienste der Tasks und deren auslösende Ereignisse,

- Festlegung der Ein-/Ausgabedaten der Tasks,

- Zuweisung der Prioritäten an die Tasks. Die Prioritäten können nach der Wichtigkeit der Tasks im System, nach Fristen (deadline monotonic priority) usw. zugewiesen werden. Bei der Fristenplanung erhält die Task mit kürzester Frist die höchste Priorität.

- Definition der Abhängigkeit zwischen den Tasks. Durch Kooperation lösen mehrere Tasks gemeinsame Aufgaben. Die Tasks können um gemeinsame Betriebsmittel konkurrieren bzw. in bestimmter Reihenfolge ausgeführt werden. Die dazu notwendigen Mechanismen können über spezielle Synchronisations- und Kommunikationsklassen realisiert werden.

Bei Echtzeitssystemen sind für den Nachweis der Korrektheit die Zeitanforderungen von Bedeutung. Häufig sind das die Fristen, die einzuhalten sind. Man unterscheidet harte und weiche Zeitanforderungen. Harte Zeitanforderungen müssen auf jeden Fall eingehalten werden, damit das Echtzeitsystem korrekt arbeitet. Die zeitgerechte Einplanung von Tasks muß frühzeitig im Softwareentwicklungsprozeß betrachtet werden [3][4].

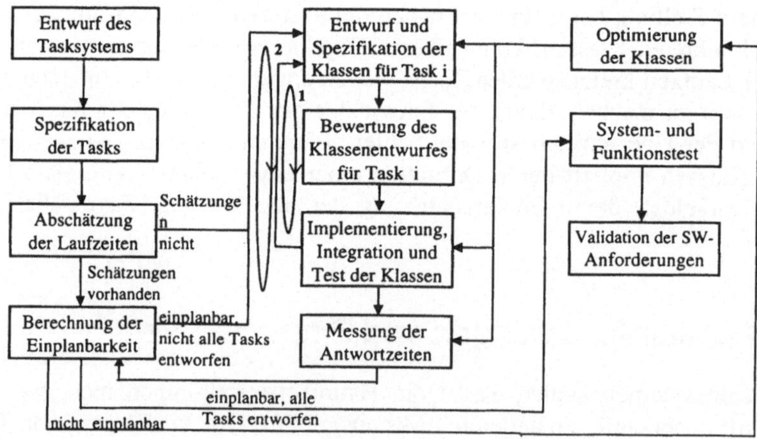

Bild 4: Entwicklungsschritte bei Echtzeitsoftwaresystemen

Bild 4 gibt das in [3] vorgeschlagene Entwicklungsmodell vereinfacht wieder. Die Entwicklung wird dabei inkrementell durchgeführt. Jeder Inkrement kann die Abschätzung und/oder Messung der Laufzeiten der Tasks, die Berechnung der Einplanbarkeit, und die Optimierung der Klassen enthalten. Es kann der Code oder die Klassenstruktur optimiert werden. Die Schleife 1 bestehend aus Entwurf, Spezifikation, Bewertung, Implementierung und Test der Klassen wird oft durchlaufen. Bei signifikanten Änderungen des Zeitverhaltens wird nach Schleife 2 verfahren. Nach Fertigstellung eines brauchbaren Softwaresystems wird der System- und Funktionstest durchgeführt. Das Modell schließt mit der Validation der Software-Anforderungen ab. Am Anfang der Entwicklung liegen der Code und das Zielsystem nicht oder nur teilweise vor, so daß die Lauf- und Blockierungszeiten von Tasks abgeschätzt werden müssen. Unter Verwendung mathematischer Verfahren und Simulationen können die Antwortzeiten der Tasks auf Ereignisse theoretisch ermittelt werden. Daraus können Aussagen über die Einplanbarkeit des Echtzeitsystems gemacht und freie Zeitkapazitäten ermittelt werden. Umfassende Betrachtungen zur Einplanbarkeit bei unterschiedlichen Echtzeitssituationen findet man in [5].

Der Ablauf mehrerer Tasks wird in C++ auf der Sprachebene nicht unterstützt. Bei der Entwicklung von C++ wurde darauf bewußt verzichtet, da sehr unterschiedliche Modelle der Parallelverarbeitung zu unterstützten wären [6]. Es wird empfohlen geeignete Bibliotheken zu entwickeln, die an die Ergonomie und Leistungsfähigkeit sprachinterner Implementierungen herankommen. Das Problem der Portabilität kann durch eine dünne Schnittstellenschicht gelöst werden. Die Bibliotheken zur Unterstützung der Echtzeitprogrammierung haben zunehmend objektorientierte Schnittstellen bzw. objektorientierte Architektur. Der Vorteil für den Benutzer liegt in der Durchgängigkeit der Entwicklungsmethodik. Außerdem besteht die Möglichkeit anwenderspezifische Echtzeitmethoden hinzuzufügen. Die Bibliothek sollte die Methoden zur Echtzeitplanung, Synchronisation und Kommunikation von Tasks bereitstellen.

4. Objektorientierter Entwurf

Während des Softwareentwurfes muß geklärt werden welche Klassen die Anwendung benötigt und in welcher Beziehung die Klassen zueinander stehen. Die Klassen werden verwendet zum (1) Modellieren der Objekte der realen Welt, (2) Kapseln der Maschinen- und Systemabhängigkeiten, (3) Verstecken der Komplexität, (4) Darstellen bekannter Datenstrukturen und Algorithmen, (5) Spezifizieren benutzerdefinierter Datentypen, z.B. Klassen Vektor, String,

(6) Nutzen der Konstruktoren und Destruktoren zur Initialisierung und Speicherverwaltung und (7) Eliminieren globaler Daten und Funktionen.

Zwei Klassen können zueinander in folgender Beziehung stehen:

- Die *Vererbung* ist als Bindungsmechanismus zwischen den Klassen zu wählen, wenn diese in *ist*-Beziehung stehen. Beispielsweise: Auto ist ein Fahrzeug, Sportauto ist ein Auto. Klassen Auto und Sportauto sind Erben von Fahrzeug bzw. Auto. Die Vererbung ist als bevorzugter Bindungsmechanismus zwischen den Klassen zu wählen. Sie ist effizient, sicher und angenehm. Die Vererbung ist nicht geeignet, wenn dabei unnötige Datenelemente und Methoden geerbt werden. Verwenden mehrere Klassen gemeinsame Datenelemente, dann ist eine Basisklasse mit gemeinsamen Datenelementen zu kreieren um daraus bestehende Klassen abzuleiten. Teilt eine Klassengruppe einen Algorithmus, so ist er in einer Basisklasse zu implementieren. Klassen, die den Algorithmus benutzen, sind aus der Basisklasse abzuleiten. Gibt es Klassen, die Spezialfälle eines allgemeinen Konzeptes sind, so ist eine abstrakte Basisklasse für diese Klassen zu entwerfen.

- Eine Klasse ist ein Kunde *(client)* einer anderen Klasse, wenn sie Zugriff auf die Objekte dieser Klasse hat um deren Methoden aufzurufen. Die Klasse, die ihre Objekte anbietet ist der Dienstleister *(server)*. Eine Kundenbeziehung entsteht wenn eine Klasse als Datenelement ein Objekt einer anderen Klasse hat. Die Kundenklasse enthält automatisch alle Datenelemente der Dienstleisterklasse. Die Methoden der Dienstleisterklasse müssen aber explizit der Kundenklasse bereitgestellt werden. Diese Klassenbeziehung ist nicht so angenehm, aber etwa so effizient und sicher wie die Vererbung.

Die Kundenbeziehung besteht auch wenn die Datenelemente der Klasse auf die Objekte anderer Klassen zeigen. Die Kundenklasse enthält dabei keine Objekte der Dienstleisterklasse. Wegen der Typkompatibilität der Zeiger auf Objekte der Klassenhierarchie können virtuelle Funktionen der Dienstleisterklasse aufgerufen werden. Der Vorteil der dynamischen Bindung wird durch verminderte Zuverlässigkeit erkauft, da die Objekte der Kunden- und Dienstleisterklasse getrennt abgespeichert sind und unterschiedliche Lebensdauer haben. Im Bild 5 sind die Kundenbeziehungen zwischen den Klassen in C++ spezifiziert.

```
    // Objekt der Klasse Y als Datenelement der Klasse X
class X{                              class Y{
public:                              public:
    f(){a.f();}                          f();

private:                             private:
    Y a;                                 //
};                                   };


    // Objektzeiger der Klasse Y als Datenelement der Klasse X
class X{                              class Y{
public:                              public:
    f(){a -> f();}                       f();

private:                             private:
    Y* a;                                //
};                                   };
```

Bild 5: Kundenbeziehungen zwischen den Klassen

4.1. Detaillierter Klassenentwurf

Die Zugriffsebenen auf Datenelemente und Methoden sind festzulegen; dabei wird die Restriktion des Zugriffes empfohlen. Wegen der Vorteile durch die Datenkapselung, sollen die Datenelemente fast immer privat sein. Außerdem ist die Wartung des Zugriffes auf private Datenelemente über öffentliche Methoden einfacher als beim direkten Zugriff auf öffentliche Datenelemente. Die Änderung der Datenstruktur kann durch die Anpassung der Zugriffsmethoden abgefangen werden. Manchmal ist die Verwendung geschützter Datenelemente von Vorteil, so daß in den abgeleiteten Klassen direkt ohne geschützte Zugriffsmethoden auf die Datenelemente zugegriffen werden kann.

Methoden, die nur von den Objekten der eigenen Klasse benötigt werden, sollen privat deklariert werden. Durch den `friend`-Mechanismus kann auf die privaten Elemente eines Objektes zugegriffen werden. Befreundete Funktionen werden bei überladenen Operatoren empfohlen, wenn benutzerdefinierte und fundamentale Datentypen in den Ausdrücken gemischt und vertauscht werden. Sonst sind befreundete Funktionen sparsam zu verwenden, da sie die Vorteile der Kapselung zunichte machen.

Es ist zu klären, welche Methoden eine Klasse benötigt. Grundsätzlich werden diese eingeteilt in Verwaltungs-, Zugriffs- und Implementierungsmethoden. Verwaltungsmethoden bestehen aus Konstruktoren zum Kreieren und Initialisieren, sowie einem Destruktor zum Löschen der Klassenobjekte. Außerdem enthalten Klassen den Kopierkonstruktor und den Zuweisungsoperator. Diese werden vom Übersetzer automatisch erzeugt, wenn sie nicht spezifiziert sind. Dabei können Probleme auftreten, wenn die Datenelemente auf Objekte zeigen. Ihre Verwendung soll unterbunden werden, indem man sie als private Methoden spezifiziert, ohne sie zu implementieren. Damit wird die Objektzuweisung verhindert. Zugriffsmethoden, die den Objektzustand zurückgeben, sind als konstante Methoden zu spezifizieren. Das macht die Deklaration verständlicher und fehlerhafte Implementierung wird während der Übersetzungszeit erkannt.

Bei dem Entwurf von Funktionen kann zwischen Methoden und gewöhnlichen Funktionen gewählt werden. Fast alle Funktionen sollen Methoden sein, weil dadurch die Anzahl globaler Namen reduziert wird und weniger Konflikte mit unabhängig entwickelten Bibliotheken entstehen. Enthält eine Funktion eine Klasse als Parameter, sollte sie zur Klassenmethode gemacht werden.

4.2. Dokumentation des Entwurfes

Sobald sich der Entwurf stabilisiert, soll er detailliert dokumentiert werden. Übliche Dokumente sind Klassendiagramme, Class-Responsibility-Collaboration (CRC)-Karten und Handbücher im UNIX-Stil. Diese Dokumente beschreiben den statischen Aufbau der Software, nicht aber deren Arbeitsweise. Sie sollen durch Entwurfsszenarien, in denen die Historie typischer Klassenobjekte beschrieben ist, ergänzt werden.

Das *Klassendiagramm* gibt die Übersicht über den Klassenaufbau wieder [8][9]. Durch graphische Symbole kann explizit angegeben werden, ob es sich um abstrakte oder konkrete Klasse handelt. Im Klassendiagramm ist zwischen den Daten zur Beschreibung des Objektzustandes und denen für die Beziehungen zu anderen Klassen zu unterscheiden. Die Methoden sollen nach der Zugriffsebene getrennt aufgelistet werden. Öffentliche Methoden, sog. Dienste sollen entsprechend deren Rolle für die Klasse gruppiert werden. Gemeinsame Datenelemente und/oder Methoden mehrerer Objekte sollen gekennzeichnet werden.

Der *Klassenhierarchiebaum* beschreibt die Vererbungsbeziehungen zwischen den Basisklassen und abgeleiteten Klassen. Bei dem Klassenkollaborationsdiagramm wird eine bestimmte Klasse mit deren Kunden- und Dienstleisterklassen aufgeführt. Die Kombination der drei Sichten des Programms ist in einem Diagramm nicht sinnvoll, weil sie bereits einzeln komplex sind. Die Überlagerung verschiedener Aspekte verschleiert die Beziehungen, die das Diagramm verdeutlichen soll.

4.3. Optimierung der Effizienz

Es ist schwierig die Laufzeit des Programms abzuschätzen, bevor es fertig ist. Der Entwerfer einer Klasse macht Annahmen über die Benutzung der Klasse durch die Anwender, z.B. über die Häufigkeit der Aufrufe der Methoden, über den Datenumfang, den die Klasse typisch verwaltet. Falls die Anwenderprogrammierer die Klasse entgegen der Annahmen verwenden, kann dies zu Effizienzproblemen führen.

Die Optimierung kann erst in der Produktionsumgebung durch Identifikation der Effizienzengpäße erfolgen. In dieser Hinsicht unterscheidet sich C++ nicht von den prozeduralen Programmiersprachen. Es gibt jedoch Unterschiede bei den konstruktiven Maßnahmen zur Verbesserung der Effizienz:

- Die starke Kapselung der Klassen bewirkt schwache Kopplung zu anderen Klassen. Sie reduziert die Abhängigkeit anderer Klassen von den Datenstrukturen und Algorithmen der gekapselten Klasse. Dadurch kann beim Austausch eines ineffizienten Algorithmus die Implementierung der Klasse ohne Seitenefffekte geändert werden. Beim Vorhandensein von `friend`-Klassen erhöht sich der Änderungsaufwand der Implementierung.

- Bei der Anwendung von Abstraktionen können die für den Anwender unsichtbaren temporären Objekte zu erhöhten Laufzeiten führen. Das ist auch dann der Fall, wenn die Speicherverwaltung optimiert ist. Leicht lesbarer Code wird oft in aufwendigen Maschinencode übersetzt. Das tritt z.B. beim Mischen von benutzerdefinierten und fundamentalen Datentypen auf.

- An die Elementfunktionen werden implizit Objektzeiger übergeben. Dadurch entstehen Effizienzeinbußen. Bei den Zugriffsfunktionen mit Parametern kann der Effizienzverlust gegenüber dem direkten Datenzugriff erheblich sein. Solche Funktionen sollen `inline` deklariert werden, um den Übersetzer aufzufordern die Funktionsaufrufe durch den Code zu ersetzen. Der günstige Zeitbedarf wird durch erhöhten Speicherplatzverbrauch erkauft.

- In Echtzeitsystemen ist dynamisches und zeitlich vorhersehbares Kreieren und Löschen von Objekten notwendig. Auch bei fester Anzahl von Objekten müssen sie reorganisiert und umgruppiert werden. Der effizienten Speicherverwaltung kommt daher eine wichtige Bedeutung zu. Mit den überladenen Operatoren `new` und `delete` kann eine eigene effiziente Speicherverwaltung implementiert werden. Automatische Umorganisation des Objektspeichers ist nicht vorgesehen. Dadurch wird ein zusätzlicher Einflußfaktor auf das Zeitverhalten ausgeschlossen.

- Durch die Bereitstellung freier Objekte in einem Pool kann die Effizienz der Speicherverwaltung erhöht werden. Während der Laufzeit, wenn die Objekte benötigt werden, wählt die Objektverwaltung bereits kreierte Objekte aus dem Pool und initialisiert sie mit übergebenen Parametern. Wenn das Anwenderprogramm das Objekt nicht mehr benötigt, wird es in den Pool zurückgebracht. Es soll vorgesehen werden, daß der Anwender die Anzahl der Poolobjekte pro Klasse festlegen kann [7].

- Die Meinung, daß die dynamische Bindung ineffizient und nichtdeterministisch ist, ist nicht richtig. Auf die virtuellen Funktionen in C++ wird indirekt über die virtuellen Tabellen zugegriffen. Es wird nicht nach der passenden Methode während der Laufzeit gesucht, so daß der zusätzliche Aufwand kalkulierbar ist. Dynamische Bindung ist somit unabhängig von der Anzahl der auswählbaren virtuellen Methoden. Die Zeitmessungen bei dem Prozessor MC 68000 haben ergeben, daß die Realisierungen mit dynamischer Bindung bei mehr als 9 auswählbaren Methoden günstiger sind als bei statischer Bindung [3].

5. Klassenbibliothek für Echtzeitaufgaben

Im folgenden wird am Beispiel des Kerns eines Echtzeitbetriebssystems einige der beschriebenen Methoden dargestellt. Eine Echtzeitanwendung mit einem Echtzeitbetriebssystem kann in folgende Komponenten gegliedert werden [10]: Tasks zur Lösung des eigentlichen Problems; Taskverwaltung von vereinbarten Tasks; Interrupt-Handler zur Behandlung von externen Ereignissen; Interruptverwaltung von vereinbarten Interrupt-Handler; Prozessorverwaltung zur Zuteilung eines Prozessors an die bereiten Tasks; Zeitverwaltung zur Bestimmung der Systemzeit sowie der Aktivierungszeitpunkte der Tasks.

Die Taskverwaltung enthält einen Scheduler zur Auswahl der bereiten Task. Bei einem Prozessor reduziert sich die Prozessorverwaltung auf einen Dispatcher. Aus objektorientierter Sicht können die Datenstrukturen mit zugehörigen Funktionen zu Objekten zusammengefaßt werden. Bild 6 gibt die Objekte eines Echtzeitsystems wieder, die durch die objektorientierte Analyse gewonnen wurden. Einzelne Objekte werden durch Klassen beschrieben, wobei für gleichartige Objekte eine Klassenbeschreibung genügt.

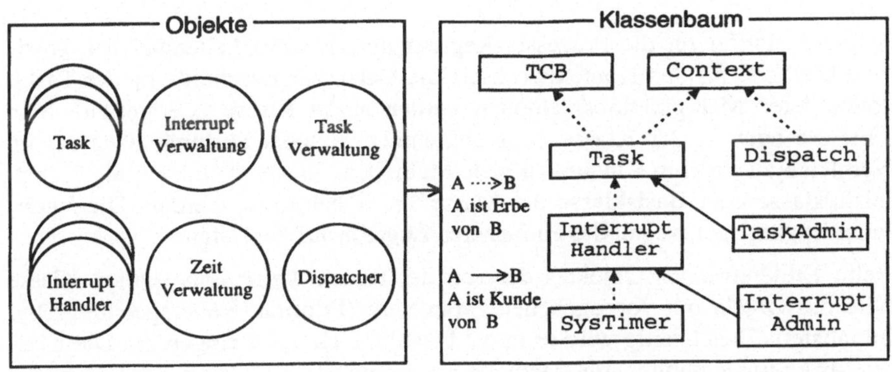

Bild 6: Objekte und Klassenbeziehungen des Echtzeitbetriebssystems

Die abstrakte Klasse Task nach Bild 7 stellt einen Satz von Echtzeitmethoden zur Verfügung. Weitere Echtzeitmethoden, z.B. suspend, können in der von der Klasse Task abgeleiteten abstrakten Klasse implementiert werden. Da diese Methoden für alle Tasks dieselbe Semantik haben sollen, werden sie als nicht-virtuelle Methoden spezifiziert. Aus dieser Klasse leitet der Anwender konkrete Klassen ab, deren Objekte nach Eintrag in die Liste der Taskverwaltung, die Tasks darstellen. In den konkreten Klassen stellt die Methode work den eigentlichen Code der Task dar.

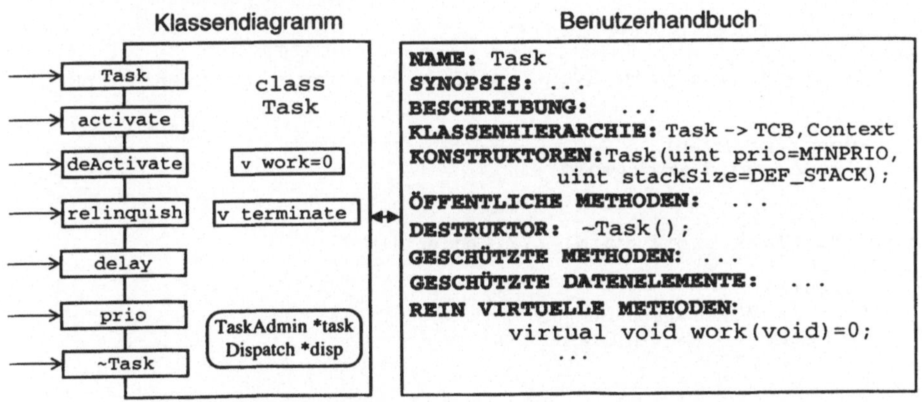

Bild 7: Formen der Spezifikation der abstrakten Klasse Task

Um hohe Portabilität zu erzielen, wird die Klasse Context eingeführt. Sie dient als abstrakte Basisklasse für die Klassen Task und Dispatch und beinhaltet die Puffer für die Prozessor-Register und den Taskkellerspeicher, sowie eine Methode für den Kontextwechsel. Die Daten zur Beschreibung der Tasks, sowie deren Manipulationsmethoden werden in der Klasse TCB geführt. Man hätte sie auch in der Klasse Task aufnehmen können. Dadurch hätte sie im Vergleich zu anderen Klassen zu viele Methoden. Klasse TCB kann als Dienstleisterklasse oder Basisklasse der Klasse Task betrachtet werden. Die Vererbung ist günstiger wegen des einfacheren Zugriffs auf die Daten.

Beim Kreieren eines Objektes der von der Klasse Task abgeleiteten Klasse wird das Objekt mit vorgegebenen Parametern (Priorität, Kellerspeichergröße) initialisiert. Gleichzeitig wird es in die Liste TaskAdmin eingereiht. Die Klasse Task implementiert die Methode terminate der Klasse Context. Sie wird ausgeführt bei der Beendigung der Task. Diese Methode ruft den Scheduler auf, um die nächste bereite Task zu ermitteln.

Die Interrupt-Handler werden über ein externes Ereignis aktiviert. Da diese Aktivierungsart unterschiedlich zu der der Klasse Task ist, wird die abstrakte Klasse InterruptHandler von der Klasse Task abgeleitet. Beim Kreieren eines Objektes der Klasse InterruptHandler wird es in die Liste TaskAdmin und InterruptAdmin eingetragen. Die Liste InterruptAdmin enthält lediglich die Zuordnung der Interruptnummern und der Interrupt-Handler. Wenn ein Interrupt auftritt, wird die Methode activate des zugehörigen Interrupt-Handlers aufgerufen.

```
class WaitTask: public Task{
public:
    WaitTask(uint prio,Event* ptrE): Task(prio),ptrEvent(ptrE){}

private:
    Event* ptrEvent;
    virtual void work(void);
};

void WaitTask::work(void)    // Code der Task
{
    while(1)
    {      // Warten auf ein Ereignis
        ptrEvent -> getEvent ( );
        // ...
    }
}

Context start;
 // ...

void main(void)
{
```

```
TaskAdmin taskAd(3);
Dispatch  disp;
  // ...
Context::disableInt();
  // Kreieren eines Ereignisobjektes
Event* ptrE = new Event;
  // Kreieren einer Task
WaitTask* ptrT = new WaitTask(APP_PRIO, ptrE);
  // Systemstart
start.transfer(disp);
}
```

Bild 8: Anwendungsbeispiel für die Klassenbibliothek

Die Interruptbehandlung vermindert nicht die Portabilität, da die Vektor-Tabellen verschiedener Prozessoren nach dem gleichen Prinzip arbeiten.

Die konkrete Klasse `SysTimer` dient zur Realisierung der Zeitverwaltung. Sie verwendet die hardwareabhängige Klasse `Timer`. Die zu implementierende Arbeitsmethode `work` dekrementiert die Zeitzähler der Tasks und gegebenenfalls setzt sie in den bereiten Zustand. Über den Konstuktor der Basisklassen wird das Objekt vom Typ `SysTimer` bei der Task- und Interruptverwaltung angemeldet. Es ist zweckmäßig, sie von der Klasse `InterruptHandler` abzuleiten und deren Methoden zu erben.

Die Verwaltungen und manchmal Anwendertasks enthalten nichtunterbrechbare Abschnitte, die durch die Methoden `begin` und `end` der Klasse `Critical` geschützt werden. Beim Durchlauf eines solchen Abschnittes, bekommt er die höchste Software-Priorität und kann nicht durch andere Tasks unterbrochen werden. Um schnell auf externe Ereignisse zu reagieren, sind spezielle Interrupt-Handler mit Hardware-Prioritäten vorgesehen. Beim Auftreten des Interrupts wird sofort der zugehörige Interrupt-Handler ausgeführt. Die Verwaltungen `TaskAdmin` und `InterruptAdmin` werden dabei umgangen. Die korrekte Nutzung dieser Interrupt-Handler liegt in der Verantwortung des Entwicklers. Im Bild 8 ist der Code zur Definition und Kreieren einer Task dargestellt.

Der Entwurf wurde durch die Prototypen für einen MC68000-basierten Einplatinenrechner mit dem C++ Entwicklungssystem der Fa. Microtec Research und für Intel 80486 mit Borland C++ begleitet und analysiert [11]. Die Prototypen haben folgende Eigenschaften:

- Durch die Trennung in ausführende Dienstleistungsklassen `Context`, `Task`, `InterruptHandler` und koordinierende Verwaltungsklassen `TaskAdmin` und `InterruptAdmin` wird die Implementierung vereinfacht.

- Die Hardware-Abhängigkeit ist auf die Klassen `Context` und `Timer` beschränkt, die nur einige wenige vom Zielsystem abhängige Befehle enthalten.

- Virtuelle Methoden ermöglichen die Umdefinition der Verwaltungseinhei-
  ten. So kann der Scheduler-Algorithmus in der von `TaskAdmin` abgeleiteten Klasse reimplementiert werden.

- Die Anzahl der Methoden pro Klasse konnte relativ gleich verteilt werden.

- Die Vorgehensweise beim Kreieren von Objekten der Klassen `Task` und
  `InterruptHandler` ist klar vorgegeben und nachvollziehbar. Bei den
  Verwaltungsobjekten wurde auf Flexibilität Wert gelegt. Die Vorberei-
  tungsphase kann durch neue Klassen automatisiert werden.

- Fehler, die dem Benutzer nicht gemeldet werden können, werden durch die
  Ausnahmebehandlung abgefangen. Diese treten z.B. bei fehlendem Speicher
  während des Kreierens eines Objektes auf.

- Zur Unterstützung der Taskkommunikation und Synchronisation ist ein
  Warteschlangenmechanismus bereitgestellt. Er wird verwendet um die Konzepte wie Semaphor, Event, Mailbox durch neue Klassen zu konstruieren.

- Die Messung der Interruptantwortzeit hat ergeben, daß sie in der Größenordnung der in [12] veröffentlichten Werte liegt.

6. Ausblick

Echtzeitsoftware spielt in den Geräten und Systemen eine wichtige Rolle. Sie
wird immer komplexer und stellt somit einen wesentlichen Wettbewerbsfaktor
dar. Der Einsatz von Echtzeitbetriebssystemen und objektorientierten Techno-
logien unterstützt die Beherrschung der Komplexität, Erhöhung der Produktivi-
tät und Verbesserung der Wartbarkeit und Zuverlässigkeit. Systematisches Finden geeigneter Softwarearchitekturen wird durch die Entwurfsmuster unterstützt. Sie stellen in einem gegebenen Kontext für wiederkehrende Ent-
wurfsprobleme vordefinierte erprobte und dokumentierte Lösungsschemas zur
Verfügung. Durch geeignete Verfahren im Analyse- und Entwurfsprozeß wird
sichergestellt, daß die Zeitanforderungen erfüllt werden. Der erhöhte Bedarf an
Verarbeitungsleistung kann in Grenzen gehalten werden. Trotz wesentlich höherer Anforderungen an die Ausbildung der Entwickler wird sich insbesondere
bei 16/32-bit Anwendungen der Trend zu objektorientierten Echtzeitsystemen
verstärken [13][14].

Danksagung

Der Verfasser dankt den Herren Prof. Dr. Mete Kabakcioglu, Peter Knittel, Bernd Rist und Peter Stumfol für ausführliche Diskussionen über objektorientierte Echtzeitsysteme und kritische Durchsicht dieses Manuskriptes. Die Arbeiten wurden teilweise vom Ministerium für Wissenschaft und Forschung Baden-Württemberg aus den Mitteln des Schwerpunktprogramms (Projekt MOBIK) gefördert.

Literatur

[1] Rembold, U.; Levi, P.: Realzeitsysteme zur Prozeßautomatisierung, Carl Hanser Verlag München Wien, 1994, ISBN 3-446-15713-1

[2] Marty, R.: Objektorientierte Softwareentwicklung - Strategische Perspektiven / 4. Kolloqium Software-Entwicklungs-Systeme und Werkzeuge, Technische Akademie; Esslingen, 3-5 September 1991

[3] Jovalekic, S; Rist, B.: Softwarekonstruktion für Echtzeitsysteme - praktischer Ansatz; interner Bericht, FB Technische Informatik, FH Albstadt-Sigmaringen, 1996

[4] Nord, R.L.; Cheng, B.C.: Using RMA for Evaluating Design Decisions, Proceedings of 2nd IEEE Workshop on Real-Time Applications, IEEE Computer Society Press, New York, S. 76-80, July 1994

[5] Klein, M.H.; Rayla, T.; Pollak, B.; Obenza, R.; Harbour, M.G.: A Practitioner's Handbook for Real-Time Analysis: Guide to Rate Mono-tonic Analysis for Real-Time Systems, Kluwer Academic Publishing, 1993

[6] Stroustrup, B.: Design und Entwicklung von C++, Addisson-Wesley 1994

[7] Bihari, T.E.; Gopinath, P.: Object-Oriented Real-Time Systems: Concepts and Examples, Computer, December 1992, S. 25-32

[8] Tempelmeier, T.: Computer-Aided Software Engineering (CASE) für Echtzeit-Anwendungen, Teil I: CASE im Entwurf; Unterlagen zum Tutorium im Rahmen des Kongresses Echtzeit'95, Karlsruhe 19. Juni 1995

[9] Wasserman, A.I.; Pircher, P.A.; Muller, R.J.: The Object-Oriented Structured Design Notation for Software Design Representation, Computer S.50-63, March 1990

[10] Lauber, R.: Prozeßautomatisierung I, Springer Verlag 1988

[11] Knittel, P.: Objektorientiertes Echtzeitbetriebssystem, Benutzerhandbuch für Entwickler Version 3.1, interner Bericht, FB Technische Informatik, FH Albstadt-Sigmaringen, 1995

[12] Fritch, D.G.; Cardoza, R.W.: Betriebssysteme auf dem Prüfstand, Elektronik 7/1992

[13] Simon, D.E.; Mittag, L.; Abbott, D.: Using a Real-Time Kernel Effectively in Embedded Systems, 1995 Embedded Systems Design Symposium bei Hewlett-Packard in Bad Homburg

[14] Rzehak, H. (Hrsg.): Kongreßband Echtzeit'95, 20-22. Juni 1995 Karlsruhe, Network GmbH, ISBN 3-924651-46-9

Objektorientierte Programmierung verteilter Echtzeitanwendungen

R. Kröger, A. Bauer, O. Remédios, M. Thoss

Abstract

Distributed system structures for automation and control systems have become popular during the last years. Such architectures can be built cost-effectively based on powerful microcontrollers and field busses. Developing reliable applications within this context is still a challenge. Object-oriented analysis, design and implementation methods promise to guide designers and to reduce costs, at least in longer terms. For the office environment, the Object Management Group (OMG) has set up a reference model for object-oriented software components within distributed heterogeneous environments, called Object Management Architecture (OMA). An Object Request Broker (ORB) enables objects to make and receive requests and responses transparently within a distributed environment. The Common Object Request Broker Architecture (CORBA) specification defines the general architecture of an ORB and specifies the programming interfaces to its components.

The DIRECT activity (DIstributed REaltime ConTrol) at the Fachhochschule Wiesbaden carefully applies the OMG CORBA approach for the development of distributed real-time control applications. Remote object invocations are handled by μORB, a CORBA-inspired object request broker, running on top of a real-time operating system kernel. Our testbed is an automated analytical laboratory for analyzing environmental probes. Besides usual PCs and workstations for general data handling and operator control, the laboratory consists of a set of intelligent laboratory modules, and robots for transporting the probes between them. The communication infrastructure is based on a two-level network, consisting of an Ethernet at the higher level and several Controller Area Network (CAN) bus segments at the lower real-time-oriented level. The laboratory modules are connected to the CAN segments via μController-based frontends running the real-time kernel and the DIRECT μORB to make them appear as a set of intelligent objects.

1. Einleitung

Verteilte Architekturen für Automatisierungs- und Steuerungssysteme haben in den letzten Jahren eine starke Verbreitung gefunden und werden mittlerweile auch zur Steuerung einzelner Maschinen eingesetzt, wenn diese aus mehreren kooperierenden, intelligenten Aggregaten bestehen. Die Wiederverwendbarkeit von Teillösungen ist hierbei von besonderer Wichtigkeit. Entsprechende dezentrale Hardware-Strukturen können heute effizient auf der Basis leistungsfähiger Mikrocontroller und preiswerter Feldbusse aufgebaut werden. Die Zusammenarbeit mit externen Teilsystemen, die keinen harten Echtzeitanforderungen unterliegen, gewinnt darüberhinaus immer mehr an Bedeutung. Die Entwicklung verläßlicher Software stellt in diesem Zusammenhang aber immer noch eine technische Herausforderung dar. Qualität und Kosten stehen außerdem oft noch nicht in einem befriedigenden Verhältnis.

Die herkömmlichen Methoden für den Entwurf von Echtzeitsystemen (z.B. [5], [12]) sind diesen neuen Anforderungen nicht mehr gewachsen. Objektorientierte Methoden für Analyse und Entwurf sind in den vergangenen Jahren in zahlreichen Varianten vorgestellt worden (z.B. [8], [3]) und bilden heute die methodische Basis für entsprechende CASE-Werkzeuge. Objektorientierte Methoden versprechen, Entwickler zu leiten, die Effizienz ihrer Arbeit zu steigern und die Entwicklungskosten durch bessere Wartbarkeit und Wiederverwendbarkeit von Bausteinen längerfristig zu reduzieren. Eine Unterstützung für die spezifischen Probleme von Echtzeitanwendungen bieten sie aber bisher kaum. Lediglich neue, wenig verbreitete Ansätze, wie etwa [10], versuchen, Echtzeitverhalten und Verteiltheit einzubeziehen. Für den Bereich der Büroanwendungen hat die Object Management Group (OMG), ein Konsortium führender Unternehmen der Informationstechnologie, mit der Object Management Architecture (OMA) ein Referenzmodell für objektorientierte Verarbeitung in verteilten, heterogenen, offenen Umgebungen definiert, das die Basis für eine Reihe von Spezifikationen bildet. Ein Object Request Broker (ORB) ist dabei eine zentrale Komponente, die es Objekten erlaubt, in der verteilten Umgebung transparent Aufrufe an andere Objekte zu tätigen bzw. von diesen entgegenzunehmen. Die Common Object Request Broker Architecture (CORBA) Spezifikation identifiziert die generellen Komponenten eines ORBs und spezifiziert deren Programmierschnittstellen [7].

Das DIRECT-Projekt (DIstributed REaltime ConTrol) an der Fachhochschule Wiesbaden [6] versucht, die Prinzipien von OMG CORBA unter Berücksichtigung der speziellen Randbedingungen für die Entwicklung verteilter Echtzeitanwendungen zu nutzen. Testbett ist ein automatisiertes Labor zur Analyse von Proben aus dem Umweltbereich (WICIL, WIesbaden Computer Integrated Laboratory). Im folgenden Kapitel 2 werden zunächst die Konzepte von CORBA für verteilte, objektorientierte Anwendungen zusammengefaßt. Danach wird im Kapitel 3 die Architektur des automatischen analytischen Labors vorgestellt, soweit sie hier relevant ist. Hiervon ausgehend werden in Kapitel 4 Entwurf und Implementierung des auf dem CORBA-Ansatz beruhenden DIRECT µORBs zur Vermittlung von Objektaufrufen dargelegt. Es folgen eine Beschreibung des Stands der Arbeiten sowie eine Zusammenfassung.

2. Die CORBA-Architektur

Die Common Object Request Broker Architecture der OMG ist als ein Industriestandard anzusehen, dessen erste Festlegungen ab 1991 erfolgten [7]. Die Standardisierung ist nicht abgeschlossen (CORBA 2.0 wurde in 12/94 verabschiedet). CORBA wird im Rahmen von OMA durch Festlegungen über weiterführende Standard-Dienste (Object Services COSSx, Common Facilities) ergänzt. Das CORBA-Modell unterstützt die Grundkonzepte des objektorientierten Programmierens, nämlich Kapselung, Vererbung und Polymorphie. Ein Objekt wird als eine Einheit gesehen, deren Schnittstelle Attribute, Dienste (auch Methoden oder Operationen genannt) und Ausnahmeereignisse (Exceptions) umfaßt. Objektschnittstellen werden mittels der C++-ähnlichen CORBA Interface Definition Language (IDL) vom Entwickler definiert. Vererbung von Schnittstelleneigenschaften ist möglich.

Die Dienste eines Objekts können von entfernten Klienten (Clients) in Anspruch genommen werden. Im Normalfall formuliert ein Klient einen Aufruf (Request) an ein entferntes Objekt als üblichen Prozeduraufruf in seinem z.B. in C++ geschriebenen Anwendungsprogramm. Aufrufe werden zur Laufzeit vom ORB an die jeweiligen Zielobjekte vermittelt und durch diese bearbeitet. Ein Aufruf zieht i.d.R. eine Antwort (Reply) an den Klienten über den ORB nach sich.

Die Architektur eines CORBA-konformen ORBs ist in Abb. 1 dargestellt. Die Kommunikation zwischen einem Klienten, dem ORB und der Objektimplementierung verläuft über Stub-Routinen (IDL Stub bzw. Skeleton), die vom IDL Compiler automatisch aus der IDL-Schnittstellenbeschreibung des Objekts generiert werden und die Überführung von Aufrufen in Nachrichten und umgekehrt übernehmen (Marshalling/Unmarshalling). Alternativ kann auf Klientenseite das sogenannte Dynamic Invocation Interface (DII) verwendet werden, das es gestattet, Aufrufe an Objekte zu formulieren, deren Schnittstelle zum Pro-

grammierzeitpunkt noch nicht bekannt ist. Dabei wird zur Laufzeit ein sogenanntes Interface Repository über die Schnittstelleneigenschaften des Zielob-
jekts befragt. Die CORBA-Architektur sieht einen Object Adapter vor, der Objektimplementierungen auf die Bearbeitung von Requests vorbereitet und den
Implementierungen außerdem eine Schnittstelle zu speziellen ORB-Diensten
zur Verfügung stellt (z.B. Generieren einer Objektreferenz). Prinzipiell sind
verschiedene Object Adapter möglich, z.B. auch zur Einschalung alter, nicht
objektorientierter Applikationen oder zur Einbindung von Objekten, die in Datenbanksystemen residieren. Mindestens der sogenannte Basic Object Adapter
(BOA) sollte unterstützt werden. Dieser sieht verschiedene Formen der Aktivierung von Objektimplementierungen vor. Einige ORB-Dienste, die sowohl von
Clients wie von Objektimplementierungen verwendet werden können, sind über
das ORB Interface verfügbar. Der ORB Core ist für die eigentliche Vermittlung
der Requests/Replies verantwortlich.

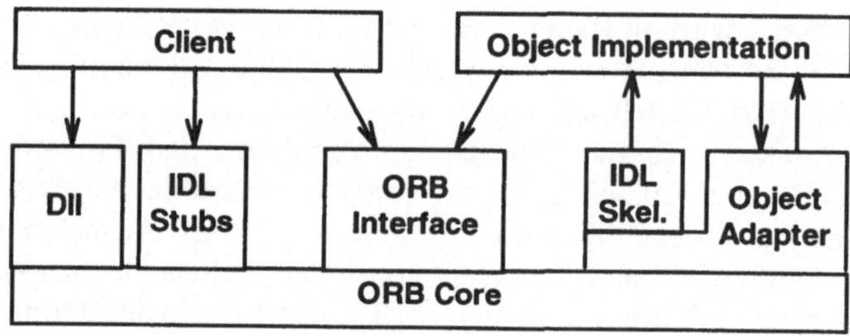

Abb. 1: Die CORBA-Architektur

3. Architektur eines automat. Analyselabors

Angewandte F&E-Arbeiten im Bereich der Laborautomatisierung für die
Durchführung von Umweltanalysen werden an der FH Wiesbaden seit einigen
Jahren durchgeführt [9]. Einer der Schwerpunkte der derzeitigen Arbeiten ist
die Entwicklung einer Kommunikationsinfrastruktur für ein automatisiertes Labor einschließlich geeigneter Programmierschnittstellen. Der im weiteren beschriebene Ansatz sowie die unterstützenden Werkzeuge sind aber genereller
Natur und lassen sich auch in anderen Anwendungsfeldern einsetzen.

Die Hardware des vollautomatischen analytischen Labors besteht entsprechend
Abb. 2 aus einer Menge von Standard-Labormodulen (SLMs) zur Probenvorbe-
reitung, aus Analysegeräten für die Bestimmung der chemischen und physikali-

schen Parameter, aus mindestens einem Robotersystem für den Transport der Proben, einem Bedienplatz für das Laborpersonal sowie ein oder mehreren Server-Rechnern, die allgemeine Informationssysteme sowie Planungs- und Entscheidungswerkzeuge beherbergen.

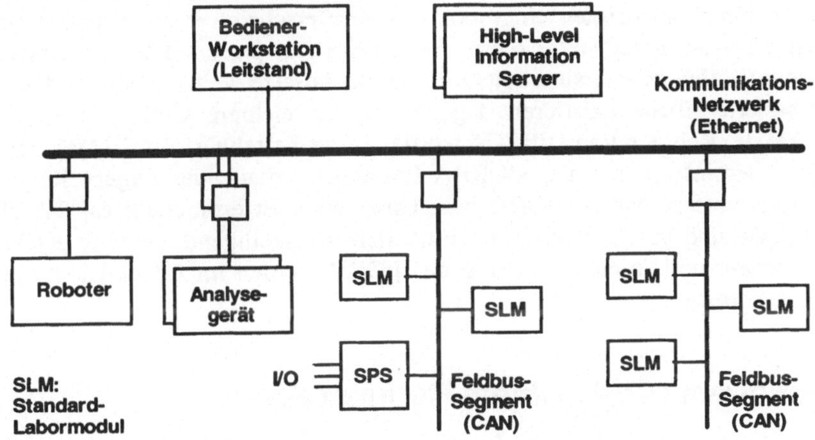

Abb. 2: Hardware-Architektur eines automatisierten analytischen Labors

Im Rahmen von DIRECT wird angenommen, daß alle Komponenten durch ein zweistufiges Kommunikationsnetzwerk verbunden sind. Ein LAN (z.B. Ethernet) verbindet die Server-Rechner und den Bedienplatz. Komplexe periphere Einheiten (z.B. Gaschromatograph) besitzen eigene eingebettete Rechner. Sie werden mit ihren noch üblichen Schnittstellen, wie IEEE 488-Bus oder serielles Interface, über zwischengeschaltete PCs oder Workstations, oder mehr und mehr unmittelbar an das LAN angekoppelt. Andere handelsübliche Laborgeräte (z.B. Waagen, Thermometer, Rüttler etc.) verfügen i.d.R. über seriellen Schnittstellen oder digitale und analoge I/Os und werden in DIRECT über µController-basierte Frontends an echtzeitfähige Feldbus-Segmente angebunden, welche selbst über Gateways mit dem LAN verbunden sind. Die Integration von SPS-gesteuerten Subsystemen (z.B. Pneumatik) ist ebenfalls vorgesehen. Als Feldbus wird derzeit in DIRECT der CAN-Bus (Controller Area Network, [4]) eingesetzt, ein Multicast-fähiges Feldbussystem, das ursprünglich für den Automobilbereich entwickelt wurde. Es läßt Paketlängen bis zu 8 Byte Nutzdaten bei einer Geschwindigkeit von maximal 1 MBit/s zu. Der Buszugriffsmechanismus ist prioritätsorientiert und vermeidet Kollisionen. Die Frontends sind handelsübliche SBCs, z.T. mit PC ISA-Schnittstelle, und basieren auf

SAB80C16x-Mikrocontrollern. Alle Knoten werden derzeit unter Verwendung des PXROS Echtzeit-Kerns (HighTec, Saarbrücken) betrieben.

Insgesamt liegt damit eine verteilte Systemarchitektur vor. Für die Modellierung des Systems und seiner Abläufe werden auf den höheren Systemebenen objektorientierte Prinzipien eingesetzt. Insofern erscheint es nur natürlich, die Kommunikationsinfrastruktur dieser Sichtweise anzupassen. Für die Echtzeitrelevante Feldbus-Ebene sind objektorientierte Ansätze weitgehend neu, für die LAN-basierte Ebene existieren dagegen bereits mehrere CORBA-konforme Produkte. Im Rahmen von DIRECT wurde ein zur Erzielung von Echtzeiteigenschaften vereinfachter, nach CORBA-Prinzipien arbeitender Object Request Broker entworfen, der als µORB bezeichnet wird. Er ermöglicht es, daß alle Laborgeräte und sonstige relevante Einheiten als intelligente Objekte erscheinen. Konzept und Implementierung des µORB werden im folgenden Kapitel näher beschrieben.

4. Der direct µORB Object Request Broker

Der Entwicklung von Laborautomatisierungsanwendungen im Rahmen von DIRECT liegt das CORBA-Modell zugrunde. Eine Anwendung wird durch eine Menge von kooperierenden Objekten modelliert und implementiert, die auf den verschiedenen Stellen des verteilten Systems residieren. Die Verteiltheit des Systems ist für den Anwendungsentwickler weitgehend transparent und spielt primär bei der Konfigurierung und Initialisierung des Systems eine wesentliche Rolle. Aus der Sicht des Anwendungsentwicklers erfolgt ein Aufruf einer Operation eines entfernten oder lokalen Objekts gleichermaßen durch einen üblichen Prozeduraufruf.

```
interface balance {
    exception out_of_tolerance {};
    long        get_weight_in_grams() raises (out_of_tolerance);
    void        set_ref_mode(in long ref_weight);
    short       get_weight_in_percent();
    void        reset_ref_mode();
};
interface ext_balance : balance {
    exception out_of_tolerance {long difference};
    void        set_tare_mode (in long tare_weight);
    void        reset_tare_mode();
    void        set_tolerance_mode (in long min, in long max);
    void        reset_tolerance_mode();
};
```

Abb. 3: Schnittstellenbeschreibung einer Waage in CORBA IDL

Die Spezifikation von Objektschnittstellen geschieht in CORBA IDL, Objektimplementierungen erfolgen in C++ und C. Im weiteren sollen Schnittstellen physischer Laborgeräte im Vordergrund stehen, die Vorgehensweise läßt sich aber ebenso auf abstrakte Anwendungsobjekte übertragen. Beispielhaft zeigt Abb. 3 eine in CORBA IDL formulierte, vereinfachte Schnittstelle einer Waage, wie sie etwa im Rahmen eines analytischen Labors Verwendung findet. Zunächst wird eine allgemeine Schnittstelle `balance` definiert, die Methoden besitzt, die ein Gewicht in Gramm zurückliefern oder nach Speicherung eines Gewichts als Referenzgewicht alle folgenden Wägungen in % zum Referenzgewicht angeben. Hiervon wird anschließend die Schnittstelle `ext_balance` abgeleitet, die alle Methoden erbt und zusätzliche Methoden zum Umgang mit einem Taragewicht sowie Wägungen innerhalb eines Toleranzbereiches offeriert. Liegt ein Gewicht außerhalb der Toleranz, wird bei einer Wägung die Abweichung vom Toleranzbereich angegeben.

Schnittstellenbeschreibungen abstrahieren zunächst von der Implementierung der angebotenen Funktionalität. So sind z.B. für den Nutzer einer Laborgeräteschnittstelle die sehr vielfältigen unterlagerten physikalischen Schnittstellen der Laborgeräte nicht mehr von Interesse. Mittels Vererbung von Schnittstellen können Familien von Geräteklassen dargestellt werden. Spezielle Eigenschaften von Geräten bestimmter Hersteller lassen sich z.B. in abgeleiteten Klassen isolieren, während die gemeinsame Funktionalität der Geräteklasse in einer allgemeinen Schnittstelle zusammengefaßt wird. Vererbung erlaubt auch die Wiederverwendbarkeit von Implementierungsklassen.

Das Objektmodell der OMG umfaßt bisher ausschließlich funktionale Aspekte. Eine Erweiterung um Echtzeiteigenschaften und deren Formulierbarkeit in einer Erweiterung der CORBA IDL zur Spezifikation von "real-time objects" wird daher zukünftig notwendig sein. Wesentlicher Aspekt wird die Einführung von verschiedenen Zeitbedingungen sein, die etwa die Ausführungszeiten einzelner Operationen, Abhängigkeiten zwischen den Operationen eines Objekts oder auch globale Bedingungen zwischen Objekten betreffen können. Weitere Ansatzpunkte bietet [10].

Im weiteren wird die Umsetzung des objektorientierten Programmiermodells durch die Architektur des DIRECT μORB beschrieben. Um in kleinen μController-basierten Systemen eingesetzt werden zu können, wurde der μORB in seiner Funktionalität gegenüber dem allgemeinen CORBA-Ansatz deutlich reduziert. So wird kein Dynamic Invocation Interface bereitgestellt. Auch unterstützt der Basic Object Adapter derzeit nur den sog. Persistent Server-Ansatz, d.h.: alle Server werden zum Systeminitialisierungszeitpunkt erzeugt und nicht zur Laufzeit automatisch durch den BOA gestartet. Beides ist aber für das vorliegende Einsatzfeld keine echte Einschränkung.

Die Architektur des µORB Object Request Brokers ist in Abb. 4 dargestellt. Ein oder mehrere Objekte, üblicherweise vom gleichen Typ, leben in einer Task (Server Task) des unterlagerten Echtzeitkerns. Wird ein Objekt erzeugt, kann die beherbergende Task ausgewählt werden. Auf jeder Stelle des Systems können mehrere Server existieren (auch mit dem gleichen Interface sowie auch Klienten). Der µORB besteht aus einem ORB-Server, der sich auf einem ausgezeichneten Knoten befindet (typischerweise einem Gateway-Knoten), und eine ORB-Core-Komponente auf jedem Knoten. Der ORB-Server enthält einen Namensdienst, registriert und verwaltet Objektimplementierungen auf dem lokalen Netzsegment, lokalisiert sie auf Anforderung des Klientenobjekts (genauer: dessen Stub) und stellt dadurch eine Bindung zwischen einem Klienten-Objekt und einer Objektimplementierung her. Er entspricht damit einem Binder oder Trader in anderen verteilten Systemen. Der ORB-Core wickelt die Kommunikation mit den anderen Stellen am Feldbus ab. ORB-Server und ORB-Core sind jeweils in Tasks realisiert. Der Basic Object Adapter, der auf jeder Stelle notwendig ist, die einen Server beherbergt, wurde in eine Task und eine Library unterteilt. Client Stub und Server Skeleton werden automatisch durch den IDL-Compiler erzeugt. Details der Architektur des µORB sind in [1] beschrieben.

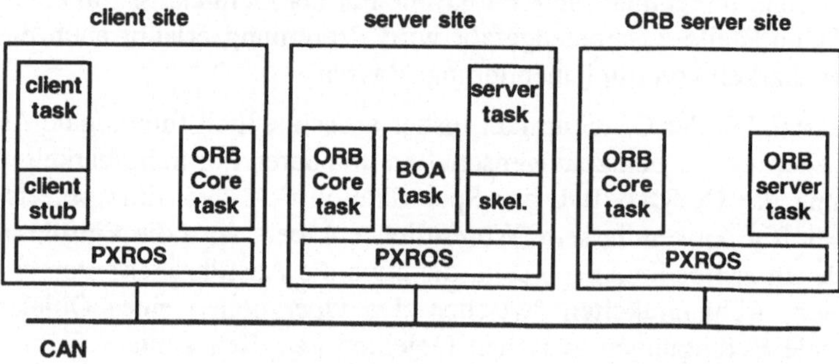

Abb. 4: Architektur des DIRECT µORB Object Request Brokers

Für die Realisierung von knotenübergreifenden Fernaufrufen wurde ein RPC-Protokoll entwickelt, welches insbesondere Rücksicht auf die kleine Telegrammgröße in CAN-Netzwerken nimmt. Teil des RPC-Protokolls ist ein Segmentierungsverfahren, das einen anstehenden Request bei Bedarf in eine Folge von CAN-Nachrichtensegmenten zerlegt. Das RPC-Protokoll des µORB basiert aus Performance-Gründen auf einem elementaren CAN-Datagram-Dienst [11].

In Hinblick auf die geplanten Ergänzungen zur Durchsetzung von Echtzeiteigenschaften erlaubt das RPC-Protokoll bereits die Festlegung einer maximalen Antwortzeit für die Durchführung eines Fernaufrufs durch den Klienten, wobei bei nicht zusicherbarer Durchführung eine Ausnahme durch den Diensterbringer generiert wird. Der Zugriff zum CAN-Übertragungsmedium ist darüberhinaus prioritätenbasiert. Jeder Klient kann im Rahmen des Binding zu einem Server eine für ihn geeignete Prioritätsklasse wählen. Details sind in [1] zu finden.

Die Protokolle des μORB sind verträglich mit dem CAN Application Layer (CAL)-Standard [2]. In einer CAL-Umgebung werden die Netzwerkfunktionen NMT zur Konfiguration des Netzwerkes und die DBT-Distributor-Funktionen für die Vergabe von COBs verwendet. Zudem werden Sperrzeiten und Prioritätsklassen nach CAL unterstützt. Das RPC-Protokoll des μORB kann als Erweiterung des CAL-Standards verstanden werden, der in seiner jetzigen Ausprägung nicht über ein RPC-Protokoll verfügt.

5. Stand der Arbeiten

Der vorgestellte DIRECT μORB Object Request Broker zur Vermittlung von Objektaufrufen in einer auf CAN basierenden Feldbus-Umgebung ist in einer ersten Version fertiggestellt und wird derzeit auf fünf CAN-Knoten an einem Segment unter Einbeziehung zweier PCs und einer Klöckner-Moeller SPS erfolgreich betrieben. Die Funktionstüchtigkeit des μORB wurde in mehreren Experimenten unter Beweis gestellt. Erste Messungen ergaben für RPC-basierte Methodenaufrufe eine nahezu identische Antwortzeit gegenüber einer Nutzung des vom Realzeitkern offerierten Transportdienstes (PXROS channels). Aufgrund der häufigen Knappheit von Speicherressourcen auf Mikrocontrollersystemen ist der Speicherbedarf der vorgestellten Komponenten von großer Bedeutung. Einschließlich umfangreichen Debug-Codes benötigen der zentrale ORB-Server 70 kB, der auf jedem Knoten vorhandene ORB-Core 40 kB sowie die von allen Server-Tasks einer Stelle gemeinsam benutzte BOA-Library 50 kB an Speicher.

Bisher wurden ausschließlich digitale und analoge I/O-Schnittstellen zur Peripherie betrachtet. Die Anbindung von SLMs sowie eines Robotersystems über serielle Schnittstellen wird derzeit betrieben. Die Realisierung eines Gateways zur Vermittlung von Objektaufrufen zwischen einem kommerziellen CORBA-System auf der oberen Netzwerkebene und Objekten auf der Feldbusebene ist in Vorbereitung. Ein frei verfügbarer IDL-Compiler wurde portiert und seine Code-Generierung in Hinblick auf die Stub-Erzeugung stark modifiziert. Die

Spezifikation standardisierter Laborgeräte-Schnittstellen auf der Basis von CORBA IDL ist damit möglich, steht aber erst am Anfang.

6. Zusammenfassung

Mit diesem Beitrag wird die These vertreten, daß die Anwendung objektorientierter Entwurfs- und Implementierungskonzepte auf der Basis des CORBA-Standards auch für verteilte Echtzeitsysteme in der Automatisierungstechnik möglich ist. Erweiterungen zur Spezifikation von Echtzeiteigenschaften sind dabei notwendig. Die formale Definition von funktionalen Schnittstellen von Systemkomponenten unter Einbeziehung von Vererbungsmechanismen führt zu einer Vereinheitlichung der Sichtweise und zu einer Wiederverwendbarkeit von Teillösungen.

Es wurde ein nach CORBA-Prinzipien arbeitender Object Request Broker vorgestellt, der in seiner jetzigen Implementierung Fernaufrufe von Objekten über den CAN-Bus ermöglicht. Die weiteren Arbeiten dienen der ausgiebigen Erprobung des Ansatzes im Rahmen des vorgestellten Laborautomatisierungssystems. Vision ist letzlich eine offene Systemarchitektur, in der Komponenten verschiedener Hersteller auf hoher Integrationsebene einen Plug&Play-Charakter aufweisen.

Literatur

[1]   Bauer, A.; Remédios, O.: "Objektorientierte Verarbeitung in verteilten Automatisierungssystemen", Diplomarbeit, Fachhochschule Wiesbaden, 1995

[2]   CiA: "CAN Application Layer Specification", CiA/DS202-207, CAN in Automation e.V., Nürnberg, 1994

[3]   Coad, P.; Yourdan, E.: "Object-Oriented Analysis" (Second Ed.) and "Object-Oriented Design", Prentice-Hall, 1991

[4]   Etschberger, K.: "CAN Controller Area Network", Hanser-Verlag, 1994

[5]   Hatley, D.J.; Pirbhai, I.A.: "Strategies for Real-Time System Specification", Dorset House Publishing, New York, 1987

[6]   Kroeger, R.: "DIRECT: A Basis for Distributed Real-time Control Applications", Proc. 1st Int. CAN Conference, Mainz, CAN in Automation e.V., Nürnberg, 1994

[7]   OMG: "The Common Object Request Broker, Architecture and Specification, Rev.1.1", Object Management Group, Framingham, MA, USA, 1991

[8] Rumbaugh, J. et al.: "Object-Oriented Modeling and Design", Prentice-Hall, 1991

[9] Schäfer, R.: "Steps Towards a Fully Automated Analytical Laboratory", 2nd European LIMS Forum, Basel, 1994

[10] Selic, B.; Gullekson, G.; Ward P. T.: "Real-Time Object-Oriented Modeling", J. Wiley & Sons, New York, 1994

[11] Thoss, M.: "Ein Basissystem für verteilte Realzeit-Anwendungen in der Automatisierungstechnik", Diplomarbeit, Fachhochschule Wiesbaden, 1994

[12] Ward, P.T.; Mellor, S.J.: "Structured Development for Real-Time Systems: Introduction and Tools", Prentice Hall, 1985

Fuzzy-Logic in der Prozeßautomatisierung

Erfahrungen beim industriellen Einsatz von Fuzzy-Logic zur intelligenten Prozeßregelung und -diagnose

H.-B. Kuntze

Kurzfassung

Regelbasierte Fuzzy-Logic-(FL-)Konzepte lassen sich zur Prozeßautomatisierung besonders dann vorteilhaft einsetzen, wenn ein komplexer Prozeß vorliegt, der sich einer exakten Beschreibung durch analytische Modellbeziehungen weitgehend entzieht und der eine "unscharfe" qualitative Beschreibung der Meß- und Stellgrößen des Prozesses zuläßt, die sich durch heuristisch-basierte "Wenn-Dann-Regeln" einer Regel oder Diagnosestrategie intelligent miteinander verknüpfen lassen. Erfahrungen bei der Entwicklung und Realisierung solcher FL-Konzepte zur Prozeßregelung und -überwachung werden in dem vorliegenden Beitrag anhand von zwei Fallbeispielen aus dem IITB vermittelt.

1. Vorbemerkungen

Die Regelungskonzepte der letzten vier Jahrzehnte lassen sich grob unterteilen in konventionelle, modellbasierte und regelbasierte Regelungskonzepte.

Konventionelle Regelungskonzepte (etwa ab 1950), die dadurch gekennzeichnet sind, daß für jede Regel- oder Hilfsregelgröße jeweils ein Regler mit PID-Struktur vorgesehen wird, finden aufgrund ihrer guten Robustheit nach wie vor eine sehr breite Akzeptanz in der industriellen Praxis. Ihr Hauptnachteil ist allerdings die begrenzte bzw. ungenügende Regelungsgüte bei komplexen und dynamischen schwierigen Automatisierungsaufgaben.

Modellbasierte Regler (etwa ab 1960) gehen von einem analytischen Modell des Prozesses aus und gestatten bei einem ausreichend realitätstreuen Modell eine sehr gute Regelgüte. Die Modellbildung mit den Mitteln der experimentellen Systemanalyse gestaltet sich jedoch oft sehr aufwendig und ist in vielen Fällen aus Kosten- oder Sicherheitsgründen gar nicht möglich. Die relativ hohen Entwurfskosten sowie die mangelnde Robustheit gegenüber Veränderungen oder Ungenauigkeiten der Modellparameter hatten in der Vergangenheit zur Folge, daß modellbasierte Regelungskonzepte nur sehr eingeschränkt in der industriellen Praxis akzeptiert wurden.

Die zunehmenden Anforderungen an die Regelungsgüte in einer CIM-Umgebung einerseits sowie die oft unbefriedigenden Eigenschaften modellbasierter und konventioneller Regelungskonzepte andererseits verstärkten mehr und mehr den Bedarf nach alternativen Regelungskonzepten, bei denen keine analytische Modellkenntnis vorausgesetzt werden muß, die eine "unscharfe" verbale Beschreibung der Meß- und Stellgrößen des Prozesses zulassen, deren Verknüpfung durch physikalische transparente, ingenieurmäßig formulierte "wenn-dann"-Regeln zulassen und deren Bestimmungsparameter ggf. lernfähig sind.

Regelbasierte Fuzzy-Logic-Regler (FL-Regler) (etwa ab 1980) scheinen diesen ständig wachsenden Bedarf zu befriedigen. Die methodologischen Grundlagen zu diesem Regelungskonzept wurden 1965 von ZADEH [1] und 1975 von MAMDANI [2] gelegt. Die erste größere prototypische Industrieanwendung von Fuzzy-Logic aus dem Jahr 1980 widmete sich dem schwierigen Problem der Regelung eines Zementrohrdrehofens [3]. Eine breitere Markteinführung von FL-Produkten zur Lösung eines breiten Spektrums von Meß-, Steuerungs- und Regelungsaufgaben begann etwa 1985 in Japan. Das erstaunlich breite Spektrum von Anwendungen, z.B. bei verfahrenstechnischen Prozessen, Haushalt- und Konsumgeräte, Straßen- und Schienenfahrzeugen oder Robotern und NC-Maschinen scheint die Universalität des FL-Prinzips zu belegen [4].

FL-Konzepte wurden und werden am IITB für sehr unterschiedliche Automatisierungsaufgaben mit erstaunlich gutem Erfolg eingesetzt. Das Spektrum der Aufgabenstellungen reicht von der intelligenten Antriebsregelung für elastische Mechatroniksysteme (z.B. Roboter [5]) über komplexe verfahrenstechnische Prozesse (z.B. Glasziehprozeß [6]) bis zu intelligenten Multisensorsystemen zur Rohrinspektion [7].

Das Anliegen des vorliegenden Beitrags besteht darin, Einsatzmöglichkeiten und Erfahrungen zur Leistungsfähigkeit von FL-Konzepten bei der Prozeßautomatisierung anhand von zwei völlig unterschiedlichen Anwendungen zu beleuchten.

2. FL-Antriebsregelung von Mechatroniksystemen

2.1 Regelungsaufgabe

Die wesentlichen Schwierigkeiten bei der schnellen und genauen Antriebsregelung von mehrachsigen Mechatroniksystemen (z.B. Industrieroboter, CNC-Maschinen, Hochregallager, Schraubspindeln etc.) resultieren aus dem kinematisch bedingten, stark nichtlinearen Systemverhalten, der dynamischen Kopplung benachbarter Achsen sowie der Elastizität und Reibung jedes Antriebsstranges [5]. Bei Antriebssträngen mit mehrstufigen hochübersetzenden Getrieben dominieren die Probleme der Elastizität und Reibung jeder Getriebestufe gegenüber den Kopplungsproblemen, da die effektiv auf der Motorwelle wirkenden Massen umgekehrt proportional zum Quadrat der jeweiligen Stufenübersetzung reduziert werden. Je nach Anwendungsfall können die Güteforderungen bei mechatronischen Systemen sehr unterschiedlich sein.

Eine sehr häufige Güteforderung bei der *Punkt-zu-Punkt-(PTP-)Bewegung* vieler Mechatroniksysteme (z.B. Roboter, Regelförderer, Fahrzeuge) besteht darin, bei großen Zielentfernungen die Bewegungsachsen maximal schnell (zeitoptimal), bei geringer Zielentfernung jedoch möglichst zielgenau und überschwingfrei (d.h. kollisionsfrei) zu regeln. Wie die in Bild 1 dargestellten Sprungantworten einer Roboterachse veranschaulichen, kann mit konventionellen linearen Reglern dieses gewünschte Systemverhalten (Fall (3)) nicht erreicht werden. Sie sind entweder schnell, aber nicht zielgenau (Fall (2)) oder umgekehrt, zielgenau, jedoch nicht ausreichend schnell (Fall (1)).

Mit einer theoretisch streng zeitoptimalen Regelung läßt sich dieses Regelungsziel ebenso wenig erzielen. Einerseits ist das Entwurfsproblem für komplexe schwingungsfähige Regelungsprobleme nicht geschlossen lösbar. Andererseits zeichnet sich eine solche nichtlineare "Bang-Bang"-Regelung durch eine hohe Empfindlichkeit gegenüber Parameterungenauigkeiten der Regelstrecke sowie durch unerwünschte instabile Grenzzyklen im Zielpunkt aus.

Eine andere sehr häufige Güteforderung bei der *Automatisierung von Montage- und Verschraubungsaufgaben* besteht darin, eine Schraubverbindung möglichst schnell in einen gewünschten Verspannungszustand zu überführen ohne daß beim Übergang von der geschwindigkeitsgeregelten Bewegung zur kraftgeregelten Verspannung der Antriebsache zerstörende Kraftspitzen in der Schraubverbindung auftreten. Wie schon bei der o.g. Aufgabe der zeitoptimalen PTP-Bewegung läßt sich auch diese multikriterielle Regelungsaufgabe mit konventionellen oder modellbasierten Konzepten nicht befriedigend lösen.

Untersuchungen am IITB haben gezeigt, daß sich beide o.g. Regelungsaufgaben mit Hilfe von FL-Konzepten auf relativ einfache intuitive Weise lösen lassen. Über Erfahrungen bei der Realisierung einer FL-Regelung zur zeitsuboptimalen PTP-Bewegung wird im folgenden Abschnitt berichtet.

2.2 FL-Regelungskonzept

Die Funktionen eines FL-Reglers lassen sich in vier wesentliche Funktionsblöcke untergliedern (vgl. Bild 2):

Im Funktionsblock der *Fuzzyfizierung* erfolgt zunächst eine Interpretation der "scharfen" physikalischen Eingangsgrößen des FL-Reglers durch unscharfe linguistische Variable. Bei der Positionsregelung einer Roboterachse werden z.B. die gemessenen Positionsfehler e [rad] und Geschwindigkeitsfehler $\dot{e}$ [rad/s] durch die linguistischen Variablen 0, PK, PM, PG usw. beschrieben Dabei stehen PK, PM, PG für positiv klein, mittel und groß bzw. NK, NM, NG für negativ klein, mittel und groß. Der Wahrheitsgehalt jeder linguistischen Variablen wird durch ihre Zugehörigkeitsfunktion μ ausgedrückt. Beispielsweise wird der linguistischen Variablen PK die Zugehörigkeitsfunktion μ_{PK} zugeordnet, die die Werte $O \leq \mu_{PK} \leq 1$ annehmen kann (Bild 3).

Im Funktionsblock *Wissensbasis* erfolgt eine Verknüpfung der linguistischen Variablen durch heuristische physikalisch sinnvolle Regeln. Eine solche Regel bei der Antriebsregelung einer Roboterachse kann z.B. sein:

$$\text{WENN } (e = PK) \text{ UND } (\dot{e} = PG) \text{ DANN } (I = PG).$$

Die Gesamtheit aller Regeln - bei jeweils 7 linguistischen Variablen für e und $\dot{e}$ sind dies 49 Regeln - bilden die linguistische Regelstrategie (Regelbasis), die sich in Regeltableaus zusammenfassen lassen (Bild 4). Bei vielen Reglereingangs- und -ausgangssignalen (MIMO-Regler) ist es aus Gründen der besseren Übersichtlichkeit sinnvoll, die linguistische Regelstrategie hierarchisch zu strukturieren, d.h. die zweidimensionalen Regeltableaus kaskadiert anzuordnen.

Im Funktionsblock der *Inferenz* erfolgt eine Zusammenfassung aller Regeln auf der Grundlage geeigneter Methoden des unscharfen Schließens. Bei der sehr häufig angewendeten Methode der Max-Min-Inferenz geht man z.B. davon aus, daß der Vertrauensgrad jedes Reglerergebnisses auf den Wahrheitswert der Regelvoraussetzung begrenzt ist. Bei der Methode Max-Prod-Inferenz hingegen werden die Wahrheitswerte jedes Regelergebnisses nicht begrenzt, sondern es erfolgt eine Produktbildung aus den Wahrheitswerten (Zugehörigkeitsfunktionen) der Regelvoraussetzungen und des Regelergebnisses [1,2,4].

Im Funktionsblock der *Defuzzyfizierung* erfolgt schließlich die Zusammenfassung der unscharfen linguistisch beschriebenen Regelergebnisse und die Rücktransformation in eine "scharfe", technisch ausführbare Stellgröße (z.B. I [A]). Die Stellsignalbestimmung durch Flächenschwerpunktbildung der unscharfen Stellmenge ist hierbei die häufigste, physikalisch plausibelste Methode [1,2,4].

Das Übertragungsverhalten zwischen den Eingangssignalen e und $\dot{e}$ und dem Ausgangssignal I des FL-Reglers entspricht dem einer nichtlinearen Übertragungsfunktion $F = F$ (e, $\dot{e}$) (Bild 5). Deren Topologie läßt sich durch die Anzahl, die Form sowie die Lage der gewählten Zugehörigkeitsfunktionen sowie die Ein- und Ausgangsskalierung des FL-Reglers optimieren.

Die Struktur der FL-Regelung läßt sich sehr vielfältig variieren und verfeinern. Beispielsweise kann eine strukturvariable Regelung mit jeweils einem "Grobregler" und einem "Feinregler" eingeführt werden. Für den Weitbereich der Regelabweichung mit I e I > e_{krit} ist der Grobregler aktiv, der sich z.B. mit nur drei linguistischen Variablen NG, O, PG wie ein zeitsuboptimaler "bangbang"-Regler verhält. Im Nahbereich der Regelabweichung e_{krit} ≤ I e I ≤ O ist nur der Feinregler aktiv, der sich mit z.B. 7 Klassen von linguistischen Variablen wie ein optimal gedämpfter PID-Regler verhält (vgl. [5]).

Eine andere Möglichkeit, das o.g. duale Regelungsziel durch eine FL-Regelung zu realisieren, besteht darin, zur Positionsregelung von einem quasilinearen PID-Regler auszugehen. Dessen Dämpfungsparameter werden durch einfache Fuzzy-Regeln in Abhängigkeit von der Regelabweichung e und $\dot{e}$ so adaptiert, daß sich ähnlich wie bei der o.g. strukturvariablen Regelung eine hohe Schnelligkeit im Weitbereich und optimale überschwingfreie Dämpfung im Nahbereich der Regelabweichung e und $\dot{e}$ ergibt (näheres vgl [5]).

Im Rahmen eines laufenden ESPRIT-Projektes werden die drei o.g. FL-Regelungsvarianten für eine industrielle Robotersteuerung prototypisch realisiert. Erste Ergebnisse zur Regelung einer einzelnen Roboterachse (Achse 2 des IR KUKA 160/60), die in dem Beitrag [5] näher beschrieben werden, lassen erkennen, daß sich mit allen drei FL-Strukturvarianten eine deutlich bessere Regelungsgüte im Sinne der o.g. Güteforderung erzielen läßt als mit einer optimierten linearen Regelung. Die in Bild 6 dargestellte Sprungantwort des Stellstroms I(t), der Achsenposition q_a(t), der Achsengeschwindigkeit $\dot{q}_a$(t) sowie das Phasendiagramm $q_a(\dot{q}_a)$ für eine strukturvariable FL-Regelung, die deutlich schnelleres Übergangsverhalten der FL-Regelung im Vergleich zur optimierten linearen PD-Regelung zeigen, lassen dies deutlich erkennen.

3. Multisensorielle Rohrinspektion

Wirtschaftliche Erwägungen und gesetzliche Verordnungen zwingen die Betreiber von industriellen Rohrleitungen (z.B. Abwasserleitungen [7], chemische Gas- oder Flüssigkeitsleitungen) bzw. Gefäßen (z.B. Kessel oder Reaktoren) mehr und mehr dazu, deren Zustand in regelmäßigen Abständen inspizieren zu lassen. Die Zielstellung einer solchen Inspektion ist die qualifizierte und objektivierte Diagnose der Schadensorte, der Schadensart, der Schadensursache sowie des Schadensumfanges in Bezug auf die Rohrumgebung. Die am häufigsten auftretenden Schäden hierbei sind Rohrverformungen und Materialablagerungen an der Rohrinnenwand, korrosionsbedingter Lochfraß, undichte Muffen sowie Rißbildung , und daraus resultierender Austritt des Rohrmediums (z.B. chemische Gase oder Flüssigkeiten) in die Rohrumgebung.

Zur Lösung dieser Klasse von Diagnoseaufgaben stehen am Markt gegenwärtig nur in sehr geringem Umfang und nur für spezielle Anwendungen (z.B. Erdöl- und Erdgasleitungen [8]) qualifizierte Inspektionssysteme zur Verfügung. Die meisten Systeme gehen davon aus, zur Inspektion einen mit einer TV-Kamera bestückten ferngesteuerten mobilen Roboter ("Molch") durch das Rohrleitungssystem zu bewegen. Die Detektion und Bewertung von Schäden erfolgt primär auf der Grundlage einer subjektiven Beurteilung des TV-Bildes am Monitor durch einen menschlichen Operator. Dies kann jedoch in kritischen Fällen zu Fehldiagnosen mit schwerwiegenden Konsequenzen für die Sanierungsplanung führen. So können z.B. bei Verschmutzungen Risse übersehen bzw. umgekehrt harmlose Oberflächen-Materialfehler der Rohrinnenwand zu ernsten Schäden deklariert werden.

Eine objektivierte qualifizierte Inspektion von industriellen Rohrleitungen und Gefäßen erfordert zwingend, daß der mobile Rohrroboter zusätzlich zur TV-Kamera, die allein für die Fernsteuerung des Molches unverzichtbar ist, mit einer intelligenten Multisensorik ausgerüstet wird. Welche Sensortypen hierbei Anwendung finden, hängt primär vom Rohrtyp, vom Rohrmaterial sowie vom Medium des Rohres und der Rohrumgebung ab. Zur Detektion und Vermessung von Rohrverformungen, Rissen, Oberflächenrauhigkeit sowie Materialablagerungen eignen sich in den meisten Fällen optische, z.B. bildverarbeitende (BV-) Sensoren sowie Ultraschall- (US-) Sensoren. Mikrowellen- (MW-) Sensoren [7] lassen sich in nichtmetallischen Rohren vorteilhaft zur Detektion und Vermessung von Rissen, Flüssigkeitsdiffusionen sowie von Hohlräumen in der Rohrumgebung (z.B. umgebendes Erdreich) einsetzen.

Bei der optimalen Auswahl der Einzelsensoren muß neben der physikalischen Eignung des Sensorprinzips noch darauf geachtet werden, daß alle Facetten des

gesamten Schadenszustandes im Rohr und der angrenzenden Umgebung meß-
technisch erfaßt werden. Sie sollten sich jedoch nicht nur ergänzen , sondern
auch eine ausreichende funktionale "Überlappung" aufweisen, um durch
Redundanz eine höhere Zuverlässigkeit der Schadensbewertung zu erzielen.
Beispielsweise kann es durchaus sinnvoll sein, zur Rißdetektion und
-vermessung sowohl US- als auch BV-Sensoren zu verwenden.

Die quantitative Signalauswertung absoluter Sensorsignalverläufe ist oftmals
wenig sinnvoll, besonders wenn es an ausreichend genauen Prozeß- und Sen-
sormodellen mangelt bzw. die Kalibrierung in den jeweiligen Rohrsystemen zu
aufwendig ist. In solchen Fällen ist für die Detektion und Bewertung von Scha-
densmerkmalen eine qualitative Auswertung charakteristischer Signalmuster
(z.B. die Form und Häufigkeit charakteristischer Signal-Peaks) weitaus auf-
schlußreicher.

In einem Rohr-Testbett am IITB wurden z.B. mit zwei verschiedenen Sensoren
die in Bild 7 dargestellten Signalverläufe gemessen. Die untersuchte Rohrlei-
tung bestand aus mehreren zusammengesteckten Ton- und Zementrohren, die
vollständig mit Sand umhüllt wurden. Die Meßaufgabe bestand darin, verschiedene, künstlich präparierte Anomalien im Rohr (Risse, Muffenfugen) sowie an
der Rohraußenwand (Luft- und Wasserlöcher) sicher zu detektieren und soweit
wie möglich bzgl. ihres Umfanges abzuschätzen. Die beiden ortsgleich gemessenen Signalverläufe lassen erkennen, daß nicht der absolute Signalverlauf,
sondern der Verlauf der Relativamplituden bezogen auf den gemittelten Signalverlauf in einer unscharfen aber signifikanten Beziehung zur Lage und zum
Umfang der im Testbett präparierten Anomalien steht.

Die Verknüpfung der verschiedenen unscharfen Einzelsensorinformationen zu
einem Gesamtzustandsbild des Rohrsystems läßt sich auf der Grundlage eines
analytischen Prozeßmodelles kaum durchführen (Prinzip der indirekten modellbasierten Zustandsmessung), da ausreichend genaue parameterunempfindliche
Modelle zur Rohrzustandsbeschreibung jedoch nicht zur Verfügung stehen. Es
bietet sich daher an, die Fusion der Sensorinformationen auf der Grundlage von
FL durchzuführen [9]. Hierzu werden die Einzelsensorsignale fuzzyfiziert und
über einen Satz physikalisch plausibler heuristischer Regeln miteinander verknüpft. Bei dem in Bild 7 betrachteten Fall ist es z.B. sinnvoll, die
Relativamplituden beider Sensorsignale zu fuzzyfizieren, wobei sich drei linguistische Variable (groß, mittel und klein) häufig ausreichen (Bild 8). Die
Verknüpfung erfolgt über einen Satz sinnvoller Regeln, wie z.B.:

WENN (Relativamplitude 1 = klein) und (Relativamplitude 2 = groß) DANN
(Anomalie = mittel)

Durch die Auswertung von fuzzyfizierten, d.h. umgangssprachlich beschriebenen Signalverläufen lassen sich auch physikalisch sehr unterschiedliche Sensorsignale problemlos miteinander in Beziehung bringen. Der Wechsel oder die Hinzunahme weiterer einzelner Sensoren verursachen daher bei der Signalauswertungssoftware nur einen relativ geringen Änderungsaufwand.

4. Zusammenfassung

Faßt man die ersten Erfahrungen zusammen, die am IITB mit dem Einsatz von Fuzzy-Logic gewonnen wurden, so läßt sich zusammenfassend folgendes feststellen.

Im Vergleich zu modellbasierten Regelungskonzepten ist der zeitliche Entwurfsaufwand deutlich geringer, vorausgesetzt geeignete grafikorientierte CAD-Entwicklungswerkzeuge, die eine schnelle Modifikation von Regeln, Mitgliedsfunktionen oder Inferenzverfahren zulassen (Fast Prototyping), stehen zur Verfügung. Die Entwicklung und Anwendung solcher Werkzeuge ist Gegenstand von Forschungs- und Entwicklungsvorhaben am IITB.

FL-Regelungskonzepte sind modellbasierten linearen Regelungskonzepten besonders dann hinsichtlich der Regelungsgüte deutlich überlegen, wenn das Systemverhalten sehr komplex und nichtlinear ist oder die Optimalitätsforderungen sich einer analytischen Beschreibung entziehen. Gegenüber Schwankungen der Prozeßparameter erwiesen sich die bisher eingesetzten FL-Regelungskonzepte in den meisten Fällen als relativ unempfindlich.

Sehr gute Erfolge bei der Prozeßregelung (z.B. bei der Regelung des Glaszieh-prozesses [6]) wurden besonders dann erzielt, wenn bewährte konventionelle Reglerkomponenten (z.B. PID-Regler) beibehalten und durch intelligente strukturvariable oder adaptierende FL-Komponenten ergänzt wurden.

FL-Regler weisen - wie auch konventionelle und modellbasierte Regler - zunächst keine Lernfähigkeit auf. Dieser Mangel läßt sich durch die ergänzende Einführung von neuronalen Lernkomponenten überwinden, mit deren Hilfe sich die Parameter des FL-Reglers durch Lernen auf das spezielle Regelungsproblem "maßgeschneidert" optimieren lassen [5].

Intelligente FL-Konzepte lassen sich für komplexe multisensorielle Diagnose-aufgaben (z.B. Rohrinspektion) kostengünstig einsetzen, da sie die Möglichkeit eröffnen, auf einfache Weise, physikalisch sehr unterschiedliche, auch einfache Sensoren ("Billigsensoren") intelligent miteinander zu verknüpfen [7].

Literatur

[1] Zadeh, L.A.: "Fuzzy Sets. Information and Control". 1965, S. 338-353.

[2] Mamdani, E.H., und Baaklini, N.: "Prescriptive methods for deriving control policy in a fuzzy logic controller". Electron. Lett. 11 (1975), S. 625-626.

[3] Holmblad, L.P., und Ostergaard, J.J.: "Übertragung von Betriebserfahrungen mit der Fuzzy-Logic- Regelung auf die automatische Prozeßführung". Zement-Walk-Gips, Vol. 34 (1981), pp. 127-134.

[4] Altrock, C. (ed.): "Fuzzy-Logic, Technologie (Bd 1) und Anwendungen (Bd 2)" Oldenbourg-Verlag, 1994.

[5] Kuntze, H.-B.; Sajidman, M. and A. Jacubasch: "A Fuzzy-Logic concept for highly fast and accurate position control of industrial robots" Proc. 1995 Int. Conf. on Robotics and Automation (ICRA'95) in Nagoya (Japan), May 21-27, 1995.

[6] Sajidman, M.: "Fuzzy-Regelung stochastisch gestörter Systeme mit gro.3er Meßtotzeit am Beispiel eines verfahrenstechnischen Prozesses" Preprints zum 29. Regelungstechnischen Kolloquium in Boppard 1995, 1.-3.3.1995.

[7] Kuntze, H.-B., Schmidt, D. und Haffner, H.: "Inspektion von Abwasserkanälen mit einem mobilen Roboter" Spektrum der Wissenschaft, März (1995), S. 100-107.

[8] "UltraScan - Korrosionsmessung in Rohren mit Ultraschall".Informationsschrift der Fa. PIPETRONIX Stutensee, (1993).

[9] Pfeifer, T. und P. Plapper:"Neue Perspektiven mit Fuzzy-Logic". in:"Intelligente Softwaretechnologien - Marktreport 1994, Oldenbourg-Verlag München, April 1994.

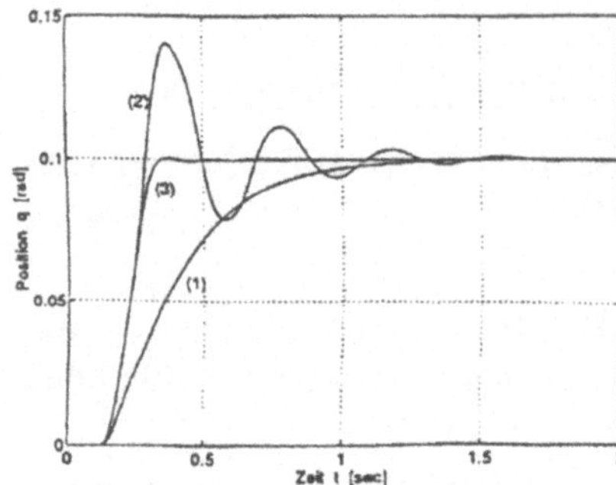

Bild 1: Vergleich: Lineare PD-Regelungen (1), (2) und gewünschtes Verhalten (3)

Bild 3: Definition einer Linguistischen Variablen mittels sog. Zugehörigkeitsfunktionen

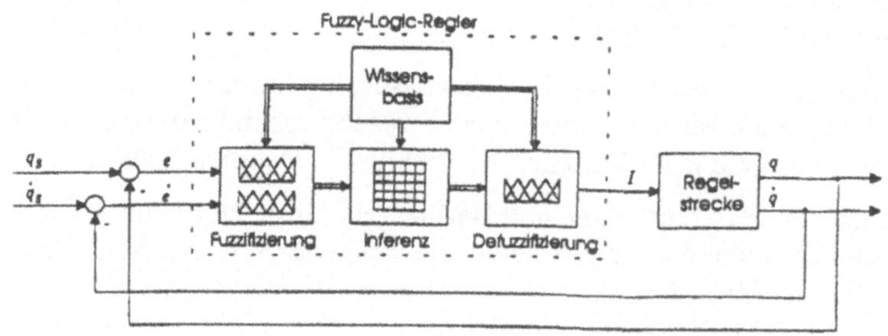

Bild 2: Grundstruktur einer Fuzzy-Logic-PD-Regelung

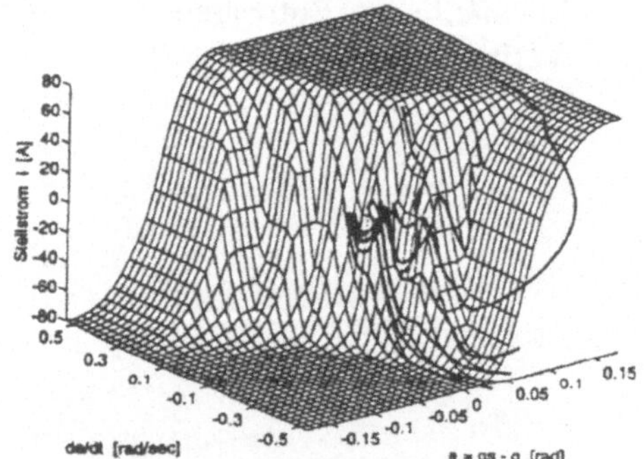

Bild 4: FL-Regelstrategie in Form linguistischer WENN-DANN-Regeln

Bild 5: Nichtlineares Kennlinienfeld des optimierten Fuzzy-Reglers mit Trajektorien für unterschiedliche Führungssprünge

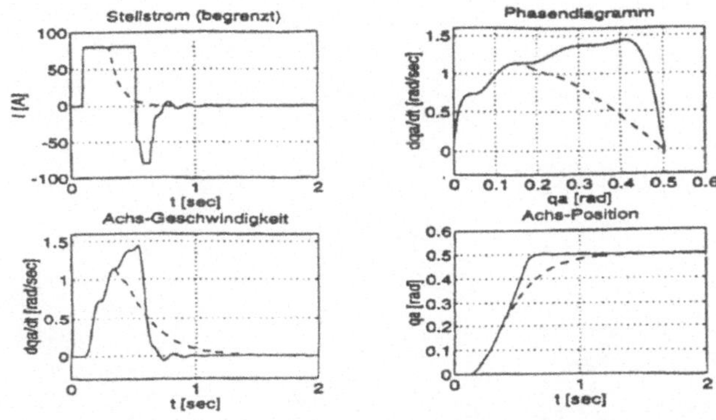

*Bild 6: Führungssprungantwort für konventionellen PD-Regler (gestrichelt)
und strukturvariablen FL-Regler (Vollinien)*

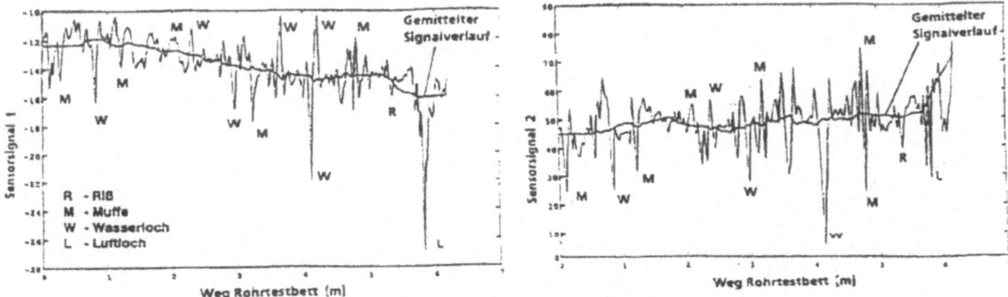

Bild 7: Wegabhängiger Sensorsignalverlauf im Rohrtestbett des IITB

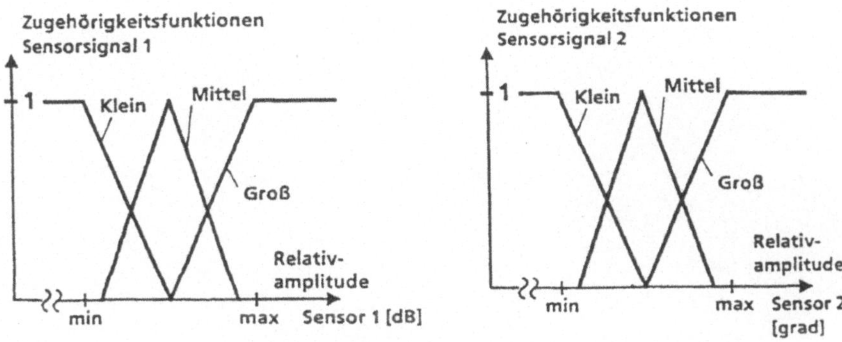

Bild 8: Fuzzyfizierte Sensorsignale

Hierarchisch kaskadierte Fuzzy-Prozessführung für Prozesse mit stark variierenden Zeitkonstanten

M. P. Witzak, A. Behrens

Kurzfassung

Das funkenerosive Senken ist ein abbildendes Abtragsverfahren zur formgebenden Metallbearbeitung, das im wesentlichen auf der Ausnützung von elektrischen Feldeffekten zwischen ungleich gepolten Elektroden basiert. Der Abtrag wird durch Funkenüberschläge in Folge einer pulsförmigen Spannung zwischen der (meist positiv gepolten) Abbildungselektrode und dem auszuerodierenden Werkstück bewirkt. Werkstück und Werkzeugelektrode sind dabei durch einen sehr schmalen ($5\mu m$-$50\mu m$) mit Dielektrikum gefüllten Spalt getrennt. Infolge Leitwertänderung des Dielektrikums durch Erwärmung in Verbindung mit einer Kontaminierung durch Abtragspartikel ändert sich die elektrisch wirksame Spaltweite praktisch von Funken zu Funken. Dies stellt für die Prozeßsteuerung im Hinblick auf Abtragsmaximierung und Abtragsgüte (Oberflächengüte und Abbildungsgenauigkeit) ein hochgradig nichtlineares und zeitkritisches Problem dar. Zur Beherrschung dieser Prozeßführungsaufgabe wurde eine hierarchisch kaskadierte Prozeßführung entwickelt, die auf sehr unterschiedliche Zeitkonstanten reagieren kann. Die integrierten Fuzzy-Bestandteile behandeln dabei die nichtlineare Prozeßcharakteristik. Die Aufgabenverteilung auf die einzelnen kaskadierten Stufen richtet sich dabei nach den zeitlichen und regelungstechnischen Anforderungen und nach der zu bewältigenden Datenmenge. Insgesamt wird eine Hochleistungs-Prozeßführung vorgestellt, die neben effizienter Datenerfassung und -übertragung über einen Protokollierungsanteil verfügt, der es erlaubt, die Wirkungsweise der einzelnen Fuzzy-Komponenten genauestens zu untersuchen. Abschließend soll über eine eigens entwickelte Fuzzy-Hardware berichtet werden, die zu einer deutlichen Geschwindigkeitssteigerung in der Abarbeitung von Fuzzy-Algorithmen führt.

Abstract

Electro-Discharge Machining stands for high accuracy and very sophisticated metal shaping. The physical process takes advantage of electric field effects between two electrodes. In the so-called erosion gap that contains dielectric fluid high voltage sequences of pulses are generated. These pulses remove metal form the workpiece (negative poled electrode) through melting and vaporisation processes. Among other sources the electrically efficient gap width which consists of the electric conductivity and the geometrical distance of the electrodes varies from spark to spark. This variation leads to an overall highly non-linear control problem. Furthermore the reaction time on the gap variation imposes hard timing constraints on the process control system. In order to master this control duty we have developed a *hierarchical cascaded fuzzy optimization system* for EDM sinking process control. This integral fuzzy control concept combines high-speed process control and 'on-line' process parameter optimization. A well-adapted hardware system for EDM process control builds the basis for accurate parameter sensoring, high-speed data processing and rapid control command elaboration. The system has already proved its reliability and capability partly in simulation and partly under real working conditions. Finally a special Fuzzy-Hardware will be presented that supports high-speed fuzzy calculations in a multi-processor environment.

1. Einführung

1.1 Grundlagen

Bei der funkenerosiven Prozeßführung wird die Erzielung eines maximalen Abtrages mit möglichst geringem Verschleiß unter Einhaltung bestimmter Oberflächenkennwerte und Abbildungsgenauigkeiten angestrebt. Bei einer modernen Senkanlage hängt das Erreichen dieses Zieles in erster Linie von der Qualität der maschineninternen Technologiedaten, von Form und Werkstoff des zu erodierenden Werkstückes und insbesondere von der Erfahrung des Bedieners ab. Im einfachsten Fall der Senkerosion wird ein Werkzeug (Elektrode), welches eine vorbestimmte Form hat, in ein Werkstück abgebildet. Der eigentliche Abtragsprozeß läuft dabei in einem sogenannten Dielektrikum ab, das für die Erhöhung der Energiedichte, für die Kühlung der Elektrode und des Werkstücks und für den Abtransport der Abtragspartikel verantwortlich ist. Für das Aufbringen der elektrischen Energie werden spezielle Generatoren (Funkenerosive Senk- oder Schneidgeneratoren) verwendet, die eine Folge von

Spannungs- bzw Stromimpulsen veränderlicher Amplitude und Dauer erzeugen. Dabei legt i.d.R. die gewählte Stromamplitude in Verbindung mit der Impulsdauer das Abtragsergebnis fest. Heutzutage reicht das Spektrum der funkenerosiven Bearbeitung vom groben Schruppen über funkenerosives Bohren bis hin zum funkenerosiven Polieren. Die Taktfrequenz (Generatortakt) der abtragswirksamen Erodierimpulse reicht von ca. 10kHz bis 300kHz (Brenndauern der Funken von ca. 2μs-1000μs). Die Vorschubregelung (Positionsregelung) basiert auf einem Regeltakt von ca. 2 kHz, d.h. der Antrieb für den Vorschub wird zyklisch ca. alle 500μs angesteuert. Neben diesen "langsamen" Zeitkonstanten werden zur Spaltzustandsüberwachung Abtastzeiten von 30ns-50ns (Systemtakt von 20MHz-30MHz) gebraucht, um die Daten für eine sichere Prozeßführung zu gewinnen. Zur Überwachung einzelner Funkenüberschläge im Hinblick auf Prozeßentartungstendenzen sind zum Teil noch weit höhere Bandbreiten notwendig, um z.B. die Stromanstiegsflanke einer Entladung auszuwerten. Spezifisch für die vorgestellte Prozeßführung ist ferner ein gewisser "Overhead" zur Abspeicherung einer möglichst großen Anzahl von Prozeßparametern während des Betriebs (online Protokollierung). Diese Forderung stellt an die verwendete Hard- und Software im Hinblick auf die Daten- und Kontrollfluß-Planung und Effizienz enorme Anforderungen. Die Realisierung ist in Abschnitt 3 des vorliegenden Artikels näher erläutert.

1.2 Anlagenprinzip

Aus Sicht der Anlagentechnik besteht eine funkenerosive Maschine aus Generator- und Vorschubsystem sowie aus einem System für die Dielektrikumsaufbereitung und Spülung (<u>ABBILDUNG 1</u>). Entsprechend den jeweiligen Teilaufgaben der Komponenten muß der Prozeßrechner in der Lage sein, zu jeder Zeit die spezifischen Kontroll- und Steuertätigkeiten auszuführen [1]. Wie aus dem Blockschaltbild hervorgeht, wird dazu ein Multiprocessing und Multitasking System verwendet, dessen Funktionsweise in Abschnitt 2 genauer beschrieben wird. Prinzipiell müssen alle drei Bestandteile während des Erodiervorganges mit Sensoren überwacht (Sensorik) und gleichzeitig gesteuert werden (Aktorik). Dazu bedarf es eines Prozeßrechners, der in der Lage ist, sowohl sehr schnelle physikalische Vorgänge, wie die ständige Spaltweiten-Anpassungsbewegung, Ausregelvorgänge als Reaktion auf erkannte Prozeßentartungen oder gezielte Abhebebewegungen zur Spülunterstützung, als auch relativ langsame Vorgänge, wie den Antastvorgang, zur Ermittlung der Nullposition zu realisieren. In modernen Senkmaschinen kommen an dieser Stelle digitale Rechner (Prozeßrechner) zum Einsatz, die über entsprechende Schnittstellen und Verbindungen mit den Sensoren und Aktoren der Anlage kommunizieren. Letztlich ist die Leistungsfähigkeit einer Maschine in großem Maße von der Rechenkapazität des Prozeßrechners abhängig. Bei dem in <u>ABBILDUNG 1</u> dargestellten Blockschaltbild handelt es sich um ein speziell für die Forschung auf dem Gebiet der Senkerosion entwickeltes Prozeßrechensystem, das neben den herkömmlichen Bestandteilen wie Aktoren, Sensoren und Rechnerkern zusätzlich eine komplette Rechnereinheit (VMEbus-System[3]) für die Meßwertaufnahme und -verarbeitung enthält. Diese Konfiguration ermöglicht die Messung, Darstellung, Abspeicherung und Auswertung beliebiger Prozeßgrößen und die Anpassung aller Maschinenparameter während des Erodierprozesses. Mittels der realisierten Struktur lassen sich nahezu beliebige Reglerstrategien einprogrammieren und testen. Der Prozeßrechenkern ist ein Hochleistungsrechner bestehend aus zwei Digitalen Signalprozessoren und einem Fuzzy-Coprozessor. Die Verbindungen der Komponenten wurden über hochschnelle sogenannte "gemeinsame Speicherbereiche" (Shared RAM) und über hochschnelle parallele Datenbusse realisiert. Die Leistungsfähigkeit dieses Entwicklungssystems übertrifft den bei kommerziellen Funkenerosionsanlagen notwendigen Umfang bei weitem, ist aber für Forschungs- und Entwicklungsaufgaben unerläßlich.

1.3 Anforderungen an die Prozeßführung

Die Anforderungen ergeben sich aus den verfahrenstechnischen Notwendigkeiten, wie stabiler Abtragsprozeß, hoher Abtrag bei geringem Verschleiß und den spezifischen Einstellungen der Anlage (Erodierimpulsdauer, Stromstärke usw.) gemäß der vorliegenden Bearbeitungsaufgabe. Wie bereits dargelegt, differieren die Zeitkonstanten für die einzelnen Komponenten erheblich. Konkret müßte z.B. der Prozeßrechner in der Lage sein, die Generatoreinheit mit dem Erodiertakt zu versorgen, auf einen einzelnen abtragsunwirksamen Funkenüberschlag zu reagieren, gleichzeitig die Zustellregelung des Vorschubes zu realisieren und schließlich die wichtigsten Prozeßparameter zu protokollieren. Zusätzlich muß eine übergeordnete Prozeßoptimierung mitlaufen, die im Bedarf über eine interaktive Schnittstelle zu jeder Zeit Manipulationen seitens des Bedieners ermöglicht. Sämtliche genannte Aufgaben werden von dem beschriebenen Prozeßrechnersystem erfüllt. Entsprechend der typischen Zeitkonstanten wird, wie in <u>ABBILDUNG 2</u> veranschaulicht, mit einem mehrschichtigen Prozeßführungsmodell gearbeitet, das von einer reinen Steuerung bis hin zu einer Mehrgrößenoptimierung entsprechend angepaßte Komponenten enthält. Bei der Umsetzung dieses Aufgabenkataloges in eine Prozeßführung sind folgende Faktoren von entscheidender Bedeutung:

---

[3]VMEbus ist ein standardisierter 32 BIT (64BIT) Multiprozessor-Bus

◻ Zur Prozeßregelung - und -optimierung muß nicht auf einzelne Funkenentladungen reagiert werden, vielmehr werden Mittelwerte bzw. entsprechend tiefpaßgefilterte Prozeßparameter für die Regelung herangezogen. Dies führt zu dem entscheidenden Vorteil, daß die Zeitkonstante für Spaltzustandsgrößen von einigen $10\mu s$ auf z.B. mehrere $100\mu s$ anwachsen. Dadurch wird auf einfache Weise eine sinnvolle Verwendung dieser Spaltgrößen als Vorschubregelgrößen möglich.

◻ Die zeitkritischen Aufgaben der Prozeßführung entfallen auf die Beherrschung von Prozeßentartungen, die sich als Kurzschluß im Spalt oder als sogenannte "lichtbogenartige" Entladungen äußern. Die Reaktionszeiten liegen zum Teil unter $1\mu s$, was dazu führt, daß an dieser Stelle eine reine Steuerung eingesetzt wird, die zum Teil analog arbeitet und nur einfache hochschnelle digitale Logik verwendet. Wird z.B. ein Lichtbogen analog detektiert so kann über eine schnelle digitale Auswertung unverzüglich der Generatortakt unterbrochen werden. Die verantwortliche Prozeßrechner-CPU wird gleichzeitig in Form eines Interrupts darüber informiert und protokolliert den Fehlerfall. Tritt dieser Fehler häufiger auf, so wird im weiteren Verlauf der Bearbeitung schließlich die Prozeßoptimierung angestoßen, die entsprechende Prozeßparameter variiert, um wieder zu einem stabilen Abtragsverlauf zu gelangen.

◻ Die Einstellung der Anlage ändert sich zum Teil erheblich je nach der Bearbeitungsaufgabe. So muß für den Schlichtbetrieb mit Impulsdauern von ca. $20\mu s$ bei 2A bis 10A Arbeitsstrom gerechnet werden, wohingegen für Schruppbearbeitung Brenndauern von bis zu $1000\mu s$ bei 60A und mehr Arbeitsstrom notwendig sind.

◻ Die physikalischen Arbeitsparameter, wie Temperatur in der Arbeitszone, Verschmutzungsgrad des Dielektrikums, Einsenktiefe sind in hohem Maße zeitvariant.

1.4 Methodischer Systementwurf

Zur Realisierung eines effizienten Programmsystems, das die komplexe Prozeßführung des funkenerosiven Bearbeitungsvorganges beherrscht, ist es unerläßlich, eine formalisierte Methode für den Systementwurf zu benützen. Der Entwurf gliedert sich in zwei Teile. Teil eins behandelt die "Funktionale Analyse", die eine konsistente und vollständige Identifikation aller im Prozeß vorkommenden Funktionen zum Ziel hat. Teil zwei behandelt die für die Echtzeitprogrammierung typischen Probleme des zeitlichen Kontrollflusses.

(a)   Funktionale Systemanalyse (SA/SADT)

Mit Hilfe einer "Strukturierten Analyse" werden alle funktionalen Komponenten einer Erodieranlage erfaßt und die auftretenden Datenflüsse formal analysiert und hierarchisch oder modulartig strukturiert. Eine etwas ältere Methode ist SADT (Structured Analysis Design Technique nach ROSS) [3]. Hierin steht das strenge Hierarchieprinzip im Vordergrund. Eine schrittweise Verfeinerung im Top-Down Verfahren liefert dabei eine komplette Analyse der Funktionen und Datenflüsse des technischen Systems. Zur Abbildung der Kontrollflüsse existieren "Kontrollpfeile", die jede Datenmanipulation (Aktions-Diagramm Darstellung) steuern können. SADT erlaubt es nicht, Prozeßzustände und zeitliche Kontrollflüsse zu berücksichtigen. Diese letzten für die Echtzeitprogrammierung sehr schwerwiegenden Mängel lassen SADT für die Analyse und den Entwurf von Echtzeitsoftware weniger geeignet erscheinen. Die allgemeinere SA-Analyse (Structured Analysis nach Yourdan), die eine funktionale Datenanalyse und eine dazugehörige Kontrollflußanalyse erlaubt, ist im Hinblick auf die folgende zeitliche Untersuchung besser geeignet, die Problematik komplexer Echtzeitsysteme zu analysieren.

(b)   Zeitliche Analyse, Modellierung und Simulation

Insgesamt handelt es sich bei der beschriebenen Prozeßführung in Verbindung mit dem funkenerosiven Abtragsprozeß um ein multitasking-multiprocessing System, das hochgradig zeitkritisch ist. Deswegen verlangt der Entwurf eines Programmsystems nach einer präzisen zeitlichen Analyse des Problems unter Berücksichtigung der physikalischen Zeitkonstanten. Kernbestandteil der zeitlichen Untersuchung ist die Methode der PETRI-Netze [4], die die Modellierung und Simulation des zeitlichen Verhaltens erlauben.

Die Analyse wird in vier Schritten vorgenommen:

- Schritt 1: Analyse der zeitlichen Randbedingungen (physikalische Zeitkonstanten und Systemzeitkonstanten der Datenaquisition, Verarbeitung und Befehlsausgabe)

- Schritt 2: Modellierung des entsprechenden angepaßten zeitlichen Verhaltens des Systems zur Prozeßführung unter Einbeziehung der aus Teil (a) gefundenen Funktionalitäten.

- Schritt 3: Simulation des zeitlichen Verhaltens unter Ausnützung der Petri-Netz Syntax

- Schritt 4: Abbildung des teilweise verifizierten zeitlichen Kontrollflusses in ein "Programm-Skelett", das auf den Sprachmitteln des Ziel-Echtzeitbetriebssystems (Tasks, Semaphoren, Message Queues etc.) basiert [5].

Die beschriebene Vorgehensweise liefert unter den genannten Randbedingungen zufriedenstellende Ergebnisse und im Hinblick auf ständig wechselnde Bearbeiter sehr gute Transparenz und Übersichtlichkeit. Es wurde bewußt zu Beginn kein objektorientierter Ansatz (OO) gewählt, da die Zielprogrammiersprache ANSI C ist. Ferner gestaltet sich die Verbindung von Echtzeitentwurf mit objektorientiertem Entwurf sehr aufwendig. Im Rahmen eines Folgeprojektes ist jedoch aufbauend auf den vorgenommen Analysen eine OO-Analyse und Entwurf geplant.

2. Gerätetechnische Realisierung der Prozeßführung

Kern der Prozeßführung ist ein VMEbus-System, das verschiedene Rechnerkarten beinhaltet. In <u>ABBILDUNG 3</u> ist die Hardwarestruktur dargestellt. Dabei wird die VME-Masterfunktion von einer Standard-VME-Rechnerkarte übernommen, die über ein VME-Masterinterface, Ethernet-AUI Anschluß und über serielle Schnittstellen verfügt. Je nach Konfiguration kommt eine MC68040 basierte FORCE Karte (CPU40) oder in naher Zukunft eine PowerPC604 basierte MOTOROLA Karte zum Einsatz. Eine weitere Rechnerkarte ist ein Hostboard für eine Mezzanin-Lösung [8], die mit einem 68020 Kommunikationsprozessor (IBC20) ausgerüstet ist. Neben Massenspeicher und einer Hochleistungsgraphikkarte (AGC3) befinden sich mehrere digitale I/O-Karten zur Anlagensteuerung im VMEbus. Die Prozeßankopplung erfolgt über eine eigens entwickelte VME-Slave-Karte, die zwei digitale Signalprozessoren TMS320C30[4] enthält. Diese "Front-End-Controller" Karte ist als sogenannter "embedded controller" ausgeführt. Die Kommunikation zu anderen Komponenten des Prozeßrechners erfolgt über den bereits erwähnten gemeinsamen Speicher (FourPortRam kurz: FPR). Am Prozeß selbst kommen neben Wegmeßsystemen verschiedene Sensoren zur Spaltzustandserfassung und Lichtbogendetektion zum Einsatz. Für Maßnahmen bei Prozeßentartungen existiert eine autarke Sensor-Aktorkette, die ohne Einbeziehung übergeordneter Komponenten direkt auf die entsprechenden Anlagenteile durchgreift. Die Aktorseite realisiert die Generatorsteuerung, die Antriebsansteuerung und einfache Anlagenbedienung, wie Pumpensteuerung und NOTAUS-Überwachungen. Wichtig ist, daß

---

[4]TMS320C30 ist ein digitaler Floating Point Signalprozessor von Texas Instruments

die Sensorik mit Hilfe von programmierbaren Bausteinen (EPLDs) bereits eine Vorverarbeitung der Prozeßparameter übernimmt und somit die jeweiligen Prozeßrechen-CPUs entlastet. Zur Übermittlung von Kontroll- und Datenflüssen stehen je nach Anforderung verschiedene Möglichkeiten offen. Zur Entwicklung, Protokollierung und zum Teil zur Bedienung wird die LAN-Ethernet Verbindung von einem Hostsystem zum VMEbus verwendet. Auf der obersten Prozeßrechnerebene läuft die Kommunikation über den VMEbus. Speziell das 'Booten' der Rechnerkarten erfolgt über LAN bzw. über VME-Backplane. Hierbei übernimmt die Master-CPU die Rolle eines Gateways im Internet. Die Aktorik wird vom DSP-Front-End-Controller über serielle Leitungen bedient. Die Sensorik kommt ebenfalls mit seriellen Zweidraht oder LWL-Leitungen aus. Die Verbindung zwischen der intelligenten Sensorik und den DSPs erfolgt über einen schnellen parallelen Datenbus. Die Fuzzy-Hardware wird über einen Mezzanine-Bus an das Hostboard gekoppelt, das seinerseits "shared memory" bereithält oder direkten VME-Zugriff ermöglicht.

3. Spezifische Daten- und Kontrollflußkonstrukte

Vorstehend beschriebene Hardwarestruktur setzt voraus, daß die entsprechende Software die zahlreichen Schnittstellen und Teilkomponenten so miteinander verbindet, daß ein zu hundert Prozent deterministisches Gesamtzeitverhalten realisiert wird. Dazu wurden folgende Prämissen beachtet:

☐ Der Kontrollfluß ist streng hierarchisch (Top-Down). Das bedeutet, daß alle Rechenprozesse (TASKS) transparent eingeplant, synchronisiert und gestartet werden.

☐ Innerhalb des Systems wird zwischen kritischen (für den Prozeßablauf lebenswichtigen) und unkritischen Tasks unterschieden. Für erstere wird durch Prioritäten und Lock-Mechanismen eine exklusive Zuteilung der jeweiligen CPU ermöglicht. Dies betrifft z.B. die Übernahme der Prozeßdaten aus dem FPR in den VMEbus-Rechner zur weiteren Verarbeitung.

☐ Der Bediener muß zu jeder Zeit über geeignete Mechanismen Zugriff auf alle Systemkomponenten haben, um zu korrigieren oder Fehlerfälle abzufangen.

Zur Erfüllung der Anforderungen wird auf VMEbus-Ebene das Echtzeitbetriebssystem VxWorks[5] eingesetzt. Damit stehen alle notwendigen Hilfsmittel zur programmtechnischen Realisierung der Prozeßführung zur Verfügung. Die

---

[5]VxWorks is ein eingetragnes Warenzeichen von WindRiver Systems USA.

Tasks, die auf dem "embedded controller" ablaufen, werden dabei nach der Initialisierung ebenso wie alle anderen Tasks über VxWorks verwaltet. Da die beiden DSPs mit ihren Zusatzeinheiten nur über ein "Mini-Betriebssystem" verfügen, erfolgt die Verwaltung über Semaphoren. Der Austausch geschieht dabei über den FPR. Zur Sicherstellung von kurzen Reaktionszeiten besteht ferner die Möglichkeit, daß die DSPs Interrupts an die VMEbus-CPU absetzen können. Auf der untersten Ebene des Datenaustausches (von intelligenten Sensoren zu den DSPs) wurde eine Parallelbus-Ankopplung vorgenommen. Hier wird mit DMA-Transfers eine maximale Einleserate von ca. 20Mb/s erzielt. Dabei zeigt sich die vorteilhafte Architektur der eingesetzten DSPs, die neben hoher Verarbeitungsgeschwindigkeit sehr gut für den externen Datenaustausch vorbereitet sind [2].

4. Design und Integration einer Fuzzy-Hardware Lösung

Bei Vorversuchen zeigte sich, daß für die Abarbeitung von Fuzzy-Algorithmen zum Teil erheblich mehr Zeit veranschlagt werden muß als für in der Wirkung ähnliche konventionelle Algorithmen. Ferner sind z.B. DSP-Architekturen ohne eigens optimierten Fuzzy-Code bei den zahlreich auftretenden If-then-else Verzweigungen innerhalb von Fuzzy-C-Code nicht sehr hilfreich. In bezug auf die beschriebenen Probleme wurde eine kostengünstige, systemangepaßte Fuzzy-Hardware entwickelt (<u>ABBILDUNG 4</u>). Dabei wurden folgende Design-Richtlinien verfolgt:

- Maximal mögliche Datenverarbeitung und Übertragungsrate

- Enge Kopplung der Fuzzy Hardware an die Front-End-Controller

- Einhaltung eines industriellen Standards für Wiederverwendbarkeit

- Sicherstellung einer 'State-of-the-art' Software-Werkzeug Unterstützung

- Robustes Design für den industriellen Einsatz zu einem günstigen Preis

Nach einer aufwendigen Konzeptionsphase wurde folgende Lösung erarbeitet und implementiert:

- Fuzzy Entwicklungswerkzeug von TOGAI (TILShell 3.0) [7]

- spezieller Fuzzy Coprozessor von VLSI Technologies [6]

- eine VME-basierte Mezzanine-Lösung (FLXi-Bus[6]) auf Basis von EAGLE-Boards von FORCE

---

[6]FLXi-Bus ist ein spezieller Submodul-Bus von FORCE COMPUTERS Inc.

- direkte FPR-Kopplung für den Datenaustausch mit den DSPs

5. Zusammenfassung und Ausblick

Die beschriebene Prozeßführung für funkenerosive Senkanlagen ist ein modulares Multi-Prozessor-System, das speziell auf die für die Funkenerosion kritischen Anforderungen in bezug auf Rechenzeit und Parametervielfalt optimiert ist. Das zugrundeliegende Konzept der "kaskadierten hierarchischen Prozeßführung" findet dabei Niederschlag im Hard- und Softwareaufbau und in der in diesem Aufsatz nur grob dargestellten regelungstechnischen Struktur. Insgesamt erlaubt die realisierte Anlage, wichtige Fragen der neuartigen Fuzzy- und durch einfache Erweiterung Neuro-Technologien zu untersuchen und deren Wirkungen und Grenzen aufzuzeigen.

Literatur

[1]   Behrens A., Witzak M.P.,: Integration von Fuzzy Komponenten in die Steuerung eines hochgradig nichtlinearen und zeitkritischen Prozesses. EchtZeit '93. Juni 1993 Proceedings Seite 77ff.

[2]   Behrens A., Witzak M.P.,: An embedded fuzzy computing unit for high-speed industrial control. WESCON September 1994. IEEE Operations Center ISBN 0-7803-9993-5 Seite 98ff.

[3]   Ross, D.T: Structured Analysis (SA): A Language for Communicating Ideas; IEEE Transactions on software engineering, Vol. SE-3, No. 1,January 1977.

[4]   Petri, C.A. :Kommunikation mit Automaten.Schriften des Institutes für Instrumentelle Mathematik. Bonn 1962.

[5]   VxWorks programmer's guide, reference guide, 5.2.Real-Time Development System with Board Support Package documentation. Wind River Systems 1995

[6]   VLSI Technologies ,Inc. VY86C570 FCA Preliminary Specification 1993

[7]   TOGAI InfraLogic, Inc. TILShell User Manual, Ver 3.0 1993

[8]   FORCE Computers Inc. EAGLE Module Spec. Rev 3.3 Nov. 1992

Danksagung

Diese Arbeit wurde teilweise von der Deutschen Forschungsgemeinschaft (DFG) unter Referenznummer DFG BE 965/2-4 gefördert.

Abbildungen

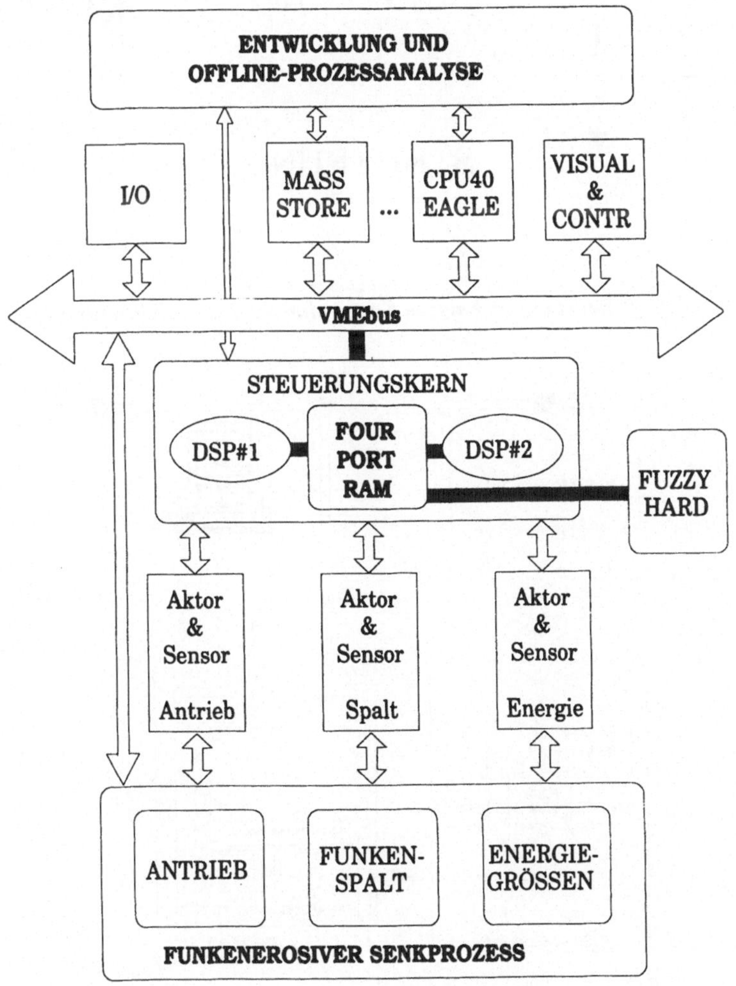

ABBILDUNG 1:   *Schema der Prozeßführung der funkenerosiven Versuchsanlage des Labors für Fertigungstechnik (LFT)*

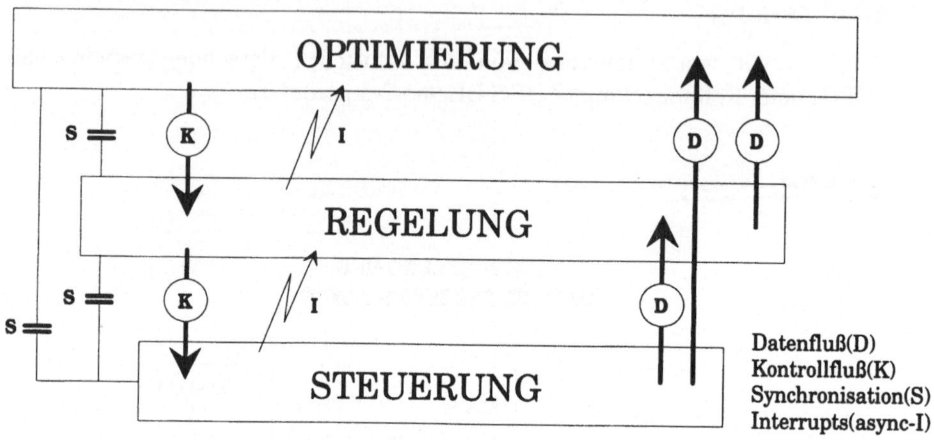

ABBILDUNG 2: *Regelungstechnische Konzeption des Prozeßführungssystems*

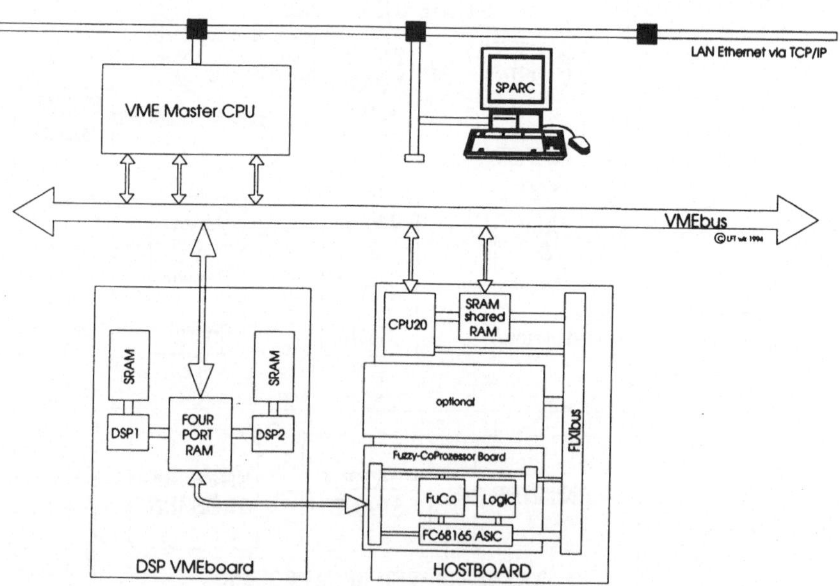

ABBILDUNG 3: *Einbindung der Fuzzy-Hardwarelösung als VME-Mezzanine Board*

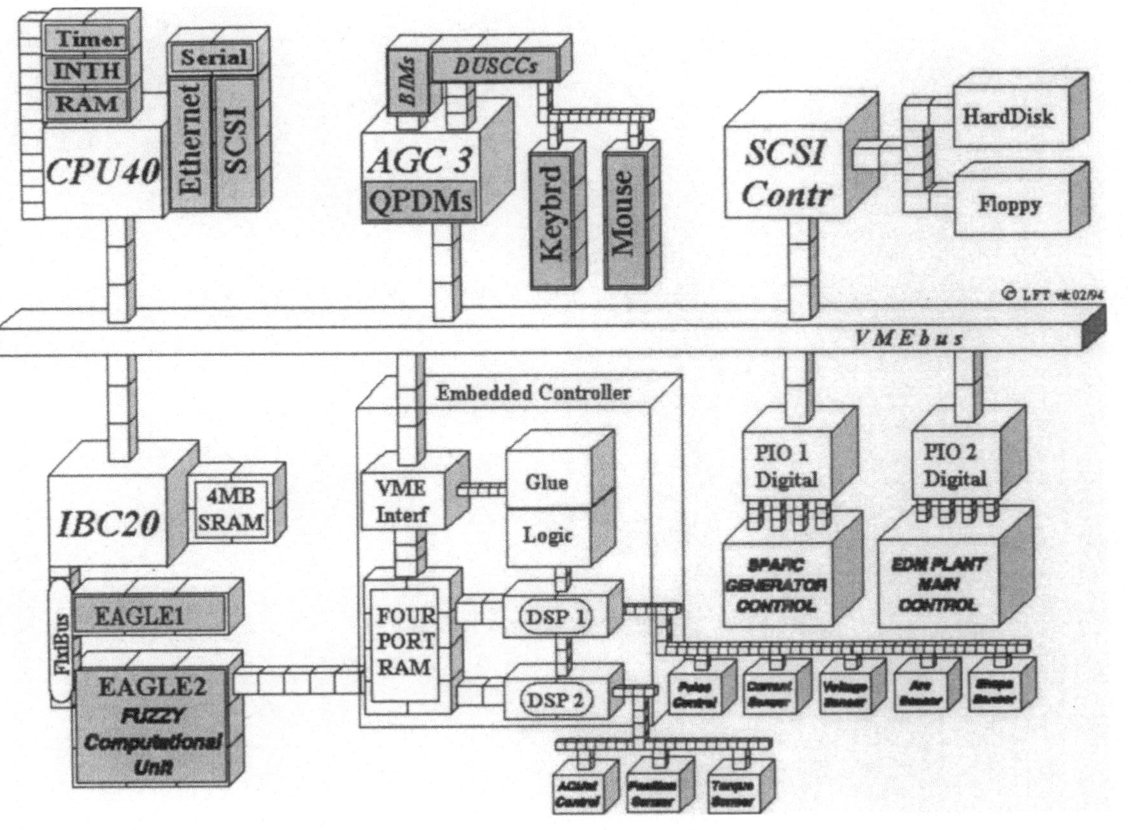

ABBILDUNG 4: Blockdiagramm der Hardwarestruktur des Prozeßführungssystems

Normierte strukturierte Fuzzy-Klassifikatoren und deren Realisierung in FPC-Akzeleratoren

D. Müller, H. Franke, K. Eichhorn, P. Schlegel

Abstract

The Fuzzy-Pattern-Classification is a useful approach for modelling of complex nonlinear systems. A multi-dimensional classificator is trained in a learning phase. New unknown objects may be classified using the trained modell in the working phase. A algorithm for fuzzy-logical combinations may be added to the classification. This improves the classification results of many applications. Modules for evaluation, statistics and fuzzy-control applications are provided.

A modular hardware-based accelerator was developed for time-critical on-line applications. The article describes the use of the accelerator for surface checking of metal remodelling processes.

1. Einführung

In der heutigen Zeit, die durch eine zunehmende Automatisierung der Produktion gekennzeichnet ist, kommt der automatischen Überwachung technischer Prozesse eine stetig anwachsende Bedeutung zu. Immer wesentlicher wird dabei das schnelle Reagieren der Überwachungs- und Regeleinrichtungen auf Störungen in komplexen Systemen mit zeitkritischen Komponenten. Nur so kann eine wirksame Regelung und/oder Schadensminimierung erfolgen.

Auf der Theorie der unscharfen Mengen (fuzzy-sets) basierende Systeme haben insbesondere in den letzten Jahren eine große Aufwertung in der Fachwelt erfahren und sind inzwischen eine alternative Technologie zur herkömmlichen automatischen Steuerung und Regelung vieler Prozesse.

Zur Modellierung komplexer, nichtlinearer Systeme hat sich die Fuzzy-Pattern-Classification (FPC) als praktikabel erwiesen.

2. Verfahren der Fuzzy-Klassifikation

Wie bei allen Klassifikationsverfahren besteht das Ziel der Fuzzy-Klassifikation darin, aus Meß- bzw. Beobachtungsgrößen von den zuzuordnenden Objekten Merkmale zu extrahieren, die es gestatten, mit ausreichender Sicherheit auf das Vorliegen von klassentypischen Eigenschaften zu schließen.

Im Sinne der Mustererkennung wird die Klassifikationsaufgabe in einen Merkmalsraum projiziert (Die Dimension des Merkmalsraumes entspricht dabei der Merkmalsanzahl.). Die Frage der Klassenzuordnung ist somit eine Frage nach der Lage eines Objektes im Merkmalsraum. Wenn es gelingt, den Klassen Bereiche des Merkmalsraumes so zuzuordnen und handhabbar zu beschreiben, daß eine befriedigende Klassenzuordnung durch die Untersuchung der räumlichen Lage eines Merkmalsvektors möglich ist, kann ein Klassifikator entworfen werden.

Die Beschreibung der dabei benutzten unscharfen Mengen (Fuzzy Sets) basiert auf einer parametrischen Beschreibung der Klassenzugehörigkeitsfunktionen im hochdimensionalen Raum. Verwendung findet hierbei eine spezielle Potentialfunktion zur Berechnung der Zugehörigkeit eines Objektes zu den Klassen, dessen Position im Raum durch einen Merkmalsvektor beschrieben wird. Diese Funktion ähnelt der Aizermannschen Potentialfunktion.

Im Gegensatz zu den klassischen scharfen Klassifikationsverfahren erfolgt bei der Fuzzy-Klassifikation keine eindeutige Zuordnung des Objektes zu einer Klasse. Statt dessen erhält man für jede Klasse einen Wert, welcher die Zugehörigkeit oder die Sympathie des Objektes zu dieser Klasse repräsentiert. Das spezifische Anwendungsfeld der Fuzzy-Klassifikation liegt nicht bei solchen Fragestellungen, bei denen eine direkte Klassenzuordnung durch Merkmalsintervalle möglich ist, sondern dort, wo die gesuchte Information indirekt (mit Störungen behaftet) nur durch kombinierte Betrachtung mehrerer Merkmale ableitbar ist.

Im zweidimensionalen Merkmalsraum läßt sich ein unscharfer Klassifikator durch die Maximumfunktion aller Klassenzugehörigkeiten (Z-Achse) über die zwei Merkmale (X bzw. Y - Achse) darstellen (Bild 1).

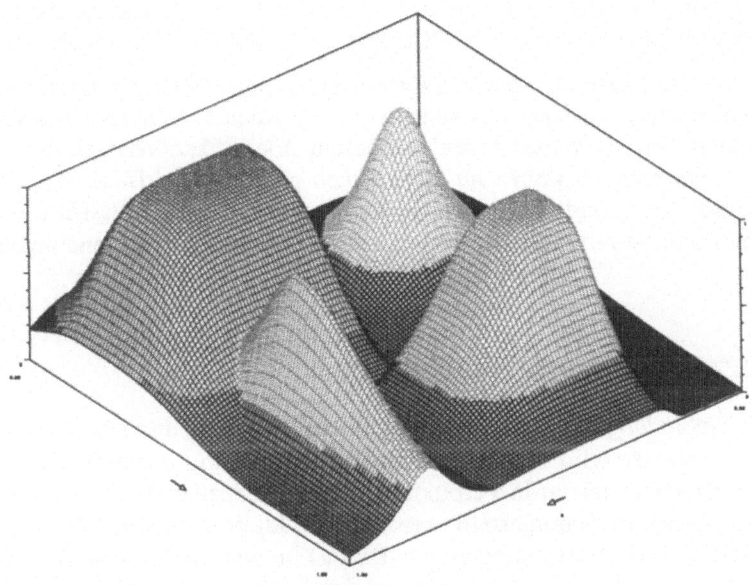

Bild 1: Unscharfer Klassifikator mit 4 Klassen

Die Anwendung der unscharfen Klassifikation auf ein Klassifikationsproblem zerfällt in zwei Phasen, auf welche im folgenden näher eingegangen werden soll.

In der ersten Phase, der *Lernphase*, muß als Grundlage für die Fehlererkennung oder den Entwurf von Steuerungseinrichtungen der Klassifikator mit Wissen gefüllt, d.h. angelernt werden. Das Anlernen erfolgt in der Regel nicht on-line am Prozeß, so daß dem Zeitfaktor nur eine untergeordnete Rolle zukommt. Das Programmsystem *FUCS* (**F**uzzy-**C**lassification-**S**ystem) stellt Tools zum Entwerfen, Anlernen, Bearbeiten und Darstellen hochdimensionaler Fuzzy-Klassifikatoren zur Verfügung. Als Eingangswerte (Merkmale) können metrische oder nichtmetrische Variable dienen. Die Merkmale müssen signifikant bezüglich der zu unterscheidenden Klassen und reproduzierbar sein.

Das Anlernen des Klassifikators kann sowohl automatisch (Vorführung von Lernobjekten bekannter Klassenzugehörigkeit) als auch manuell (Implementation der mit einer gewissen Unsicherheit behafteten Aussagen von Experten) geschehen.

Als Ergebnis der meist mehrmals iterativ durchlaufenen Lernphase entsteht ein kompakter Parametersatz, der das Klassifikationsmodell vollständig beschreibt.

In der zweiten Phase, der *Einsatzphase*, werden unter Nutzung dieses Modells neue, unbekannte Objekte - das können Prozeßzustände, Fehlerarten usw. sein - klassifiziert. Zur Bewertung der unscharfen Klassifikationsergebnisse - des Sympathievektors - kommen im allgemeinen problemspezifische Algorithmen zu Einsatz. Aufgrund der gewonnenen Ergebnisse aus Klassifikation und Sypathievektorbewertung kann gezielt auf den Prozeß Einfluß genommen werden.

3. Fuzzy-Hardware-Akzelerator

Für die Einbindung der Fuzzyklassifikation zur Regelung und Diagnose in zeitkritische Prozesse wird eine hohe Verarbeitungsleistung benötigt. Diese kann bei Softwarelösungen nur in Verbindung mit sehr schnellen und damit kostenintensiven Rechnern bereitgestellt werden. Als Alternative wurde deshalb ein hardwarebasiertes Akzeleratorsystem (Bild 2) entwickelt, in welchem der Algorithmus im Vergleich zum PC etwa um den Faktor 100 beschleunigt abläuft.

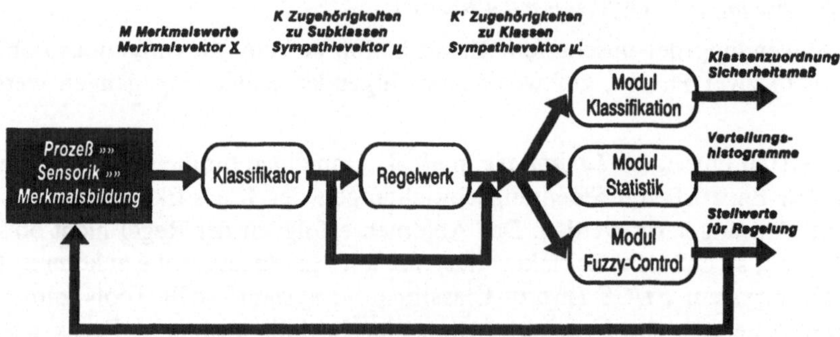

Bild 2: Modulares Systemkonzept

Die Module das Akzeleratorsystems sind als Funktionsblöcke realisiert. Bezogen auf die Schnittstellen zeigen alle Funktionsblöcke ein ähnliches Verhalten: Sie werden in der Startphase mit Parametersätzen initialisiert, es existieren ein Eingangsdatenstrom und ein Ausgangsdatenstrom. Die Eingangsdaten werden auf Grund von funktionsblockspezifischen Algorithmen und des Parametersatzes in die Ausgangsdaten umgewandelt. Dies erfolgt in Echtzeit, meist unter Verringerung des Datenmenge und somit der Datenrate.

Die einzelnen Module werden miteinander in einer Pipelinestruktur verknüpft. Durch asynchrone Kommunikation und Pufferung ist die maximale Taktfrequenz der Pipeline so groß wie die des langsamsten Gliedes in der Pipeline.

Das wichtigste Modul im System ist das mit *"Klassifikator"* bezeichnete. Es bestimmt für ein zu klassifizierendes Objekt in Form eines am Eingang angelegten Merkmalsvektors $\underline{x}$ den Sympathievektor $\underline{\mu}$, der die Zugehörigkeit zu den vordefinierten Klassen fuzzy-logisch angibt. Dieser Vektor muß zur Lösung einer Aufgabenstellung problemspezifisch und in Echtzeit bewertet werden. Diese Operationen erfolgen in Modulen, die dem Klassifikator nachgeschaltet sind.

Durch die fuzzy-logische Verknüpfung von Sympathiewerten einzelner Klassen kann in vielen Fällen das Verhalten des Klassifikators verbessert werden. Außerdem wird die Bildung von im Merkmalsraum zwar getrennten, aber semantisch zusammengehörigen Klassen möglich. Mit Hilfe des Moduls *Regelwerk* kann eine dreischichtige Verknüpfung von Sympathiewerten realisiert werden. Es stehen die Operationen Disjunktion, Negation, und Konjunktion zur Verfügung. Im folgenden Abschnitt wird noch näher auf dieses Modul eingegangen.

Je nach Problemstellung wird der somit berechnete Sympathievektor $\underline{\mu}'$ einem der drei Auswertemodule übergeben.

Speziell für die Erkennung von Prozeßzuständen wurde das Modul *Klassifikation* realisiert. Es liefert neben dem kompletten Sympathievektor auch die Nummern der zwei Klassen mit den höchsten Sympathien und ein Maß, welches Auskunft über die Sicherheit der Klassenzuordnung gibt.

Das Modul *Statistik* wurde für Anwendungen in der Bildverarbeitung und der optischen Oberflächenfehlererkennung entworfen. Es sammelt und komprimiert über einen längeren Zeitraum die Klassifikationsergebnisse und weist die Häufigkeit der Zuordnung von Objekten zu den einzelnen Klassen und die Sicherheit der Zuordnung aus.

Mit dem Modul *Fuzzy-Control* wird die direkte Echtzeit-Regelung eines zeitkritischen Prozesses möglich. Bei der für die Berechnung von Stellwerten notwendigen Defuzzifizierung kommen ausschließlich Singletons als Ausgangszugehörigkeitsfunktionen zur Anwendung. Dies stellt insofern keine Einschränkung dar, da nachgewiesen werden konnte, daß nur durch Variation der Eingangszugehörigkeitsfunktionen jedes beliebige Übertragungsverhalten erreicht werden kann.

Das Gesamtsystem besteht aus zwei Hauptbestandteilen: Verarbeitungseinheit und Schnittstelle.

Die Verarbeitungseinheit enthält eine Rechenpipeline, die mit den Speichern für die Parameter gekoppelt ist. Die Rechenleistung des als FPGA-Board realisierten Prototyp ermöglicht z.B. die Klassifikation eines Objekts mit 10 Merkmalen auf 10 Klassen in nur 20µs.

Für erste Anwendungen dieser neuen Technologie bietet sich das Gebiet der Bildverarbeitung an. Hier besteht die Notwendigkeit, große Datenmengen schnell zu verarbeiten und somit eine Datenkomprimierung zu erreichen.

4. Modul Regelwerk

Im Rahmen von Projekten auf dem Gebiet der Bildverarbeitung zeigten Simulationen, daß die fuzzy-logische Verknüpfung einzelner Sympathievektorwerte nach der Klassifikation folgende Systemeigenschaften ermöglicht:

- Die Trennschärfe für Klassifikationsaufgaben kann erhöht werden.

- Es können semantisch zusammengehörige, aber im Merkmalsraum getrennte Klassen erzeugt werden.

- Für Echtzeitanwendung kann die rechenintensive Hauptachsentransformation bei der Beschreibung der Klassen im Merkmalsraum durch Verwendung mehrerer Subklassen ersetzt und somit die Rechengeschwindigkeit erhöht werden.

- Durch die Erweiterung des unimodalen Ansatzes können auch Einschlüsse oder z.B. S-förmige Klassen erzeugt werden.

Als Verknüpfungsoperator wurde die Minimum- bzw. Maximumfunktion gewählt. In Einschränkung der Möglichkeiten von Softwaresystemen wurde für den Akzelerator ein dreischichtiges Regelwerk realisiert (Bild 3).

Mit den dargestellten Verknüpfungsmöglichkeiten Disjunktion ➡ Negation ➡ Konjunktion können weitestgehend alle praxisrelevanten Systeme realisiert werden. Ein zusätzliche, vorgeschaltete Konjunktion kann in die Klassifikatorebene verlagert werden.

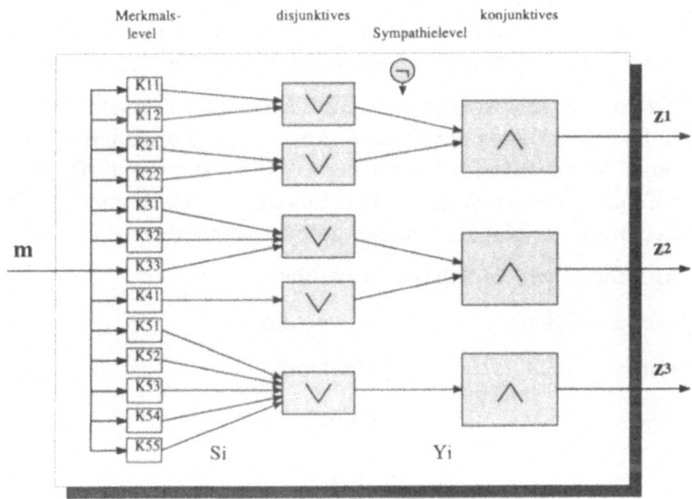

Bild 3: Mehrstufiger Klassifikator

5. Anwendung des FPC-Akzelerators in der Bildverarbeitung

In der Umformtechnik wurde in jüngster Zeit deutlich, daß die meist manuell-visuell durchgeführte Kontrolle der Oberflächenqualität eine Reihe von Nachteilen mit sich bringt:

- Die visuelle Prüfung von Werkstückoberflächen ist eine monotone Tätigkeit.

- Die Beurteilung ist subjektiv und nicht standardisierbar.

- Aufgrund psychologischer Effekte bleibt eine Ausschußquote auch bei guten Oberflächen vorhanden.

- Die Prüfung ist mit einem hohen Durchschlupf verbunden.

- Die Prüfung ist nur mit hohem Aufwand dokumentierbar.

- Eine manuell-visuelle Prüfung läßt sich nur mittelbar in den Informationsfluß der rechnerintegrierten Fabrik einbeziehen. Dies erschwert die Qualitätsdatenerfassung und -auswertung, sowie Rückkopplungen auf den Fertigungsprozeß.

- Eine Erhöhung der Taktzeiten bzw. Walzgeschwindigkeiten ist meist aufgrund der natürlich begrenzten Leistungsfähigkeit der Prüfer nicht möglich.

Um die Effizienz der sehr kostenintensiven Walz- und Pressenanlagen zu erhöhen, ist eine Beschleunigung der Qualitätskontrollen unerläßlich. Diese läßt sich nur durch eine Automatisierung erreichen. Nur so kann eine objektive 100%-Prüfung in Echtzeit an der Walzstraße erfolgen, um den immer höher werdenden Qualitätsanforderungen der Kunden gerecht zu werden.

Folgende Anforderungen sind dabei zu erfüllen:

- Bandgeschwindigkeit $\leq 20 \text{ ms}^{-1}$

- Bandbreite 1500 mm

- Fehlergröße $\geq 1 \text{ mm}^2$

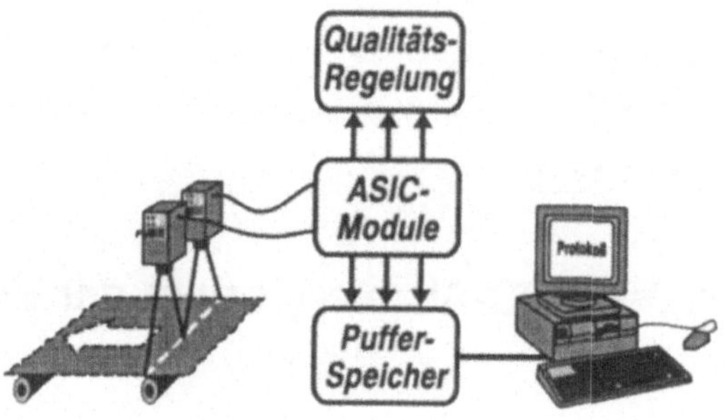

Bild 4: Systemkonzept

Die Anlagenfahrer an den Walzstraßen sind durch wissensbasierte Verarbeitung (Erfahrung) der Informationen, die sie von ihrer Kamera (Auge) erhalten, sehr gut in der Lage, Oberflächenfehler optisch zu erkennen und bestimmten Fehlergruppen zuzuordnen. Ein Ansatz zur Realisierung eines automatisierten Oberflächenspektionssystems ist die Nachbildung dieser recht erfolgreichen Verfahrensweise in einem technischen System. Die wesentlichsten Vorteile eines solchen automatischen Systems gegenüber seinem menschlichen Vorbild liegen in der Geschwindigkeit, der Objektivität, der Vernetzbarkeit und der Verfügbarkeit.

Zur Datenerfassung wurden 1D-CCD-Kameras gewählt. Auf Grund der voranschreitenden Entwicklung sind diese hinsichtlich Zeilenfrequenz und Auflösung für Aufgaben der Echtzeitoberflächenfehlerdetektion in Walzstraßen einsetzbar.

Die Digitalisierung und Weiterverarbeitung der Bilddaten erfolgt mittels einer Spezialhardware.

Zur Fehlerdetektion und -klassifikation haben sich die Verfahren der Fuzzy-Klassifikation als geeignet erwiesen, da mit ihnen datengetrieben ein System-modell erstellt und einfach und schnell an neue Bedingungen angepaßt werden kann. Die Nutzung unscharfer Klassifikationsalgorithmen verleiht diesen Systemen eine relativ hohe Robustheit gegen die vielfältigen Störeinflüsse.

Durch den Einsatz des Fuzzy-Akzelerators ist die Aufgabenstellung sowohl in Bezug auf die Echtzeitfähigkeit als auch im Hinblick auf die benutzten Algorithmen lösbar. Zur Realisierung des Systems ist es notwendig, mit allen Komponenten eine Echtzeitverarbeitung solch hoher Datenraten zu erreichen. Insbesondere die Bildverarbeitungs- und Merkmalsbildungs-algorithmen sind stark zu beschleunigen. Dies wird zum einen durch die Implementation als FPGA-Hardware und zum anderen durch die Anwendung paralleler Strukturen erreicht. Durch die Aufteilung der Gesamtfläche des Blechbandes in Streifen ist die Parallelität inhärent gegeben.

Die vom Fehlererkennungssystem gewonnenen Informationen über Fehlerarten und -positionen werden für jedes Coil als Fehleratlas abgespeichert, so daß später bei Verkauf und Zuschnitt auf die unterschiedlichen Qualitätsanforderungen der Kunden eingegangen werden kann.

In Zukunft ist die Anbindung an ein Beratungsystem zur Prozeßführung und Qualitätsregelung geplant.

Literatur

/1/ D. Müller, H. Franke: Algorithmen und Hardwarekomponenten zur De-fuzzifizierung für Applikationen der Fuzzy-Pattern-Classification; Tagungsband GI/ITG/GME-Fachtagung; Oberwiesenthal, Mai 1994

Echtzeit - Fuzzy - Regelung an der Vorwärmstufe einer Destillationsanlage

R. Hampel, A. Keil, L. Gierth

Zusammenfassung

Am Beispiel der Regelung der Vorwärmstufe einer Kleindestillationsanlage werden Möglichkeiten für die Adaption von Fuzzy-Systemen unter Echtzeitbedingungen gezeigt. Die Anlage besitzt ein stark nichtlineares und mit einer variablen Totzeit behaftetes Verhalten. Die zur Einhaltung der Solltemperatur notwendige Heizleistung ist vom Volumendurchsatz, der Differenz zwischen Soll- und Zulauftemperatur sowie von Umgebungsbedingungen abhängig. Zur Optimierung der Regelung wird ein neuronales Netz mit einem Fuzzy-Controller gekoppelt. Es werden die Reglerstruktur, der Lernalgorithmus und die Ergebnisse aus dem Online-Betrieb an der Anlage dargestellt.

Die Entwicklung und der Test des Fuzzy-Controllers erfolgte mit dem Simulationssystem DynStar, das speziellen Anforderungen der Automatisierungstechnik genügt. Die integrierte Fuzzy-Shell erlaubt das Erstellen und Editieren der Zugehörigkeitsfunktionen von linguistischen Variablen und der Regelbasen von Fuzzy-Controllern. Die Regelbasis für beliebigdimensionale Fuzzy-Netzwerke und die Definition von linguistischen Variablen können unter Echtzeitbedingungen online am Prozeß geändert werden.

Der Bericht gibt einen Ausblick, wie diese modernen Reglerstrukturen auf industriellen Leitsystemen der MAUELL-GmbH umgesetzt werden können.

1. Aufgabenstellung

Die Zielstellung der Untersuchung bestand darin, die Güte der Regelung für die im Bild 1 dargestellte Vorwärmstufe einer Destillationskolonne zu verbessern. Der bisher eingesetzte klassische PI-Regler zeigte entweder zu hohe Überschwingweiten oder eine unvertretbar hohe Anregelzeit. Ursache dafür sind die Nichtlinearitäten der Regelstrecke.

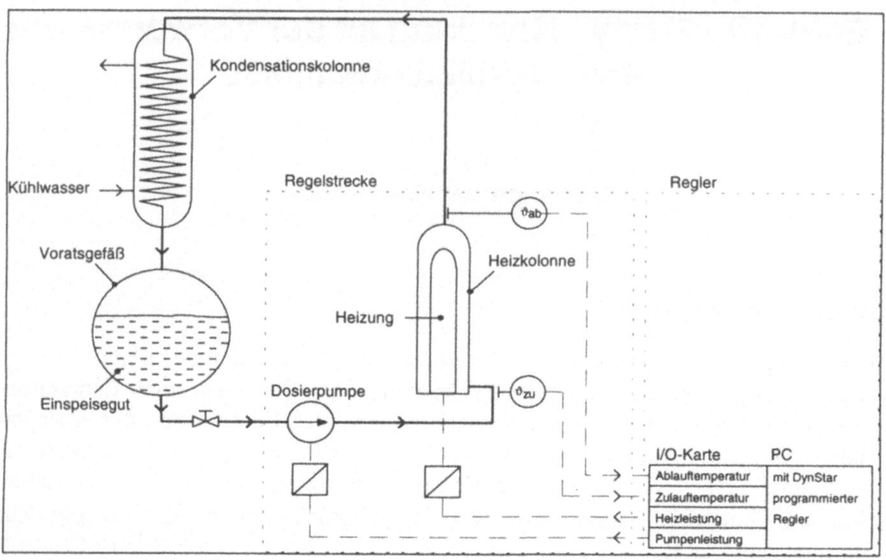

Bild 1: Technologisches Schema der Versuchsanlage

Das im Vorratsgefäß enthaltene Einspeisegut gelangt über eine elektrisch ange-
triebene Dosierpumpe in die Kolonne mit elektrischer Heizung. Beim Verlassen
der Heizkolonne muß es zur Weiterverarbeitung im verfahrenstechnischen Fol-
geprozeß die Solltemperatur erreicht haben. In der Versuchsanlage wird es in
einer Kondensationskolonne abgekühlt und wieder in das Vorratsgefäß zurück-
geleitet.

Das im Bild 2 dargestellte vereinfachte physikalische Modell der Heizkolonne
[1] verdeutlicht die wesentlichen bei der Prozeßanalyse festgestellten Nichtlinearitäten der Regelstrecke.

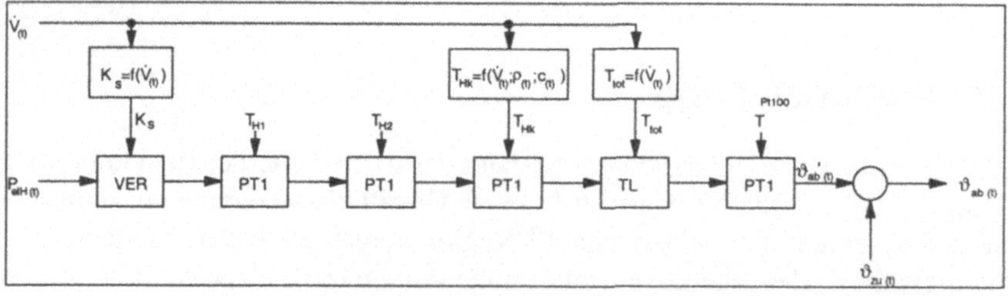

Bild 2: Blockschaltbild des Streckenmodells

Der Verstärkungsfaktor und die Transport-Totzeit sind sehr stark vom Volumendurchsatz abhängig (Bild 3 und Bild 4). Der Wärmeübergang von der Keramikhülle der Heizung zum Arbeitsmedium unterliegt vielfältigen Einflüssen. Die wesentlichen Faktoren sind Dichte, Wärmekapazität und Temperaturen des Abeitsmediums, der Volumendurchsatz sowie die Hülltemperatur der Heizung.

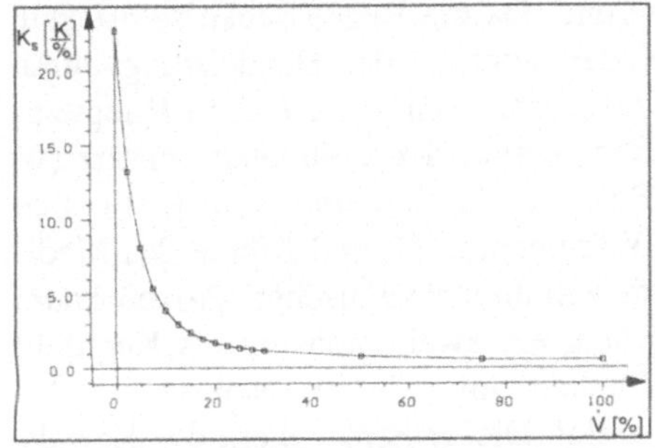

Bild 3: Streckenverstärkung als Funktion des Volumenstromes für das Gut Wasser

Bild 4: Totzeit als Funktion des Volumenstromes

Bild 5 zeigt einen Vergleich der Sprungantworten von Modell und realer Regelstrecke bei einem Heizleistungssprung von 25%. Für grundlegende regelungstechnische Untersuchungen ist die Modellgenauigkeit ausreichend. Ein mathematisches Prozeßmodell ist für den Entwurf des hier vorgeste lten Reglers nicht zwingend notwendig. Wenn jedoch aus sicherheitstechnischen Gesichtspunkten der Anlernvorgang nicht an der Anlage erfolgen darf, so kann mit Hilfe eines Modells eine Voroptimierung vorgenommen werden.

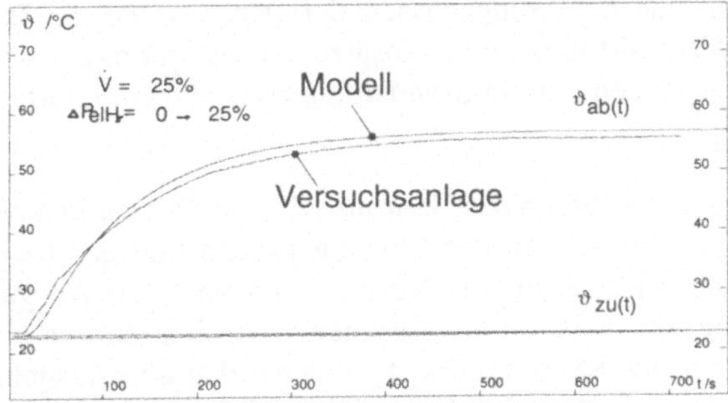

Bild 5: Vergleich Streckenmodell und Regelstrecke

2. Entwurf des Neuro-Fuzzy-Reglers

Die Forderung nach kürzesten Anregelzeiten ohne Überschwingen im gesammten Leistungsbereich ist mit einer auf dem PID-Algorithmus aufbauenden Regelung nicht realisierbar. Der Grundgedanke der hier entwickelten Struktur besteht im Entwurf einer lernfähigen Steuerung. Da die Regelstrecke selbst kein Schwingungsverhalten besitzt, kann bei der Vorgabe der Heizleistung durch eine Vorsteuerung ein Überschwingen ausgeschlossen werden. Die Haupteinflußgrößen auf die Realisierung der Solltemperatur, der Volumendurchsatz ($\dot{V}$) und die Temperaturdifferenz zwischen Soll- und Zuflußtemperatur (DT), sind bekannt. Geht man davon aus, daß sich Wärmekapazität und Dichte des Mediums sowie die Umgebungstemperatur im verfahrenstechnischen Prozeß kaum ändern, kann die benötigte Heizleistung über ein zweidimensionales Kennfeld vorgegeben werden. Der Fehler der Vorsteuerung wird im stationären Arbeitspunkt durch die Regeldifferenz angezeigt. Dieser Fehler dient der Korrektur des Kennfeldes. Zur Realisierung der Vorsteuerung kann ein einschichtiges erweitertes Kohonen-Netz [2] oder ein Fuzzy-Regler zum Einsatz kommen. Der Vorteil des Kohonen-Netzes besteht in seiner Lernfähigkeit, wobei hier nur das ausgangsseitige Lernen von Interesse ist. Die Selbstorganisation der Kohonen-Karte wird nicht benötigt, da der Eingangsraum bekannt ist und somit den einzelnen Neuronen bereits bei der Initialisierung die richtigen Werte zugeordnet werden können. Ein Nachteil des Kohonen-Modelles besteht darin, daß die Ausgangsgröße immer nur von dem Neuron mit der höchsten Aktivierung bestimmt wird. Eine Interpolation von Zwischenwerten ist nicht vorgesehen. Ein Fuzzy-Controller dagegen hat sehr gute Interpolationseigenschaften. Sein Eingangsraum kann aus Erfahrungswissen definiert werden. Es fehlt jedoch die Lernfähigkeit. Vernüpft man beide Ansätze, so entsteht ein einschichtiger Neuro-Fuzzy-Regler, dessen Funktionsweise aus zwei Sichten interpretierbar ist:

Neuronale Sicht:

Der Aktivierungsalgorithmus des Neurons wird durch eine Fuzzy-Regel ersetzt. Die Zugehörigkeitsfunktionen der Eingangsgrößen und der Regeloperator bestimmen somit die Aktivierung der Neuronen im Netz. Die Ausgangsgröße wird durch gewichtete Interpolation der Ausgabewerte aller aktiven Neuronen gebildet. Zur Korrektur des Reproduktionsfehlers werden alle Ausgabewerte der aktiven Neuronen mit der Aktivität bewichtet in die entsprechende Richtung verschoben.

Fuzzy-Sicht:

Für jede Fuzzy-Regel aus der vollständigen Regelbasis über den Eingangsraum wird ein Singleton der Ausgangsgröße angelegt. Für 11 Fuzzy-Set's pro Eingangsgröße und 2 Eingangsgrößen in den Controller ergeben sich somit 11·11 Regeln = 121 Singletons für die Ausgangsgröße. Die Interpolation erfolgt durch die Defuzzifizierung nach der Singletonmethode: $A = \dfrac{\sum \mu \cdot S_i}{\sum \mu}$.

Der Reproduktionsfehler wird mit der Aktivität der Regel und einem Lernfaktor bewichtet und auf das zugehörige Singleton integriert.

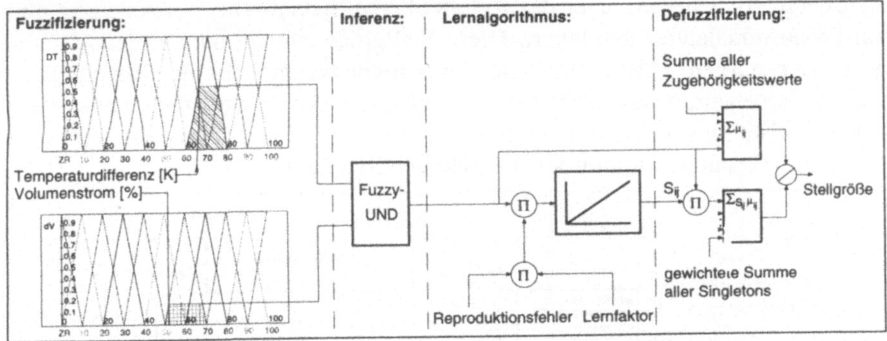

Bild 6: Funktionsprinzip des lernfähigen Kennfeldes

Bild 7 zeigt das am Prozeß gelernte Kennfeld der Vorsteuerung für die Eingangsgrößen Volumendurchsatz ($\dot{V}$) und Aufwärmspanne (DT).

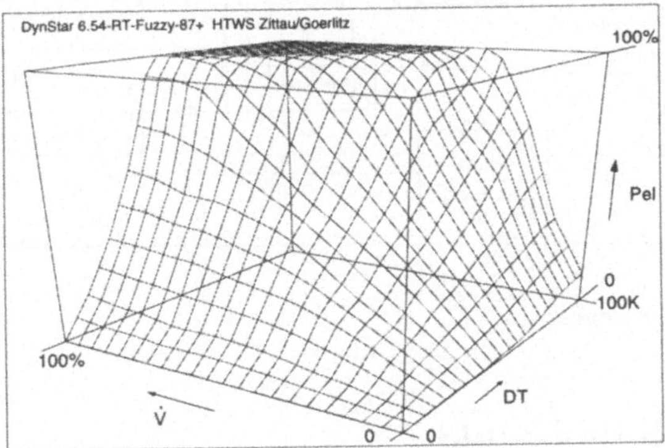

Bild 7: Kennfeld der Vorsteuerung

Im Bereich der oberen Abflachung kann der Sollwert aufgrund der physikalischen Heizleistungsbegrenzung nicht mehr realisiert werden. Bei der Implementation im Leitsystem wird dem Operator über eine Meldung mitgeteilt, daß ein Arbeitspunkt in diesem Bereich nicht erreichbar ist.

Beim Übergang in einen neuen Arbeitspunkt (Änderung der Volumenstromes oder der Soll-Temperatur) wird der Heizleistungswert ausgegeben, der zuletzt an dieser Stelle gelernt wurde. Ohne zusätzliche Maßnahmen gleicht sich die Ist-Temperatur mit dem Zeitverhalten der Regelstrecke dem Sollwert an. Zur Verbesserung der Dynamik dieses Überganges wird dem Stellgrößenanteil der statischen Vorsteuerung über das Kennfeld eine dynamische Vorsteuerung und ein Proportionalanteil überlagert. Diese Stellgrößenanteile müssen jedoch aufgrund der starken Abhängigkeit des Übertragungsverhaltens der Regelstrecke vom Volumenstrom adaptiert werden. Auf diese Weise wird die Realisierung beider Zielstellungen, kurze Anregelzeit und kein Überschwingen, erreicht. Bild 8 zeigt die Gesammtstruktur der entwickelten Regelung.

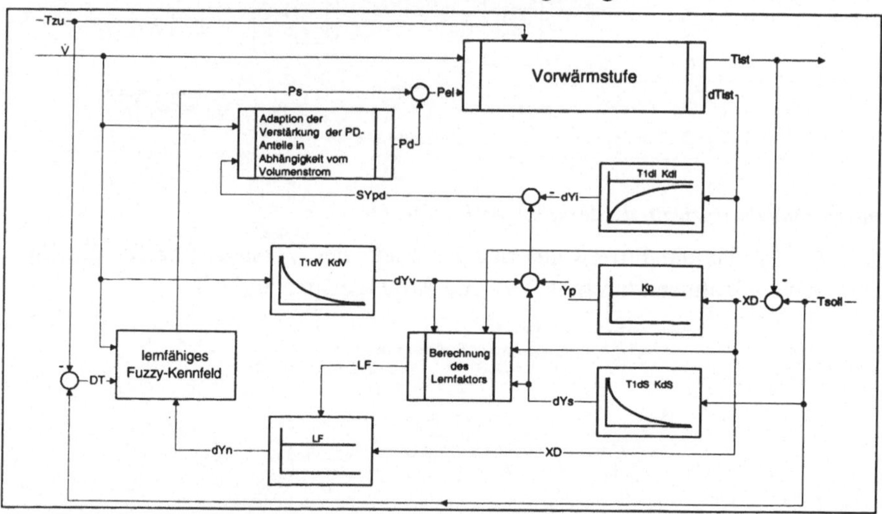

Bild 8: Struktur der Regelung

3. Der Lernalgorithmus

Der Lernfaktor (LF) hat einen wesentlichen Einfluß auf die Dynamik der Regelung. Er bestimmt die Änderungsgeschwindigkeit des Kennfeldes am Arbeitspunkt. Wird er zu groß, beginnt der Regelkreis zu schwingen. Ein zu kleiner Lernfaktor ist speziell beim Anfahren mit nicht vorgelerntem Kennfeld von Nachteil. Im vorliegenden Beispiel wird der Lernfaktor von einem Satz von Fuzzy-Regeln beschrieben.

Diese gliedern sich in 3 Gruppen:

1. Regeln, die für das schnelle Anlernen des Kennfeldes sorgen: Wenn die Soll-Temperatur größer als die Ist-Temperatur ist und die Ist-Temperatur sinkt, dann muß der Lernfaktor sehr groß sein, da offensichtlich das Kennfeld an dieser Stelle einen falschen Wert ausgibt. Das gilt ebenso für $T_{Soll}<T_{Ist}$ und steigende Ist-Temperatur.

2. Regeln, die das Lernen bei Übergangsvorgängen ausschalten: Bewegt sich bei Übergangsvorgängen die Regelgröße in die richtige Richtung, muß das Lernen abgeschaltet werden, bis sich die Ausgangsgröße stabilisiert hat, da in diesem Fall keine zuverlässige Aussage über eine Notwendigkeit der Änderung des statischen Anteils getroffen werden kann. Deßhalb sei der Lernfaktor Null, wenn die Soll-Temperatur größer als die Ist-Temperatur ist und die Ist-Temperatur steigt. Dies gilt ebenso für $T_{Soll}<T_{Ist}$ und sinkende Ist-Temperatur. Ändert sich ein Sollwert oder eine in das Kennfeld einfließende meßbare Störung, sollte das Lernen ausgetastet werden, bis sich die Regelstrecke stabilisiert hat.

3. Regeln, die eine Korrektur des Kennfeldes im stationären Betrieb ermöglichen: Wenn sich die Ist-Temperatur kaum ändert und kein dynamischer Vorsteuerungsanteil anliegt, dann sei der Lernfaktor klein bzw. bei geringen Volumenströmen sehr klein.

Mit den genannten Regeln funktioniert der Lernalgorithmus bereits sehr gut. Eine Feinoptimierung durch zusätztliche Regeln unter Einbeziehung der Heizleistung kann speziell in den Randbereichen eine Verbesserung bewirken.

4. Bewertung der Regelgüte

Bei der Bewertung der Regelung muß zwischen dem Lernvorgang und der Regelung mit gelerntem Kennfeld unterschieden werden. Bild 9 zeigt das dynamische Verhalten beim Anfahren der Anlage aus dem Ruhezustand auf den Arbeitspunkt AP1 und dem Übergang von AP1 zu einem zweiten möglichen Arbeitspunkt AP2 mit ungelernter Vorsteuerung. Da der Anteil der Vorsteuerung erst im Laufe des Betriebes aufgebaut werden muß, ist die Anregelzeit relativ groß. Speziell beim Übergang von AP1 zu AP2 wird deutlich, daß vor Inbetriebnahme der Anlage das Kennfeld der Vorsteuerung mit sinnvollen Werten vorbelegt werden muß.

Beim Betrieb mit vorgelerntem Kennfeld können, wie Bild 10 zeigt, die geforderten Gütemerkmale eingehalten werden. Kürzere Anregelzeiten mit noch geringerem Überschwingen sind an dieser Anlage nicht erreichbar. Verallgemeinert kann festgestellt werden, daß die vorgestellte Regelungsstruktur dort vorteilhaft eingesetzt werden kann, wo

- die Haupteinflußgrößen auf die Regelgröße dem Leitsystem zugänglich gemacht werden können,

- nichtmeßbare Störungen vernachlässigbar

- und die Änderungen der Eingangsgrößen deutlich langsamer als das Zeitverhalten der Regelstrecke sind.

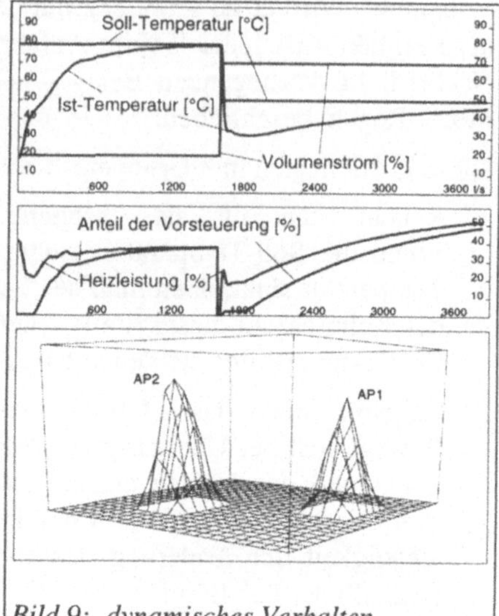

Bild 9:   dynamisches Verhalten
        bei ungelernter Vorsteuerung

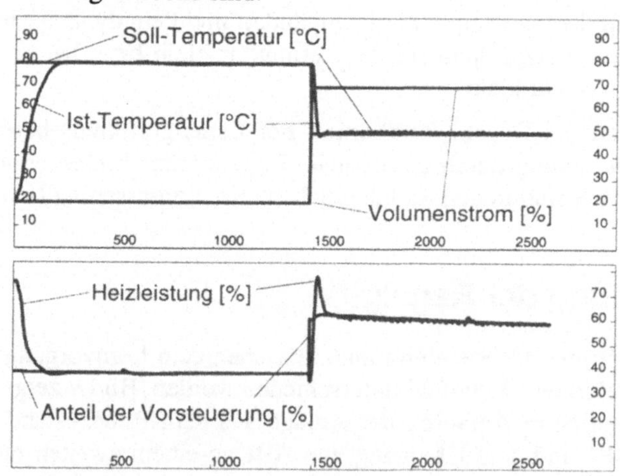

Bild 10: Regelverhalten mit vorgelerntem Kennfeld

Das Prinzip der lernfähigen Fuzzy-Vorsteuerung ist theoretisch auf eine beliebige Anzahl von Eingangsgrößen erweiterbar. Der numerische Aufwand steigt jedoch sehr schnell an und die Vorbelegung mit sinnvollen Anfangswerten scheitert an mangelnder Übersichtlichkeit.

5. Das Entwicklungswerkzeug DynStar

Die Realisierung des Reglers erfolgte mit dem Simulationsprogramm DynStar [3] auf einem PC 80386 DX40. Das Simulationsprogramm wird mit Hilfe einer blockorientierten Simulationssprache in einem Texteditor erstellt. Die Übertragungsparameter werden in einem Parametersatz abgelegt und können während der Simulation von Hand oder vom Programm selbst geändert werden, so daß sich auch adaptive Systeme problemlos simulieren lassen.. Die Fuzzy-Definitionen werden in einer speziellen Fuzzy-Bibliothek verwaltet und in der Regel durch die integrierte Fuzzy-Shell erzeugt und editiert. Spezielle Ein- Ausgabebefehle ermöglichen in Verbindung mit einer Ein-Ausgabekarte die Kopplung des Software-Reglers an die Versuchsanlage. Die Takterzeugung erfolgt in den Echtzeit-Betriebsmodi interruptgeteuert mittels PC-Timer oder Realtime-Clock oder durch spezielle Fähigkeiten der E/A-Hardware. Die grafischen Editoren der Fuzzy-Shell sind während der Simulation auf dem Ausgabebildschirm neben der Darstellung der Prozeßparameter platzierbar, so daß Optimierungen an den Regelbasen von Fuzzy-Controllern und den Zugehörigkeitsfunktionen linguistischer Variablen auch unter Echtzeitbedingungen am laufenden Prozeß vorgenommen werden können.

6. Implementation im Mauell-Leitsystem

Die Implementation des Regelalgorithmus auf einem PC genügt in der Regel nur labortechnischen Anforderungen. Für den Einsatz in der Verfahrenstechnik stehen heute leistungsfähige Leitsysteme und Kleinsteuerungen zur Verfügung. Die im Vortrag vorgestellte Regelung läßt sich ohne Änderungen in Struktur und Parametrierung in das Leitsystem ME4012/8012 und die Kleinsteuerung ME400 der Firma Mauell [4] übernehmen. Die Programmierung erfolgt durch Vernüpfung vorgefertigter assembleroptimierter Funktionsbausteine. Für arithmetische Operationen steht ein Coprozessor zur Verfügung. Die erreichbare Zykluszeit für diesen Regelalgorithmus beträgt bei der ME4012 ca. 100ms. Die Fähigkeiten dieser Geräteklasse hinsichtlich Fuzzy-Control sind weitgehend mit dem Simulationssystem DynStar identisch, so daß der Entwurf und Test der

Fuzzy-Regelung bis zur Verfügbarkeit der Mauell-Fuzzy-Shell mit DynStar erfolgen kann.

Literatur

[1]   Urban, A.: Diplomarbeit zum Thema "Vergleichende Untersuchungen zur Regelung von Mehrgrößensystemen mittels Fuzzy-Control und klassischen Methoden" an der HTWS Zittau/Görlitz (FH); Reg. Nr.:EE-54/93

[2]   Ritter, H.; Schulten, K.; Martinetz, T.: Neuronale Netze; ISBN 3-89319-131-3

[3]   Eine Kurzbeschreibung des Simulationsprogrammes und die DynStar-Demo-Version mit Beispielen sind über das World-Wide-Web unter folgender Adresse abrufbar:
http://www.htw-zittau.de/ipm/index.html

[4]   Systembeschreibung ME4012: Helmut Mauell GmbH, Am Rosenhügel 1-7, 42553 Velbert

Kommunikations-

objekte

Neue Kommunikations-Konzepte in industriellen Leitsystemen

W. Dieterle, H.-D. Kochs, E. Dittmar

Zusammenfassung

The use of distributed computer control systems requires real-time behaviour, high reliability and increasingly economical systems. High real-time requirements and large process data volumes make event-driven information processing and transfer necessary. This arises several constraints for system design, for instance data consistency. The demand for economical systems requires the use of cheap standard components, whenever possible. Problems due to conventional use of standardized, connection-oriented communication protocols in event-driven distributed computer control systems are shown. Multicast communication concepts are presented as solutions, using standardized protocols in a problem-specific way. The presented concepts fulfill the necessity of using standard components as well as the specific demands towards distributed computer control systems, avoiding the problems presented.

1. Aufbau verteilter Leitsysteme

Moderne industrielle Leitsysteme werden als verteilte Rechnersysteme aufgebaut (Bild 1), die Verarbeitungs-Komponenten sind über LAN (z.B. Ethernet) gekoppelt. Der Funktionsumfang dieser Systeme umfaßt die Vor- und Basisverarbeitung von Prozeßdaten (SCADA), die Prozeß-Visualisierung (MMI) sowie eine Vielzahl weiterer Funktionen (komplexe Sekundärfunktionen), abhängig vom konkreten Anwendungsbereich. Die Systeme sind aus ca. 10-15 Funktionsrechnern aufgebaut, denen wahlfrei Funktionsbausteine zugeordnet werden können. Rechner mit wichtigen Funktionen werden entsprechend den Zuverlässigkeits-Anforderungen redundant ausgelegt.

Der Prozeßzustand wird in dynamischen Datenmodellen (bis zu 200.000 Prozeßvariable) gehalten, diese werden über Änderungs-Informationen aus dem Prozeß bzw. vom Bediener fortlaufend aktualisiert.

Aufgrund der Dezentralisierung und Redundanz von Funktionen ergeben sich umfangreiche Datenflüsse im System, das Informations-Aufkommen in Melderichtung (vom Prozeß zur MMI) überwiegt. Nur dieser Datenfluß ist in Bild 1 eingetragen.

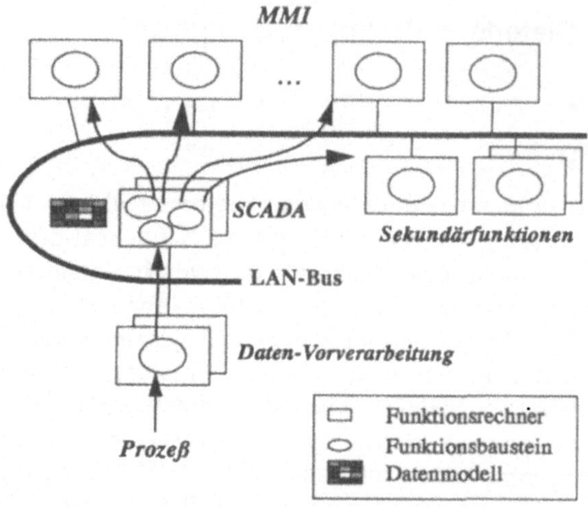

Bild 1: System-Architektur verteilter Leitsysteme

2. System-Anforderungen

Die Anforderungen an Leitsysteme lassen sich einteilen in *Zuverlässigkeit/Fehlertoleranz*, *Echtzeitverhalten*, *Erweiterbarkeit* und *geringe Kosten*. Diese Anforderungen bestimmen in wesentlichem Maße die konzeptionellen Merkmale der Systeme: Hard- und Software-Struktur, Art der Datenhaltung, Kommunikations- und Fehlertoleranz-Konzept. Dabei werden mehr und mehr der System-Preis sowie die zu erwartenden Folgekosten für Systempflege zum bestimmenden Faktor.

Geringe *Kosten* erfordern Verwendung von Standards, soweit möglich, Offenheit der Systeme (im Sinne einfacher Erweiterbarkeit und Testbarkeit), Modularität sowie einfache Systemkonzepte. Die Verwendung von Standards betrifft Hardware (PC, Workstation), Betriebssystem (UNIX), Visualisierung (X-Windows bzw. OSF/MOTIF) sowie die Systemkommunikation (LAN: Ethernet, Protokoll: TCP/IP, ISO/OSI), welche für die nachfolgenden Betrachtungen im

Vordergrund steht. Am Markt vorhandene Komponenten werden zum Gesamtsystem integriert und um nicht vorhandene Eigenschaften (Fehlertoleranz) an den Modul-Schnittstellen erweitert. Die Anforderung der *Erweiterbarkeit* der Leitsysteme wird durch (wahlfreie) Auslagerung von Funktionen auf zusätzliche Rechner erfüllt.

Das geforderte *Echtzeitverhalten* ist charakterisiert durch kurze Reaktionszeiten, hohen Datendurchsatz, wahlfreien Zugriff auf alle Prozeßdaten innerhalb sehr kurzer Zeitspannen, fortlaufende Aktualisierung der Datenmodelle bzw. der Informationsausgabe an der MMI-Schnittstelle, gute Systemdynamik im Hochlastfall (z.B. Prozeßstörung), schnelle Fehlererkennung sowie nahtlose Rekonfiguration bei Ausfall redundanter Verarbeitungs-Komponenten. Eine zyklische Verarbeitung des gesamten Prozeßzustands ist wegen der großen Prozeßdaten-Volumen mit inzwischen auch sehr leistungsfähiger Rechner- und Kommunikations-Technologie nicht möglich. Aus diesem Grunde ist ereignisorientierte Informations-Verarbeitung und -Übertragung notwendig. Prozeßabbild und Funktionsbausteine im Leitsystem werden über Änderungen des Prozeßverhaltens (Ereignisse) nachgeführt [1].

Aufgrund des Zentralisierungs-Effekts in Richtung höherer leittechnischer Funktionen und den damit verbundenen Konsequenzen bei Ausfall von System-Komponenten werden hohe *Zuverlässigkeits-Anforderungen* an industrielle Leitsysteme gestellt. Hohe Zuverlässigkeit erfordert strukturelle Redundanz, d.h. Funktionsrechner und bei sehr hohen Anforderungen auch das LAN-System sind redundant auszulegen [2]. Redundante Funktionsrechner werden nach dem Leader/Follower-Prinzip gekoppelt: Leader und Follower werden aktiv betrieben, aber nur der Leader überträgt errechnete Daten an andere Rechner; der Leader prägt dem Follower die Verarbeitungs-Abfolge von Daten auf (Zwangs-Synchronisation).

3. Grundsätze verteilter Datenhaltung

Aufgrund der großen Datenvolumen in Kombination mit den hohen Echtzeit-Anforderungen sind „reine" Client-Server-Architekturen mit Übertragung und Verarbeitung jeweils vollständiger Datensätze und zentralisierter Datenhaltung für Kommunikation und Verarbeitung nicht tragbar. Es ist ereignisorientierte Übertragung und Verarbeitung mit dezentraler Datenhaltung notwendig. Die leitsysteminterne Beschreibung des Prozeßgeschehens erfolgt bei ereignis-orientierter Verarbeitung ausgehend von einem konsistenten Grundzustand. Verteilte bzw. redundante Verarbeitungsfunktionen und Datenbestände werden ausgehend von diesem Grundzustand durch Übertragung von Änderungs-Information konsistent gehalten. Ereignisse durchlaufen als Nachrichten das Leitsystem (Bild 2) und werden innerhalb der einzelnen Tasks verarbeitet.

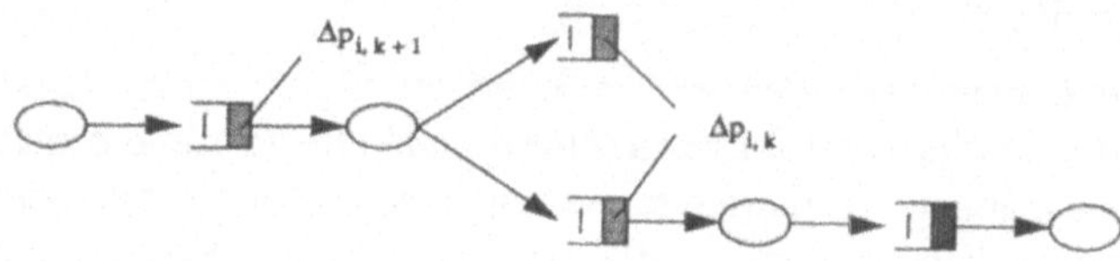

Bild 2: Nachrichtenorientierte Kommunikation

Folgende Grundsätze für den Nachrichtenaustausch in verteilten, ereignis-orientierten Systemen mit dezentraler Datenhaltung lassen sich anführen:

- Verteilte Datenbestände bzw. Verarbeitungsfunktionen werden (bezogen auf einen bestimmten Nachrichtentyp) von einer Quelle aus geführt (*Führungs-Kompetenz*).

- Eine an einen Empfänger übertragene Nachricht muß an alle funktionsfähigen (redundanten und nichtredundanten) Empfänger dieser Nachricht übertragen werden, d.h. alle funktionsfähigen Empfänger erhalten und verarbeiten die gleiche Nachricht (*Daten-Konsistenz*).

- Ursprungsdaten müssen vor abgeleiteten Daten (aus Ursprungsdaten berechnet) empfangen und verarbeitet werden (*kausale Reihenfolge*).

- Alle funktionsfähigen Empfänger erhalten und verarbeiten Nachrichten in jeweils identischer Reihenfolge (*Reihenfolge-Konsistenz*).

Die Führungskompetenz stellt sicher, daß unabhängig vom Nachrichtenentstehungsort ausgehend von der Führungsinstanz alle Verarbeitungsfunktionen innerhalb einer gewissen Zeitspanne die Nachricht erhalten, sofern die weiteren Voraussetzungen erfüllt sind (vergl. Bild 2).

Die Gewährleistung der Daten-Konsistenz ist im fehlerfreien Fall trivial, wirft aber Probleme bei Fehlern/Ausfällen im System auf. Störungen bei der Nachrichten-Übertragung ergeben inkonsistente Datenmodelle (Problembeispiel: Ausfall der Quelle während der gerichteten Übertragung an mehrere Empfänger, vergl. Bild 3a, S hat Nachricht noch an E1 übertragen, aber nicht mehr an E2). Diese Situationen (Rechner- und LAN-Ausfälle) sind in hochzuverlässigen Leitsystemen vom System zu beherrschen, d.h. es sind Lösungen gefordert, um verlorene Information durch die Übertragung vollständiger Datenbestände wieder zu beschaffen bzw. um Inkonsistenzen bereits vom Ansatz her auszuschließen. Für verteilte Leitsysteme ist die zeitaufwendige Wiederbeschaffung von Information im Fehlerfall im allgemeinen nicht tragbar. Es ist unterbrechungsfreier Systembetrieb mit nahtloser, konsistenzerhaltender Rekonfiguration im Fehlerfall gefordert. Es existiert eine Reihe realisierter Lösungsansätze zur Konsistenz-Erhaltung in verteilten Systemen, z.B. [3], [4], [5]. Diese basieren im allgemeinen auf mehrphasigen Agreement-Protokollen. In der ersten Phase wird die Information zu den Empfängern übertragen, in der zweiten Phase wird - abhängig vom Erfolg der ersten Phase - die Nachricht vom Sender freigegeben bzw. die Übertragung abgebrochen.

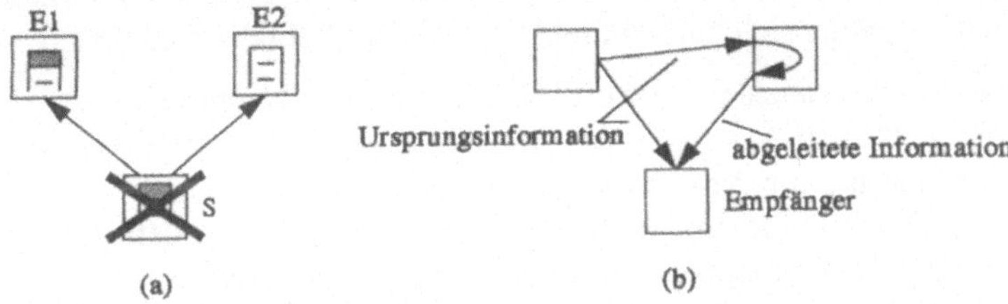

Bild 3: Problembeispiel zur Datenkonsistenz (a) und zur kausalen Reihenfolge (b)

Die kausale Reihenfolge [6] ist sicherzustellen, um Überholeffekte im System zu vermeiden (vergl. Bild 3b, abgeleitete Information trifft - beispielsweise durch transiente Übertragungsfehler - vor der Ursprungsinformation am Empfänger ein). Für verteilte Funktionsrechner ist darüber hinaus eine identische Empfangsreihenfolge von Nachrichten gefordert (Reihenfolge-Konsistenz). Über spezielle systemglobale Ordnungs-Mechanismen läßt sich kausale bzw. konsistente Nachrichtenreihenfolge erzielen.

4. Herkömmliche Verwendung standardisierter Protokolle

Die herkömmliche Verwendung standardisierter Protokolle[7] wirft für die betrachteten Systeme eine Reihe von Problemen auf, diese sollen nachfolgend kurz erläutert werden. Die Aussagen gelten für das TCP/IP-Protokoll [7], [8] bzw. in ähnlicher Weise auch für ISO/OSI-Protokolle.

---

[7]Unter herkömmlicher Verwendung standardisierter Protokolle sei die Implementierung von Kommunikations-Verbindungen zwischen verteilten Prozessen entsprechend einer durch die Applikation vorgegebenen Struktur verstanden (logische Punkt-zu-Punkt-Verbindungen).

Die ereignisorientierte Übertragung und Verarbeitung von Daten erfordert die Modifikation des im UNIX-Umfeld gebräuchlichen Client-Server-Konzepts, basierend auf der üblichen verbindungsorientierten Kommunikation. Weiterhin ist zur Reduzierung der Rechner- und LAN-Last die Übertragung der Prozeßdaten als Sammelübertragung von Nachrichten mit kombinierter Zeit-/ Mengensteuerung notwendig.

Agreement-Protokolle erweisen sich bei konventioneller Verwendung verbindungsorientierter Protokolle als sehr aufwendig (gerichtete Übertragung in mehreren Phasen). Zusätzlich ergibt sich das Problem, daß Empfangs-Bestätigungen des TCP/IP-Protokolls von der Sende-Applikation nicht ausgewertet werden können. Bis zur Einleitung der zweiten Phase des Agreement-Protokolls durch den Sender ergeben sich auch im fehlerfreien Fall hohe Wartezeiten.

Konsistente und kausale Reihenfolge übertragener Nachrichten erfordert aufgrund der zeitlichen Asynchronität der einzelnen Verbindungen (stochastisches Zugriffverfahren!) die Verwendung spezieller Verfahren, z.B. logische Uhren bzw. Ereignis-Historien [6]. Auch hier ergeben sich neben dem Protokoll-Aufwand zusätzliche Wartezeiten für die Nachrichtenübertragung.

Die Informations-Selektierung und -Kanalisierung erfolgt bei verbindungs-orientierten Protokollen sendeseitig, d.h. es ist beim Sender pro Empfänger eine Aktualisierungsliste zu führen. Gerichtete Übertragung erfordert die Mehrfachübertragung von Information. Die vorgenannten Gründe führen zu einer hohen Belastung von LAN und Rechnern, besonders des SCADA-Rechners als logischer Säule des Systems (Zentralisierungs-Effekt).

Die Systemstruktur ist in die Kommunikations-Software parametriert bzw. programmiert. Änderungen bzw. Erweiterungen der Systemstruktur erweisen sich als aufwendig und kostspielig, insbesondere die notwendige Fehlerverarbeitung. Neben der hardwareseitigen (Ent-)Kopplung der Rechner über LAN-Bus ist auch die softwareseitige Entkopplung der über Kommunikations-Protokolle verknüpften Rechner notwendig. Durch die logische Punkt-zu-Punkt-Verbindung der Rechner ergibt sich ein hoher Verbindungsaufwand im System. Jede Verbindung ist durch die Kommunikations-Software getrennt zu verwalten und zu überwachen.

Ausfälle sind von allen Teilnehmern schnell und konsistent zu festzustellen. Erkennung und Lokalisierung von Störungen erfolgen über das Protokoll (Abbruch einer Verbindung). Ausfälle führen bei verbindungsorientierter Kommunikation zu Rückwirkungen im System, diese müssen jeweils von der Sende- und Empfangs-Software beherrscht werden.

Weitere Probleme betreffen die eingeschränkten Möglichkeiten der Parametrierung der TCP/IP-Timer für Datenübertragung und gegenseitige Überwachung der Rechner-Komponenten [9] sowie die Notwendigkeit der zusätzlichen Pufferung von Sende-Daten auf Applikations-Ebene zur Vermeidung von Datenverlust bei Verbindungs-Abbruch.

5. Lösungsansätze

Als Lösungsalternativen für die aufgeführten Problemstellungen werden Multicast-Konzepte, basierend auf dem TCP/IP bzw. UDP/IP-Protokoll vorgestellt. UDP/IP ist das verbindungslose, unbestätigte Pendant zu TCP/IP; dieses Protokoll ist ebenfalls standardisiert.

Folgende Zielsetzungen wurden bei der Entwicklung dieser Konzepte verfolgt:

- Konsistenz im verteilten System.

- Realisierung einfacher Konzepte.

- Verwendung standardisierter Kommunikations-Protokolle (unter Vermeidung der erläuterten Probleme).

- Hoher Datendurchsatz, geringe Übertragungszeiten.

- Minimierung von Abhängigkeiten bzw. Rückwirkungen durch die Protokolle.

- Möglichst effiziente Ausnutzung von LAN-Bus und Rechner.

- Gleichmäßige Verteilung der Kommunikations-Last auf alle Komponenten.

- Einfache und effiziente Mechanismen der gegenseitigen Überwachung und Rekonfiguration.

- Realisierung einer einfachen Meß- und Test-Schnittstelle im System.

Das erste beschriebene Verfahren (Ring-Multicast) basiert auf einer ringförmigen Informations-Führung im System, es wird ein logischer Multicast realisiert. Beim zweiten Verfahren wird der physikalische Multicast-Mechanismus des UDP/IP-Protokolls verwendet (Datagramm-Multicast).

Beim *Ring-Multicast-Konzept* (Bild 4) erfolgt der Datenaustausch über einen zirkulierenden Daten-Behälter (Token) variabler Länge. Sendewillige Stationen warten auf den Token (1) und tragen bei Token-Erhalt ihre Sendedaten ein (2). Beim nachfolgenden Token-Umlauf (3) werden die Daten an allen (potentiellen) Empfängern vorbeigeführt. Der jeweils aktuelle Token-Besitzer kopiert den Token in den lokalen Empfangspuffer und fügt eigene Sendedaten am Token an (4). Die Selektierung von Empfangsdaten erfolgt nach der Token-Weitergabe. Nach einem Umlauf werden die Daten vom Absender wieder aus dem Token entnommen (5), neue Daten werden eingefügt.

Ring-Multicast ist ähnlich den standardisierten Protokollen Token-Ring und FDDI aufgebaut - zumindest im fehlerfreien Fall. Der wesentliche Unterschied besteht darin, daß Ring-Multicast auch im Fall von Störungen ein folgerichtiges Fortführen der Übertragung gewährleistet. Dies ist die Voraussetzung der Datenkonsistenz und totalen Reihenfolge. Weiterhin ermöglicht Ring-Multicast die gesicherte Übertragung von Information zu mehreren Empfängern.

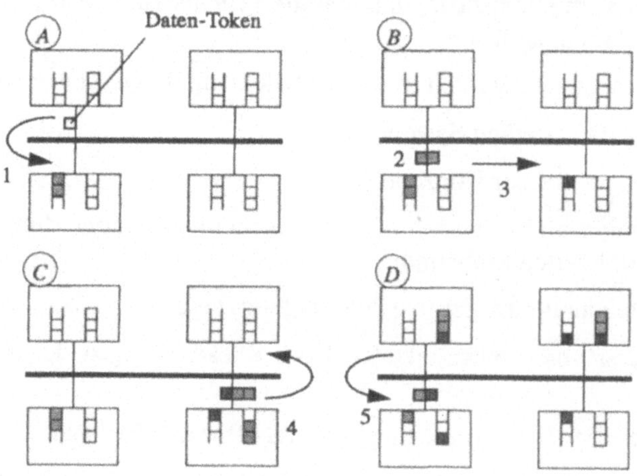

Bild 4: Ring-Multicast

Beim Verfahren *Datagramm-Multicast* erfolgt die Daten-Übertragung im physikalischen Multi- bzw. Broadcast mit den Datagramm-Diensten des UDP/IP-Protokolls. Moderne Betriebssysteme ermöglichen auch die Übertragung im physikalischen Multicast, die Daten-Selektierung auf Empfangsseite wird durch die Hardware unterstützt. Die Datagramm-Übertragung des UDP/IP-Protokolls erfolgt unbestätigt, zur Realisierung einer gesicherten Übertragung, der Reihenfolge-Konsistenz sowie zur gegenseitigen Überwachung der Funktionsrechner am Bus wird ein Bestätigungs-Ring zwischen den einzelnen Kommunikations-Teilnehmern aufgebaut. Die Übertragung von Nutzdaten im Broad-/ Multicast und der Austausch des Bestätigungs-Token erfolgen asynchron. Vom Absender eines Datagramms wird beim nächsten Erhalt des Bestätigungs-Token die Sequenz-Nummer der Sendedaten im Token eingetragen. Durch die Verwendung einer zusätzlichen globalen Sequenznummer lassen sich die Datagramme global eindeutig ordnen (Reihenfolge-Konsistenz). Empfängt eine Station eine Nachricht nicht (aus dem Bestätigungs-Token ersichtlich), so trägt sie eine negative Bestätigung im Token ein, die Übertragung wird vom Sender wiederholt.

Die vorgestellten Protokoll-Konzepte erbringen folgende Vorteile im Vergleich zur herkömmlich verwendeten verbindungsorientierten Kommunikation:

- Die konsistente Verteilung der Änderungs-Information im System (dezentrale Datenhaltung) werden vom Konzept jeweils implizit unterstützt.

- Kausale und konsistente Reihenfolge wird durch das Protokoll sichergestellt, der Sequentialisierungs-Effekt des Token macht zusätzliche Mechanismen überflüssig.

- Die Kommunikations-Architektur ist unabhängig von der Systemstruktur, d.h. Rückwirkungen bei Änderungen/Störungen werden minimiert.

- Rechner- und Busbelastung im Leitsystem werden reduziert (Datagramm-Multicast: Informations-Selektierung durch Hardware, nur ein Sende- und Übertragungsvorgang zur zuverlässigen Übertragung von Information an alle Empfänger; Ring-Multicast: kollisionsfreier Datenverkehr).

- Einfaches Konzept zur konsistenten Überwachung aller Rechner-Komponenten (Membership-Service) ohne Zusatzlast, da die Überwachung Bestandteil des Nutzdaten-Austauschs im System ist.

6. Zusammenfassung

Hohe Echtzeit-Anforderungen an verteilte Leitsysteme erfordern ereignisorientierte Übertragung und Verarbeitung von Information zur Reduzierung des zu verarbeitenden Datenvolumens. Ereignisorientierte Systeme stellen spezielle Anforderungen an die Informations-Verarbeitung (z.B. Konsistenz). Probleme der Realisierung dieser Systeme bei herkömmlicher Verwendung standardisierter Kommunikations-Protokolle werden aufgezeigt. Als Lösungs-Alternativen werden 2 Multicast-Konzepte präsentiert. Diese Konzepte basieren ebenfalls auf standardisierten Protokollen, verwenden diese aber in einer den Problemen angepaßten Weise und ermöglichen es so, die Vorzüge standardisierter Protokolle unter Vermeidung der erläuterten Probleme zu nutzen. Neben dem dominanten Vorteil der Konsistenz im verteilten System ergibt sich eine Reihe weiterer Vorteile der Lösungen im Vergleich zu in herkömmlicher Weise verwendeten standardisierten Protokollen.

Die Ausführungen sind das Ergebnis eines mit ABB Netzleittechnik Gmbh durchgeführten Forschungsprojekts.

Literatur

[1]   Kopetz H.: "Distributed Fault-Tolerant Real-Time Systems: The MARS Approach", 1989, IEEE Micro, pp. 25-41.

[2]   Kochs H.-D., Dieterle W., Dittmar E.: "Zuverlässigkeit verteilter Leitsysteme - eine praxisorientierte Analyse", 1993, atp, Heft 12.

[3]   Birman K. P., Joseph T. A.: "Reliable Communication in the Presence of Failures", 1987, ACM Transactions on Computer Systems, Vol. 5, No. 1, pp. 47-76.

[4]   Özalp B.: "Fault Tolerant Computing Based on Mach", 1990, ACM Operating Systems Review, Vol. 24, No. 1, pp. 27-39.

[5]   Barrett P. A., Hilbourne A.M., Verissimo P., Rodrigues L., Bound P.G., Seaton D.T., Speirs N.A.: "The Delta-4 Extra Performance Architecture (XPA)". In Powell D.: Delta-4: "A Generic Architecture for Dependable Distributed Computing", 1991, Springer Verlag.

[6]   Lamport L.: "Time, Clocks, and the Ordering of Events in Distributed System", 1978, Communications of the ACM, 21, 7, pp. 558-565.

[7]   Comer D., Stevens D.: "Internetworking with TCP/IP: Principles, Protocols and Architecture", Volume I, 1991, Prentice Hall.

[8]   Stevens, W.: "Programmieren von UNIX-Netzen", 1992, Carl Hanser Verlag.

[9]   Comer D. E., Lin J. C.: "Probing TCP Implementations". Purdue Technical Report CSD-TR 93-072, 1993, Purdue University, West Lafayette.

CAN für Echtzeitanwendungen in der Verpak-kungsindustrie

W. Schulze

1. Problemstellung

Schnellaufende Maschinen, die unter anderem in Taktstraßen in der Verpak-kungsindustrie zum Einsatz kommen, stellen bei Einführung moderner Automatisierungskonzepte hohe Anforderungen an Hardware und Software. Der Zwang zur Überarbeitung ihrer Automatisierung wird den Maschinenbauern dabei durch den enormen Kostendruck bei der Herstellung der Anlagen auferlegt. Außerdem verlangt der Abnehmer über den Wettbewerb einen möglichst hohen Nutzungsgrad mit minimalen Umrüstzeiten bei gleichzeitig maximalen Service- und Anpassungsmöglichkeiten.

All dies sind Forderungen, denen mit den bisherigen Konzepten nicht nachzukommen war, da die übliche Kombination aus SPS und zwangsgeführten Antrieben zur Synchronisation von schnellaufenden Bändern und Faltungsvorrichtungen nur eine stark eingeschränkte Flexibilität erlaubt. Allenfalls konnte mit den herkömmlichen Bedien- und Beobachtungseinheiten eine Möglichkeit zur Erfüllung bescheidener Serviceansprüche geschaffen werden.

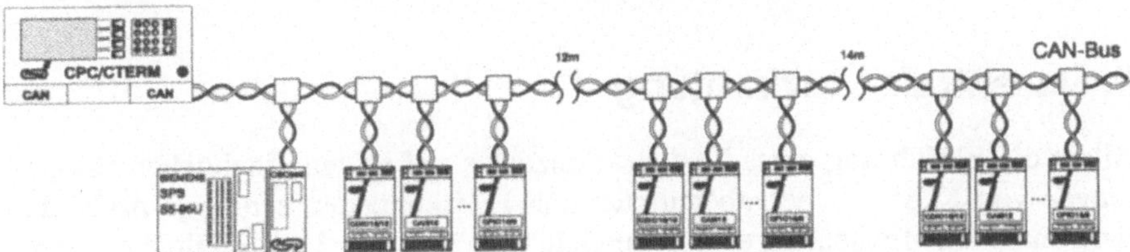

Bild 1: Automatisierungskonzept für eine Verpackungsmaschine auf CAN-Basis

Umrüstzeiten hingegen blieben durch langwierige Verstellung von Spindeln, Ketten, Zahnriemen und Kurvenscheiben-Antrieben stets gehandikapt. Selbst die Ausgabe von Einstellparametern auf Displays oder Bildschirmen während der Umrüstphase kann nur als Ersatzmaßnahme für eine hilfreiche Anleitung der Mechaniker gewertet werden, nicht aber als komfortable, schnelle oder gar sichere Umrüstaktion, die eine Verpackungsmaschine schon nach kürzester Zeit wieder in die Produktion zurückführt.

Das heutzutage überhaupt noch mechanische Synchronisationseinrichtungen in diesem Umfange zum Einsatz kommen, liegt an der ausgesprochenen Schwachstelle der SPS, nicht direkt auf echtzeit-bezogene Ereignisse reagieren zu können, weil stets der begonnene lineare Programmzyklus erst zu Ende geführt werden muß. Hier kann auch eine noch so kurze Zykluszeit keine Abhilfe schaffen, da die Zeit vom Auftreten des Ereignisses in der Anlage über die Erfassung durch die SPS bis zum Ausgangssignal in keiner Weise reproduzierbar ist. Zeitliche Unsicherheiten im Bereich weniger Millisekunden - und das sind für eine SPS schon überaus respektable Werte - bedeuten aber für eine Verpackungsmaschine auf ihrem schnellaufenden Band fast immer den Versatz im Bereich einiger Millimeter bis zu Zentimetern. Toleranzen, die für das Verpackungsgut in fast allen Fällen inakzeptabel sind.

2. Neue Konzepte

Die Erhaltung der Wettbewerbsfähigkeit auf dem Weltmarkt führte aus diesen Gründen zu einer rigorosen Überarbeitung des Konzeptes und damit zu einer neuen Generation von Verpackungsmaschinen. Dabei galt es natürlich, die erhobenen Forderungen zu erfüllen und dennoch zu wesentlich günstigeren Herstellungskosten zu gelangen. Neben einigen konstruktionsbedingten Änderungen wurde als durchgreifenste Maßnahme das komplette Verdrahtungskonzept auf eine dezentrale Organisationsform auf der Basis des CAN-Busses umgestellt. Dieser Schachzug sollte gleich mehrere Probleme mit einem Schlag lösen.

3. Dezentrale Verdrahtung

Allein die Einführung eines Feldbus-Konzeptes mit seinen erheblichen Einsparungen von Kabeln, Übergabepunkten und Hilfskontakten schlug je nach Maschinentyp mit Einsparungen im Bereich von 28% bis 31% zu Buche. Dabei liegt der Großteil der Kostensenkungen gar nicht einmal im Bereich der Kabelkosten, sondern in der wesentlich kürzeren Erstellungszeit der Feldbus-Verkabelung, die den direkten Anschluß des Sensors und auch des Aktors an den gemeinsamen Datenbus erlaubt. Hier entfällt neben der bisher üblichen Kabelführung der Informationssignale zur zentralen Steuerungseinheit auch die aufwendige Verlegung von Versorgungsleitungen mit all ihren Übergabepunkten zum Steuerschrank mit seinen Schützen und zurück zum eigentlichen Aktor, dem Motor. Natürlich vereinfacht sich auch die Dokumentation für Aufbau und Service erheblich, da wesentlich weniger Kabel, Übergabepunkte und Hilfskontakte zu berücksichtigen sind.

4. Der CAN-Bus

Während sich diese Kostenreduzierung nahezu jedes Feldbus-Konzept auf seine Fahnen schreiben darf, bietet CAN noch einige weitere Vorteile, die sich direkt in Mark und Pfennig niederschlagen. So kann sich die Inbetriebnahme einer neuen Maschine von Anfang an auf den CAN-Bus abstützen, da seine vollständige Funktionsfähigkeit schon gewährleistet ist, wenn sich mindestens zwei CAN-Teilnehmer finden. Eine beliebige Erweiterung durch weitere CAN-I/O-Module führt nicht zu zeitraubenden Neuinitialisierungen oder Rekonfigurationen, sondern wird quasi 'en-passant' durch einfaches Aufstöpseln erledigt.

Hier kommt dem CAN zugute, daß es sich um einen 'richtigen' Bus handelt und nicht um ein räumlich verteiltes Schieberegister, bei dem die Information immer nur von einem zum nächsten Teilnehmer weitergereicht wird. So ist denn das CAN-System auch keinesfalls durch den Ausfall eines oder mehrerer Teilnehmers lahmgelegt - im Gegenteil, durch gezielte Informationen kann der 'Kranke' sofort lokalisiert und repariert werden. Dieser Vorteil ist natürlich nicht nur während der Inbetriebnahme von immenser Bedeutung, sonder auch im späteren Betrieb, weil er den Service erheblich erleichtert.

Erfahrungen haben gezeigt, daß durch Zeiteinsparung, Flexibilität und Service-Unterstützung die Inbetriebnahmekosten um 25% bis 30% gesenkt werden konnten. Für die Betriebsphase liegen Aussagen eines großen amerikanischen Getränkeherstellers vor, der nach einjähriger Laufzeit Einsparungen im Servicebereich von über 40% durch Einsatz von CAN angibt.

Bilden diese Kosteneinsparungen bereits Grund genug für den Einsatz von CAN, so im folgenden Möglichkeiten für die Automatisierung schnellaufender Maschinen aufgezeigt, die durch CAN überhaupt erst ermöglicht werden.

5. Leitrechner mit Echtzeit-Betriebssystem

Der CAN-Bus bildet das Rückgrat (Bild 1), auf das sich ein Leitrechner und diverse CAN-I/O-Module sowie eine SPS, abstützen. Als Leitrechner fungiert ein Singleboarder CPC/CTERM mit einem 68303 Microcontroller als Kern, ausgestattet mit dem Echtzeit-Betriebssystem RTOS-UH. Mit Hilfe von zwei von einander unabhängigen CAN-Busschnittstellen werden auf dem einen Zweig die CAN-I/O-Module für die zu überwachende Verpackungsmaschine angeschlossen, während der andere Zweig die Kommunikation mit einem übergeordneten Koordinationsrechner übernimmt (Bild 2).

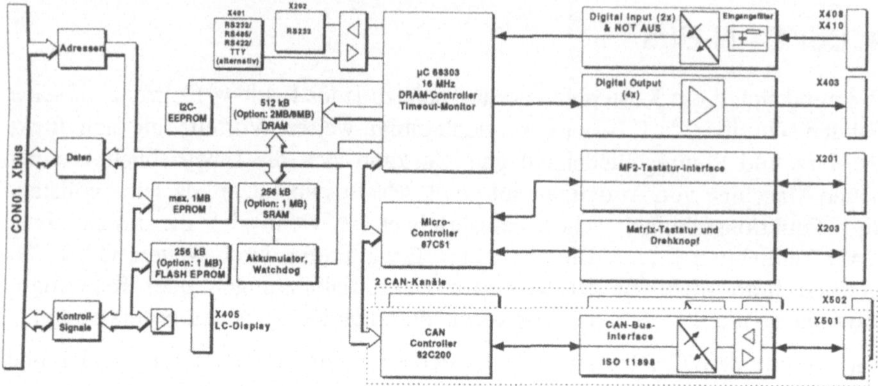

Bild 2: Blockschaltbild der CPC/CTERM

Neben den Steuerungs- und Überwachungsaufgaben bietet die CPC/CTERM dem Maschinenpersonal vor Ort mit Hilfe eines grafik-fähigen LCD-Displays sowie einer abgestimmten Funktionstastatur Möglichkeiten für Bedienen und Beobachten.

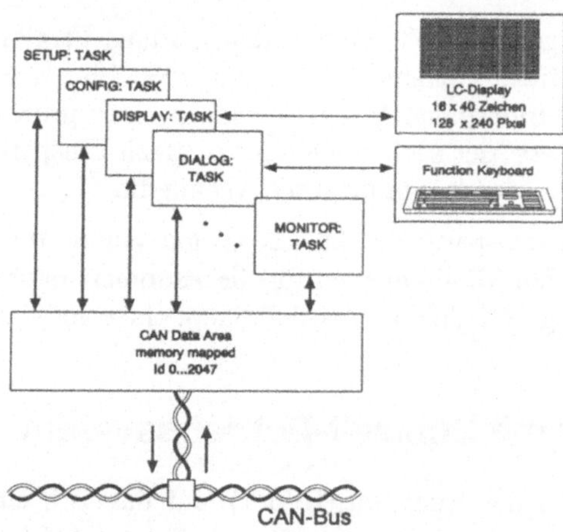

Bild 3: Struktur der CPC/CTERM

Auf der Basis von RTOS-UH mit seinen Multitasking- und Multiuser-Eigenschaften sowie dem von der Echtzeit-Hochsprache PEARL (DIN 61109) unterstützten Tasking-Konzept, werden die Echtzeitaufgaben einzelnen Tasks (Bild 3) zugeordnet, die dann vom Betriebssystem prioritätsgerecht verwaltet werden.

Das Prozeßabbild wird dabei automatisch durch die Ablage der nachrichten-orientierten CAN-Datenobjekte in einem bekannten Speicherbereich aktuell und echtzeit-gerecht aufbereitet.

Jedem CAN-ID wird in einer Struktur ein Feldelement mit 8 Byte CAN-Data und zusätzlichen Status-Informationen zugeordnet, so daß sämtliche CAN-Daten quasi 'memory-mapped' jederzeit zur Verfügung stehen (Bild 4). In Erweiterung der reinen CAN-Datenstruktur auf der Rechnerseite ist dabei unter anderem mit dem Element EVTRIG eine besonders unter dem Blickwinkel des Echtzeitgedankens äußerst effiziente Interrupt-Nutzung für den Anwender geschaffen worden.

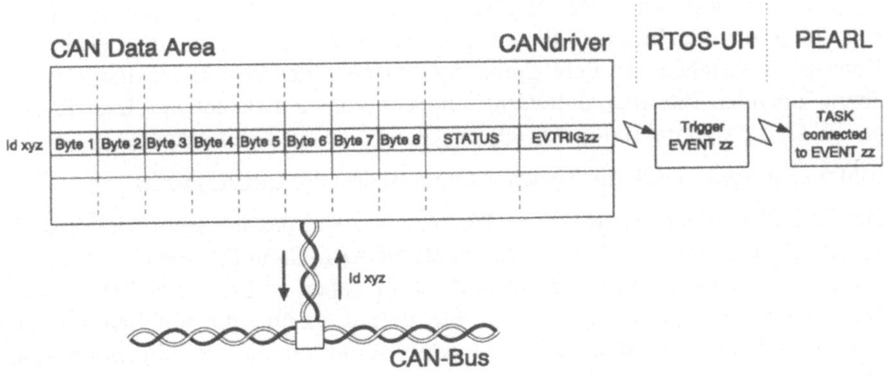

Bild 4: CAN Data Area

6. Interrupt Anbindung

In Bild 5 ist der Weg eines externen Ereignisses, das per CAN echtzeit-gerecht dem RTOS-UH-Rechner mitgeteilt wird, symbolisch skizziert, bis es eine vom Nutzer definierte Reaktion veranlassen kann. Unter Ausnutzung des PEARL Konstruktes, das mit dem EVENT-Statement die Anbindung einer beliebigen Task auf User-Ebene an einen Hardware-Interrupt vorsieht, kann einer CAN-Nachricht eine EVENT-Nummer vom Anwender zugeordnet werden.

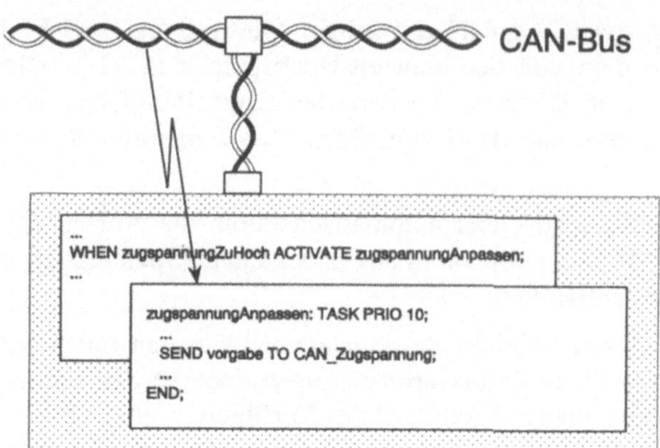

Bild 5: Event Handling auf dem CAN-Leitrechner

Bei Eintreffen der CAN-Nachricht wird dann automatisch und sofort die verknüpfte Task gestartet (oder fortgesetzt), ohne daß der Nutzer auch nur selbst eine Zeile für den Interrupt-Prozeß programmieren muß. Die im RTOS-UH-Konzept vorgesehene saubere Trennung zwischen der vom Echtzeitsystem zu übernehmenden Interrupt-Betreuung und der vom Anwender auf User-Ebene per PEARL programmierten Anweisung bleibt also auch hier erhalten.

Bild 6 zeigt symbolisch die Speicher-Organisation der CPC/CTERM.

Das EPROM enthält das RTOS-UH Echtzeitsystem, das in dieser Ausbaustufe ca.120 kByte umfaßt, wobei der komplette PEARL-Compiler sowie Assembler und ein bildschirm-orientierter Editor der Einfachheit halber mit enthalten sind. Dies erlaubt im Servicefall eine hohe Flexibilität, da über die seriellen Schnittstellen oder auch über den CAN-Bus jederzeit ein Laptop oder ein Modem für Diagnosezwecke eingesetzt werden kann.

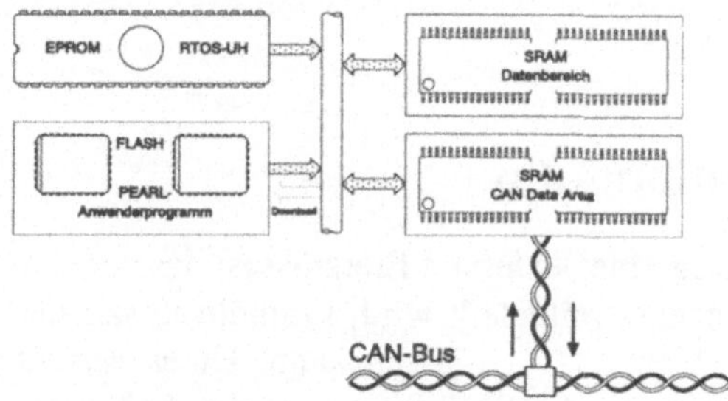

Bild 6: RAM/EPROM-Organisation des CAN-Leitrechners

Für reine Laufzeitversionen ohne Komfort läßt sich das System auf ca. 50 kByte abspecken.

Ebenfalls ROM-resident werden im Flash-EPROM die PEARL-Tasks des Anwenders gefahren, die für Anpassungen, neue Konfigurationen oder Software-Updates über einen gesicherten DOWNLOAD-Pfad im geschlossenen System vom Anwender selbst wieder ladbar sind.

7. Dezentrale Intelligenz

Die für schnellaufende Maschinen geforderte zeitliche Reproduzierbarkeit von weniger als einer Millisekunde wird dem Leitrechner unabhängig von seiner Auslastung von intelligenten CAN-Komponenten direkt vor Ort abgenommen. Spezielle CAN-I/O-Module, wie zum Beispiel die CPIO (Bild 7), wurden durch programmierbare Timer-Processoren im Eingangspfad erweitert, und übernehmen die extrem zeitkritischen Operationen, die in herkömmlichen Maschinen von mechanischen Schaltnocken-Werken geleistet wurden.

Das Ausgangssignal kann dabei entweder direkt von der CPIO gefeuert werden oder aber zu weiter entfernten Aktoren per CAN übertragen werden. Die Echtzeitfähigkeit des CAN mit einer Verzögerung von wenigen hundert Mikrosekunden gewährleistet dabei die Forderung einer zeitlichen Toleranzzeit von weniger als einer Millisekunde und damit eine Reproduzierbarkeit der Faltung im Bereich unter einem Millimeter.

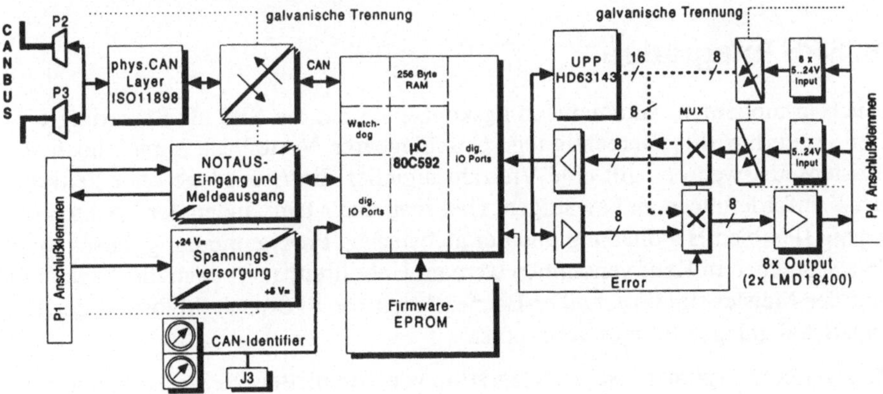

Bild 7: Blockschaltbild der CAN-CPIO16/8

Die Parametrierung und Programmierung der dezentralen CAN-Komponente wird natürlich via CAN vorgenommen. Selbstverständlich führt die Möglichkeit, nicht nur 'reine Steuerbits' sondern 'Inhalte', wie Parameter, Konfigurationsdaten, Betriebslaufzeiten, Einschaltzeiten, Anzahl der Power-On-Schaltungen oder die Bereithaltung einer Vielzahl für den Service nützlichen Daten, zu einem erweiterten Datenabruf und -austausch, die wesentlich zu einer hohen Systemtransparenz und Servicefreundlichkeit beiträgt.

Außerdem sei vermerkt, daß durch die stets gegebene Mithörmöglichkeit des Leitrechners von CAN-Nachrichten auch bei direktem Datenaustausch zwischen dezentralen CAN-Teilnehmern jederzeit alle Daten visualisiert und überwacht werden können.

Es ist nicht nötig, hierfür zusätzliche Pollingzyklen zu starten. Zur Gewährleistung der Betriebssicherheit übernimmt der Leitrechner eine CAL/CMS-konforme WATCHDOG-Überwachung, die die Aktionsfähigkeit jedes CAN-Teilnehmers sicherstellt.

Ähnlich der CPIO ist mit der CDIO ein weiteres Kombi-Modul für ein- und Ausgänge um lokale Funktionalität erweitert worden. Hier sind einfache BOOLSCHE-Verknüpfungen direkt auf dem Modul vor Ort im Bereich von Mikrosekunden ausführbar, um z.B. sicherheitskritische Verriegelungen oder Richtungsumsteuerungen von Motoren abarbeiten zu können. Parameter und ein AWL-kompatibler Code werden ebenfalls via CAN zum CAN-I/O-Modul übermittelt.

8. SPS Integration

Auch in modernen Automatisierungskonzepten hat die SPS als Steuerungseinheit weiterhin ihre Berechtigung. Unschlagbarer Vorteil ist immer noch die Kostenseite, wenn es gilt eine Vielzahl digitaler Ein-/Ausgänge ohne zeitkritische Anforderungen zu bewältigen. Hier mag unter Umständen der Nachteil der wenig flexiblen Handhabung und der archaischen Programmierung jenseits von Hochsprachen in Kauf genommen werden. Unbestreitbar ist auch die Akzeptanz auf der Meister- und Techniker-Ebene, denen die SPS nach Ablösung der Relais-Schaltanlagen bestens vertraut ist.

Ein weiteres Argument ist die Integration von kompletten, SPS-instrumentierten Teilanlagen, die von Zulieferern fix und fertig geliefert werden. Zur Vermeidung endloser Diskussionen und Kompetenzgerangel mag es auch hier von Vorteil sein, die Teilanlage samt SPS als autarke Einheit zu sehen und ohne größere Hardwareänderung zu integrieren (Bild 8).

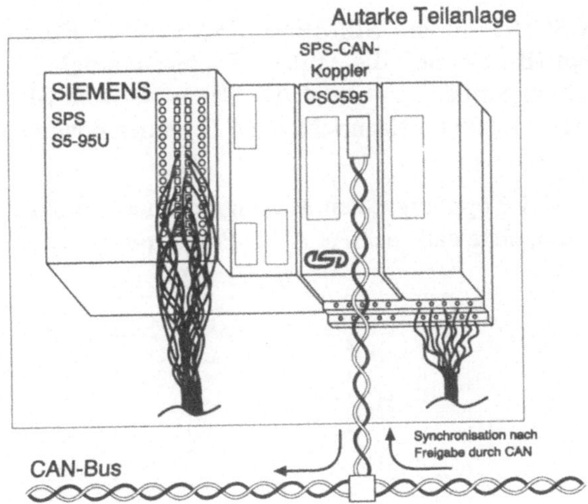

Bild 8: Anschluß der SPS S5-95 durch die Anschaltbaugruppe CSC595

Allerdings macht es wenig Sinn, die SPS als Fremdkörper im CAN-Konzept zu behandeln. Die üblicherweise vorgenommene quasi-parallele Kopplung über digitale Signalleitungen verbietet sich als Rückfall in die gerade verlassenen Verdrahtungskonzepte mit ihren hohen Erstehungs- und Folgekosten. Sehr viel eleganter ist der Weg, die Welt der SPS über eine CAN-Anschaltbaugruppe zu öffnen.

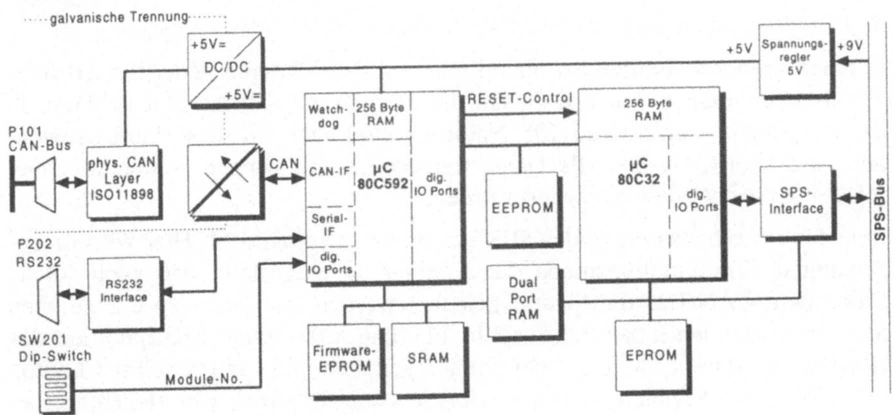

Bild 9: Blockschaltbild der CSC595

So weist die CSC595 für die SIEMENS S5-95/100-U Familie ein Doppel-prozessorkonzept (Bild 9) auf, die es dem Koppler ermöglicht, ähnlich der in Bild 3 dargestellten Struktur sowohl CAN-Daten als auch SPS-Modulbus interne Daten ohne Verlust von Nachrichten auf der einen oder anderen Seite auszutauschen.

Dabei kann die SPS Kopplungsdaten aus angrenzenden Anlagenteilen aufnehmen oder absenden, ohne daß das SPS-AWL Programm geändert werden muß.

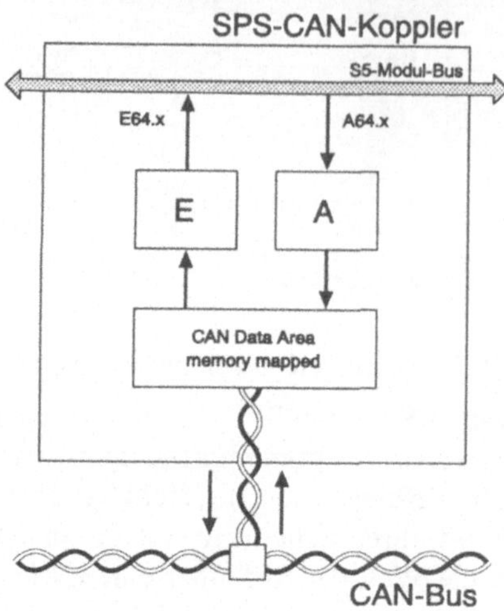

Bild 10: Selbskonfigurierendes SPS-CAN-Interface

In einer einfachen Betriebsart übernimmt der CAN-Koppler lediglich das Senden und Empfangen von den Daten, die zu dem SPS-Modul-Slot gehören, in das er gesteckt wurde (Bild 10). Natürlich sind auch für diese Simpelanwendung auf dem CAN-Bus alle Daten transparent und können vom Leitrechner sofort überwacht oder visualisiert werden.

Eine deutliche Erweiterung des SPS-Horizontes zeigt Bild 11. Hier wird im sogenannten Konfigurationsmode der Koppler so eingestellt, daß auch solche Daten dem CAN-Bus transparent gemacht werden, die über den eigentlichen Slot-Daten-Bereich hinausgehen (Bild 11). Die notwendige Konfiguration des Kopplers für diesen Mode ist sehr einfach gehalten und kann seriell per Laptop mit Hilfe eines trivialen Dialoges erfolgen oder aber auch viel eleganter über den CAN-Bus mit standardisierten Kommandos.

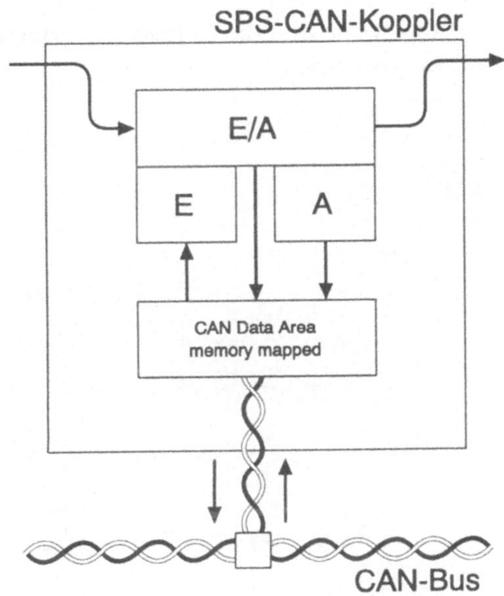

Bild 11: Transparenter Mode

Die Konfigurationsparameter werden zur Überbrückung von Spannungsausfällen in einem EEPROM eingefroren.

In jedem Fall ist es nicht notwendig, auf der SPS-Seite programmtechnische Erweiterungen vorzunehmen oder Funktionsbausteine einzuführen. Alle CAN-Daten können in gewohnter Weise per Exx.z oder Axx.z im AWL-Programm angesprochen werden, die Zuordnung zu den CAN-IDs wird vom Koppler ausgeführt.

Nicht zuletzt stellt die Integration der SPS auch für solche Anwender einen gangbaren Weg dar, die eine langsame Ablösung bestehender Anlagen bevorzugen, bevor sie sich voll auf den Zug mit dezentralen Steuerungen und mit Echtzeit-Betriebssystem bestücktem Leitrechner für flexibel zu handhabende Anlagen mit einem deutlichen Gewinn an Flexibilität schwingen.

9. CAN-Netz

Abschließend zeigt Bild 12 eine vollständige Anlage aus drei Verpackungsmaschinen, die jeweils von einem Leitrechner kontrolliert werden. Auf dem zweiten, völlig separaten CAN-Zweig sind die Leitrechner untereinander und zum übergeordneten Koordinationsrechner verbunden.

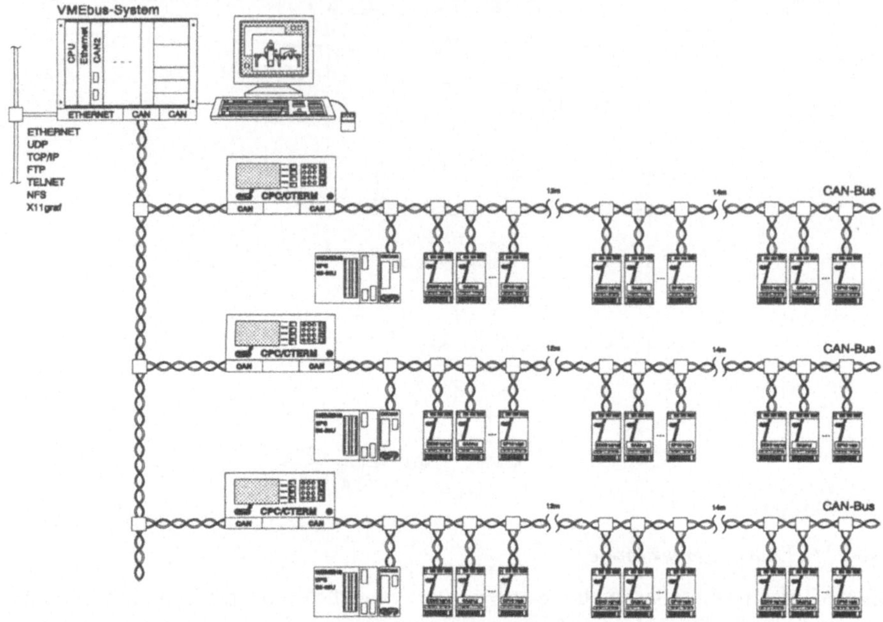

Bild 12: Koordinationsrechner für drei Verpackungsmaschinen

Der Koordinationsrechner ist als kleines VMEbus-System mit einem 68030, 25 MHz, 4 MB RAM, Ethernet, SCSI und ebenfalls dem Echtzeit-Betriebssystem RTOS-UH ausgerüstet. Neben einer WINDOW-gemäßen Visualisierung mit Bediener-Interface übernimmt er die Pufferung der Betriebs- und Produktionsdaten auf Massenspeicher, falls der übergeordnete Produktionsrechner nicht erreichbar ist. Die Anbindung an diese Welt erfolgt per Ethernet mit den Standard-Diensten TCP/IP, UDP, FTP und TELNET, die zu den Eigenschaften des RTOS-UH Systems zählen. Weiterhin ist der Export von aufbereiteter Visualisierungsdaten per X.11-Grafik-Transfer möglich.

Zum Echtzeitverhalten von Bus-Hierarchien

P. Hartlmüller

Zusammenfassung

Bus-Hierarchien werden zunehmend in komplexen Echtzeitsystemen eingesetzt. Werden bei deren Entwurf nicht sorgfältig die parallel ablaufenden Bustransfers analysiert, so können sich die Systeme im Betrieb sporadisch anders als erwartet verhalten. Vor allem überraschend lange Transferzeiten aber auch vollständige Systemausfälle sind beobachtbar.

In diesem Beitrag werden diese Probleme analysiert. Es ist dann möglich, sie mit den Eigenschaften einiger handelsüblicher HW-Komponenten entweder ganz zu eliminieren, oder auf ein definiertes, toleriertares Maß zu reduzieren.

1. Was sind Bus-Hierarchien ?

1.1 Arten von Bussystemen

In komplexen Prozeßrechnern werden häufig mehrere, meist heterogene Bussysteme auf folgenden Ebenen eingesetzt:

Ebene	Busteilnehmer	System
Chip Level	Module (CPU, Speicher, IO-Controller)	Microcontroller
Board Level	Chips (CPU, Speicher, IO-Controller)	Board (VMEbus-Karte)
Crate Level	Boards	Crate (VMEbus Rahmen)
System Level	Crates	Multi-Crate System

Typisch für Bus-Hierarchien ist, daß ein „System" einer Ebene zum „Busteilnehmer" der nächsten Ebene wird. Für die folgenden Untersuchungen genügen zwei Ebenen, wofür die Board- und Crate-Ebene gewählt wurden (Bild 1):

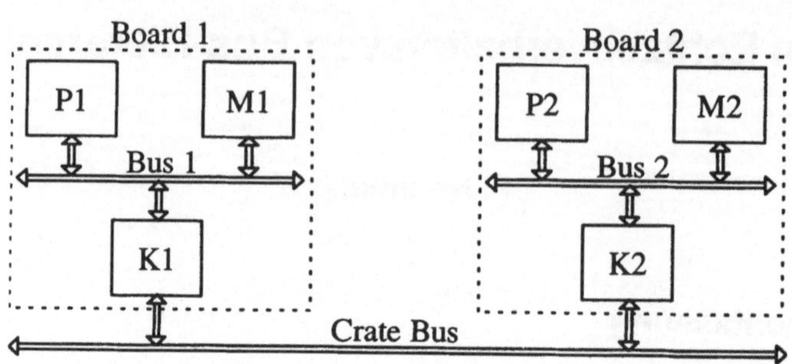

Abbildung 1: HW Architektur

Pi :   Prozessor auf Board i   Ki :   Koppelelement
Mi :   Speicher auf Board i   zwischen dem Bus i
                                              und dem Crate Bus

1.2 Verschachtelung von Buszyklen

Um die zeitliche Verschachtelung der Buszyklen zu zeigen, wird - bezogen auf
Bild 1 - angenommen, daß <u>Prozessor P1 den Speicher M2 lesen</u> will (Bild 2).
Dieser Datentransfer benötigt <u>Betriebsmittel</u> (Bus 1, Crate Bus, Bus 2), die
<u>nacheinander belegt werden</u>.

Tabelle 1 zeigt die einzelnen Phasen dieses Transfers und den jeweiligen Bele-
gungszustand der Betriebsmittel.

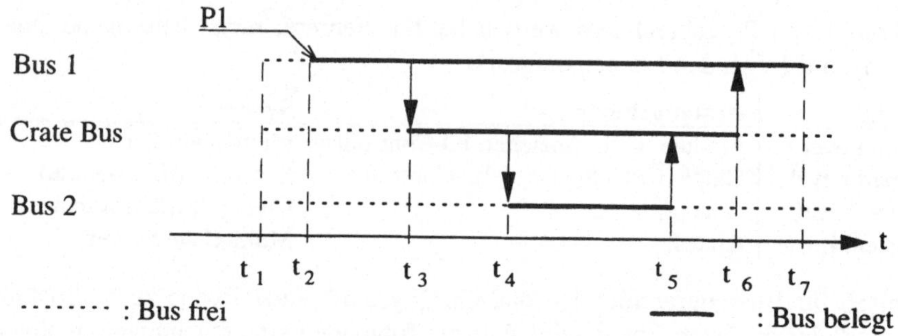

Abbildung 2: zeitliche Verschachtelung von Buszyklen

Schritt	Zeitpunkt	Ereignis	Belegung von		
			Bus 1	CrateBus	Bus 2
0	$t < t_1$		frei	frei	frei
1	$t = t_1$	P1 beantragt Bus 1	frei	frei	frei
2	$t_1 < t < t_2$	Arbitrierung an Bus 1	frei	frei	frei
3	$t = t_2$	Bus 1 an P1 zugewiesen	P1	frei	frei
4a	$t_2 < t < t_3$	P1 belegt Bus 1	P1	frei	frei
4b		P1 selektiert K1			
4c		K1 beantragt Crate Bus			
4d		Arbitrierung am Crate Bus			
5	$t = t_3$	Crate Bus an K1 zugewiesen	P1	K1	frei
6a	$t_3 < t < t_4$	K1 belegt Crate Bus	P1	K1	frei
6b		K1 selektiert K2			
6c		K2 beantragt Bus 2			
6d		Arbitrierung am Crate Bus			
7	$t = t_4$	Bus 2 an K2 zugewiesen	P1	K1	K2
8a	$t_4 < t < t_5$	K2 belegt Bus 2	P1	K1	K2
8b		K2 selektiert M2			
8c		K2 liest M2			
9	$t = t_5$	K2 und M2 beenden Buszyklus	P1	K1	frei
10	$t_5 < t < t_6$	K1 liest K2	P1	K1	frei
11	$t = t_6$	K1 und K2 terminieren Zyklus	P1	frei	frei
12	$t_6 < t < t_7$	P1 liest K1	P1	frei	frei
13	$t = t_7$	P1 und K1 terminieren Zyklus	frei	frei	frei

Tabelle 1: Phasen verschachtelter Buszyklen

2. Welche Probleme können auftreten ?

Neben den durch Wartezuständen **verlängerten Transferzeiten** wird hier auf **Verklemmungen** eingegangen, welche typischerweise zum **Abbruch des Transfers** führen.

2.1 Temporäre Wartezustände

Ein *temporärer Wartezustand* tritt ein, <u>wenn ein für den Transfer benötigter Bus bereits anderweitig belegt</u> ist. Dies tritt bekanntlich bereits bei eng gekoppelten Mehrprozessorsystemen mit <u>nur einem</u> Bus auf. In Bus-Hierarchien wird diese Problematik dadurch verschärft, daß Busysteme, die bereits dem wartenden Transfer zugewiesen wurden, blockiert sind:

Im betrachteten Beispiel (Bild 1) will P1 auf M2 zugreifen. Ist der Bus 2 zwischen t_3 und t_4 (Bild 2) durch lokale Zugriffe von P2 auf z.B. M2 belegt, so sind Bus 1 und der Crate Bus blockiert. Bild 3 zeigt, daß sich der Zyklus von P1 um die Transferzeit der lokalen Zyklen am Bus 2 verlängern kann.

Die Wartezeit kann erheblich vergrößert werden, wenn Blocktransfers auf Bus 2 ablaufen. Diese sind mitunter sogar dem Systemarchitekten unbekannt, wenn z.B. Netzwerk- oder Sekundärspeicher-Controller die Blocktransfers ausführen, da diese Controller häufig von zugekauften Programmpaketen verwaltet werden. Sporadisch verlängerte Buszyklen auf Bus 1 und dem Crate Bus sind dann schwer zu erklären. Stark verlängerte Transfers können in diesem Fall von der Zeitüberwachung am Bus 1 oder am Crate Bus abgebrochen werden.

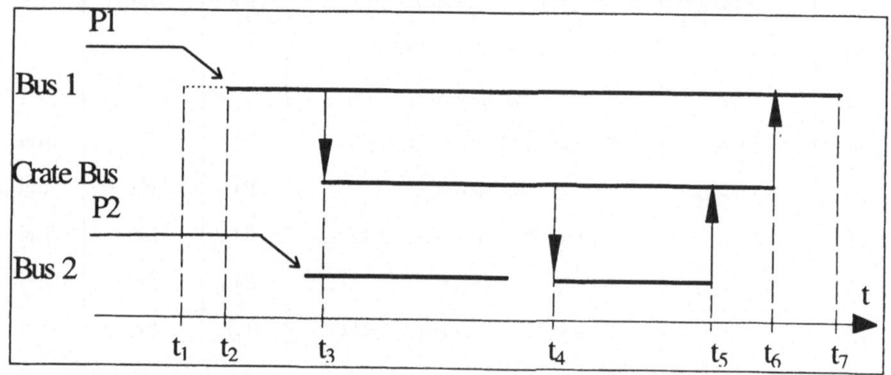

Abbildung 3: Temporärer Wartezustand

2.2 Verklemmungen

Im bisherigen Beispiel greifen P1 und P2 auf M2 zu. Eine Verklemmungsgefahr besteht, wenn P2 sich nicht auf den lokalen Bus 2 beschränkt, sondern seinerseits zwischen t_3 und t_4 auf den Crate Bus zugreifen will, der noch von P1 (wartend auf Bus 2) belegt ist.

Ein **wechselseitiger Wartezustand** gemäß Tabelle 2 stellt sich ein, wenn:

Zustand	Transfer von P1	Transfer von P2
belegt	Bus 1, Crate Bus	Bus 2
wartet auf	Bus 2	Crate Bus

Tabelle 2: wechselseitiger Wartezustand

Betrachtet man die Transfers von Prozessoren P1 und P2 als <u>Prozesse</u> und die Bussysteme als <u>Betriebsmittel</u>, so ergibt sich der in Abbildung 4 dargestellte Prozeß-Betriebsmittel-Graph (PBG).

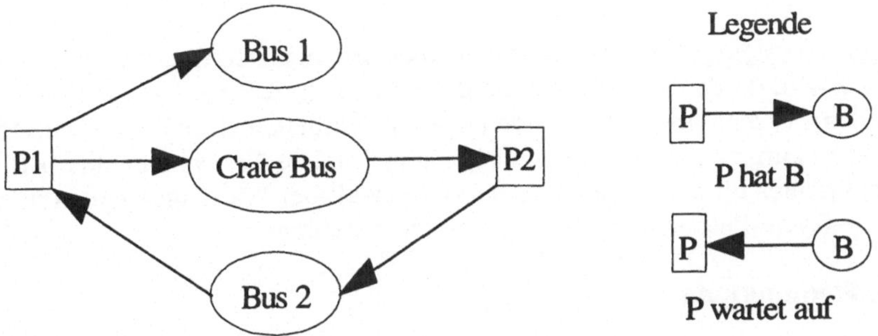

Abbildung 4: Verklemmung im Prozess-Betriebsmittel-Graphen dargestellt

Deutlicher als Tabelle 2 zeigt Abbildung 4 mittels des <u>geschlossenen Pfades</u> den wechselseitigen Wartezustand (Verklemmung).

Im allgemeinen führt eine Verklemmung zum Abbruch eines Buszyklusses, d.h. zum Freiwerden eines Betriebmittels. Ein Prozeß kann somit fortfahren, der andere muß seinen abgebrochenen Transfer wiederholen.

3. Können wir diese Probleme tolerieren?

Zur Klärung dieser Frage ist zunächst eine Analyse der jeweiligen Anwendung <u>in allen Betriebsphasen</u> notwendig:

- Welche Transferraten sind erforderlich?

- Welche Transferraten erreichen einzelne Teilsysteme in Isolation?

- Welche Transferzeiten müssen eingehalten werden?

Erst dann kann bewertet werden, ob die Auswirkungen der Wartezustände und der Verklemmungen, sowie deren Wahrscheinlichkeit/Häufigkeit toleriert werden können.

3.1 Welche Auswirkungen haben diese Probleme?

a) Wartezustände

Die Auswirkung von Wartezuständen wurde prinzipiell in 2.1 erläutert.

Die Konsequenz für <u>zeitunkritische Anwendungen</u> ist eine meist geringe Verlängerung der mittleren Transferzeit und somit ein leichter Performance-Verlust.

In <u>Echtzeitsystemen</u> wird das Verhalten undeterministisch. Eine exakte zeitliche Analyse wird durch die Verkopplung der Systeme (z.B. Board 1 und Board 2 in Abbildung 1) sehr aufwendig. Änderungen im Verhalten eines Teilsystems (z.B. P2 greift häufiger auf M2 zu) wirken sich auf andere Teilsysteme aus (z.B. P1 braucht länger für seine Datentransfers). Speziell bei Wartungsarbeiten in späten Life-Cycle-Phasen kann dies zum Problem werden.

b) Verklemmungen

Die Auswirkung einer Verklemmung ist stark von der verwendeten HW abhängig. Sie gibt die Maßnahmen zur <u>Erkennung</u> und <u>Behandlung</u> des Verklemmungszustandes vor:

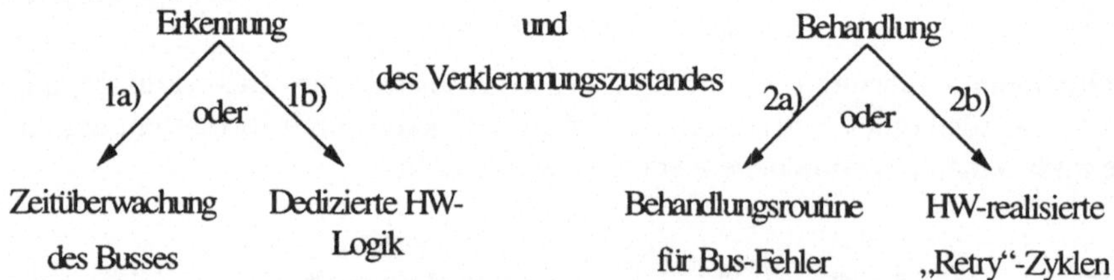

Die Mehrzahl der kommerziellen CPU-Boards (z.B.VMEbus-Boards mit Motorola MC 68k Prozessoren) ermöglichen durch 1b) und 2b) eine SW-transparente Beseitigung des Verklemmungszustandes in der Größenordnung von einer µsec.

Dies führte dazu, daß die Problematik der Verklemmungszustände vielen Anwendern nicht geläufig ist.

Die Situation ändert sich, wenn nun

- andere Prozessortypen (2b nicht möglich) oder

- neue Bussysteme zur Verbindung einzelner Rahmen (1b nicht möglich)

verwendet werden. Die notwendigen Abläufe im Falle einer Verklemmung müssen dann vom Anwender verstanden werden.

3.2 Wie häufig treten diese Problem auf?

Die Probleme treten auf, wenn sich zwei Ereignisse überlappen:

Im Falle von **Wartezuständen** ist die <u>Überlappung von kompletten Transferphasen</u> zu betrachten. Diese Phasen liegen typisch in der Größenordnung von 100 nsec bis zu einigen µsec.

Bei **Verklemmungen** ist die Zeit relevant, die benötigt wird, um alle diejenigen Bussysteme zu belegen, die in Zyklen im PBG eingebunden sein können.
Um dies zu verdeutlichen, wird Bild 1 um ein Speichermodul M am Crate Bus erweitert. Das zu analysierende Szenario sei dann wie folgt:

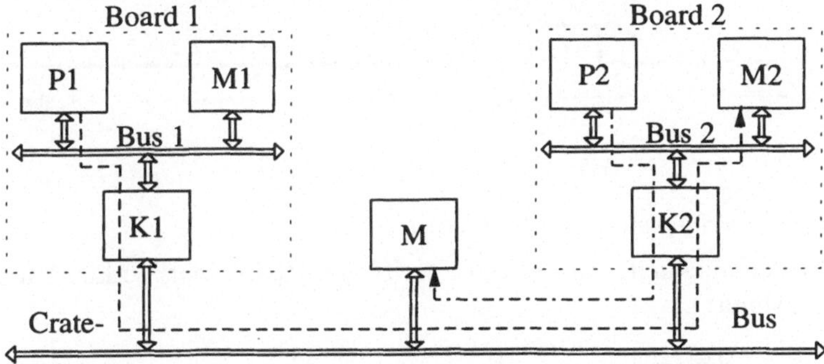

Abbildung 5: Verklemmungsgefährdete Architektur

Prozessor	greift zu auf	und benötigt hierfür
P1	M2	Bus 1, Crate Bus, Bus 2
P2	M	Bus 2, Crate Bus

Bezogen auf P1 ist in Tabelle 1 die Phase zwischen Schritt 5 und 7 kritisch. Sie beginnt und endet mit den Zeitpunkten, an denen die Arbiter ihre irreversiblen Entscheidungen treffen. Für den Zugriff von P2 ist analog die Zeitspanne zwischen der Zuweisung von Bus 2 und dem Crate Bus relevant. Für handelsübliche HW dauert die kritische Phase für P1 und P2 ca. 50 bis 500 nsec.

Wie groß ist nun quantitativ in diesem Beispiel die Gefahr einer Verklemmung?

Um die Wahrscheinlichkeit W(P1) zu berechnen, mit der ein Zugriff von P1 in einer Verklemmung resultiert, muß auch die mittlere Zugriffsrate T_2^{-1} von P2 auf M bekannt sein. Im konkreten Beispiel werden folgende Zahlenwerte angenommen:

- Dauer der kritischen Phase beim Zugriff von P1: Δt_1 = 50 nsec

- Dauer der kritischen Phase beim Zugriff von P2: Δt_2 = 100 nsec

- Zugriffsrate von P2 auf M: T_2^{-1} = 1 msec^{-1}

Eine Überlagerung (und somit eine Verklemmung) tritt auf, wenn die kritische Phase von P2 zwischen $t_{1B} - \Delta t_2$ und t_{1E} beginnt (Abbildung 6).

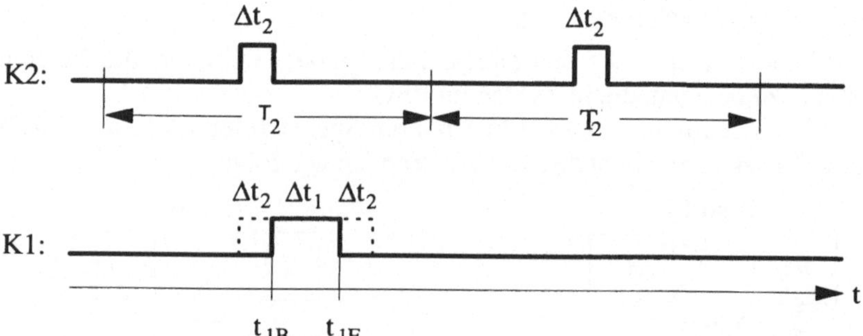

Abbildung 6: Überlappung kritischer Phasen

Die Wahrscheinlichkeit, mit der ein Zugriff von P1 in einer Verklemmung resultiert, ist somit:

$$W(P1) = T_2^{-1} * (\Delta t_1 + \Delta t_2) = 1{,}5 * 10^{-4}$$

4. Wie vermeiden wir diese Probleme?

Der prinzipielle Ansatz, diese Probleme zu vermeiden, liegt in **der Entkopplung der Bustransfers**. Bezogen auf Bild 2 bedeutet dies, die zeitliche Verschachtelung aufzuheben:

Will z. B. P1 ein Datum in M2 ablegen (Abbildung 1), so wird das Datum zunächst in K2 zwischengespeichert und der Zyklus aus Sicht von P1 terminiert. Asynchron wird dann das Datum über den Bus 2 an die endgültige Senke geschrieben (Abbildung 7).

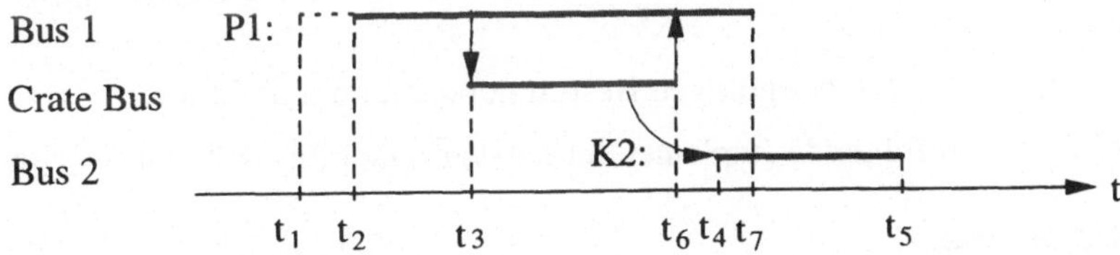

Abbildung 7: Entkopplung von Buszyklen

Es ist leicht ersichtlich, daß sich so der in Bild 3 beschriebene Wartezustand vermeiden läßt. Verklemmungen werden ebenfalls sicher vermieden, da im PBG von Bild 4 keine Zyklen mehr möglich sind (P1 wartet nicht auf Bus 2). Im folgenden werden einige Implementierungsvarianten für die Entkopplung skizziert:

4.1 Write Posting

Hierunter wird - bezogen auf Bild 1 und 7 - die Fähigkeit von K2 verstanden, ein Datum vom Crate Bus entgegenzunehmen und somit diesen Zyklus zu terminieren. K2 beantragt dann selbständig Bus 2 und transferiert das Datum in M2.

Dies ist die effizienteste Methode der Entkopplung von Schreibzyklen. Sie ist bei einigen modernen VMEbus CPU-Boards bereits implementiert.

4.2 Read-Ahead-Puffer

Eine der wenigen Möglichkeiten, auch Lesezyklen zu entkoppeln, bieten Read-Ahead-Puffer: Wurde ein Datum mittels K2 aus M2 ausgelesen, so liest K2 selbständig die nächste(n) Adresse(n) und hält diese Daten in einem internen Pufferspeicher bereit. Speziell im Falle von Blocktransfers ist die Wahrscheinlichkeit hoch, daß diese Daten dann auch tatsächlich über den Crate Bus angefordert werden.

4.3 Multi-Port-Speicher

Multi-Port-Speicher sind Koppelelemente zwischen Bussystemen, die jedem Bus einen separaten Zugriffspfad zum Speicherinhalt bereitstellen. Sie bieten wie beim Write Posting die Möglichkeit, Daten zwischenzuspeichern, um die momentanen Buszyklen abschließen zu können. Falls die Daten nicht direkt im MPS bearbeitet werden können, besteht die Notwendigkeit

a) einen weiteren Bus-Master zu informieren, daß Daten angekommen sind und

b) diese Daten an den endgültigen Bestimmungsort zu transferieren.

Prinzipiell stehen folgende Implementierungsvarianten für MPS zur Verfügung:

FIFO-Bausteine:

Speziell wenn die Daten in Blöcken (Botschaften) übertragen werden, kann Aufgabe a) hier interrupt-gesteuert erledigt werden. Im FIFO abgelegte Daten benötigen i. A. eine Identifizierung.

Dual Port Speicher:

Hierunter werden Speichermoduln mit zwei physikalisch getrennten Schnittstellen verstanden (also nicht "Dual Access Speicher"). Bei diesem - seitens der HW aufwendigen Ansatz - sind a) und b) nur schwer zu realisieren. Er wird daher hauptsächlich dann gewählt, wenn die Daten im MPS verarbeitet werden können.

Reflective Memory:

Reflective Memory Systeme werden primär zur Verbindung mehrerer Crates eingesetzt. In jedem Crate befindet sich ein Speichermodul, welches über das Reflective Memory Netzwerk mit den anderen Moduln verbunden ist. Schreibzugriffe auf ein Modul werden durch das Netzwerk allen anderen mitgeteilt, so daß das geschriebene Datum innerhalb der Gößenordnung von einer µsec global zur Verfügung steht.

4.4 Gemeinsamer Speicher

Verklemmungen können auch durch Restriktionen im Daten- und Kontrollfluß vermieden werden. Beschränkt man z.B. den von P1 und P2 gemeinsam benutzten Speicher im Bild 1 auf M2, so entsteht nie die Situation, daß

• von außen auf den internen Bus zugegriffen wird und gleichzeitig

• ein interner Zyklus den Crate Bus benötigt.

Der zyklische Verklemmungszustand von Bild 4 wird somit vermieden.

Vom Zugriffsmuster der Prozessoren auf den gemeinsamen Speicher hängt es ab, wo dieser installiert werden sollte:

- Greift <u>ein Prozessor überwiegend</u> darauf zu, so sollte sich der globale Speicher auf seinem Board befinden (M2 in Abbildung 1).

- Bei einer <u>gleichmäßigen Verteilung der Zugriffe</u> ist ein gemeinsamer Speicher direkt am Crate Bus sinnvoll (M in Abbildung 5). In diesem Falle ist keine Arbitrierung auf den lokalen Bus-Systemen notwendig, was zu einer Leistungssteigerung führt.

4.5 Kommunikationsprozessor

Speziell bei Verwendung von CPU-Boards mit extremer Rechenleistung ist sinnvoll, diese nicht durch Datentransfers unnötig zu degradieren.

Es empfiehlt sich hier, daß diese "Number Cruncher" die Daten <u>lokal</u> in speziellen Speichern oder Speicherbereichen ablegen, auf die ein dedizierter <u>Kommunikationsprozessor</u> zugreifen kann. Dieser tauscht dann die Daten zwischen den Number-Crunchern und ggf. der Prozeßperipherie aus. Da er der einzige Master am Crate Bus ist, entfällt dort die Arbitrierung.

Dieser Ansatz verhindert zwar Verklemmungen, aber keine Wartezyklen. Auch letztere sind kein großes Problem für Anwendungen bei denen

1. sich Rechen- und Ein/Ausgebe-Phasen zyklisch wiederholen,

2. der Number-Cruncher in der Rechenphase nur auf seinen Cache zugreift und

3. während der Ein/Ausgebe-Phase nur der Kommunikationsprozessor aktiv ist.

5. Schlußfolgerung

Bushierarchien stellen eine leistungsfähige Architektur für mittlere und große DV-Systeme dar. Die potentiellen Probleme der Wartezustände und Verklemmungen sind beherrschbar, wenn bereits beim Systementwurf die Eigenschaften von Bushierarchien analysiert und berücksichtigt werden.

Bei der Betriebsmittelvergabe durch Betriebssysteme treten ähnliche Probleme auf. Hierfür etablierte Lösungsansätze sind auch auf Bushierarchien anwendbar. Sie können durch

- eine geeignete Systemarchitektur, sowie

- durch Verwendung geeigneter handelsüblicher Komponenten

implementiert werden.

Literatur

[Bor91]   Paul L. Borrill, „Why Open, and Why Buses ?", Proceedings of the
          Open Bus Systems '91, S. 25-31, VITA, Scottsdale, Arizona, 1991

[CES89]   Creative Electronic Systems S.A., „VMVbus One Slot VIC 8250
          User's Manual", Genf, 1989

[Gus84]   David B. Gustavson, „Computer Buses - A Tutorial", IEEE Micro,
          S. 7-22, August 1984

[IEE87]   The Institute of Electrical and Electronics Engineers, „IEEE
          Standard for a Versatile Backplane Bus: VMEbus", ANSI/IEEEStd
          1014-1987

[Mot93a] Motorola Inc., „M68300 Family: MC68332 User's Manual",
          MC68332UM/AD, Phoenix,Arizona, 1993

[Mot93b] Motorola Inc., „Modular Microcontroller Family: Time Processor
          Unit Reference Manual", TPURM/AD, Phoenix,Arizona, 1993

[Mot93c] Motorola Inc., "MVME162 Embedded Controller: Programmer's
          Reference Guide" (MVME162PG/D1), Tempe, Arizona, 1993

[Par91]   C . Parkman, „VICbus : VME Inter-Crate Bus, A Versatile Cable
          Bus", Conference Record of RT'91, Jülich, 1991

Fallstudien

Bitprozessor und Echtzeit-System zur Bewältigung schnellaufender Maschinen

W. Doll, W. Schulze

Kurzfassung

Schnellaufende Bandsysteme, hohe Taktvorgaben und sich überschneidende Funktionsabläufe verlangen in Fertigungsanlagen der Strumpfverpackungsindustrie nach neuen Konzepten. Kernpunkt der bisherigen, nur aufwendig zu erfüllenden Randbedingungen, ist die Einhaltung von reproduzierbaren Reaktionszeiten auf willkürlich eintreffende Ereignisse und die Vereinfachung von Projektierung, Bedienung und Instandhaltung dieser Maschinen.

Für diesen Anwendungsbereich wurde eine Zentraleinheit entwickelt, die neben einem konventionellen 68K-Mikrokontroller einen schnellen Bitprozessor (BIP) enthält. Die Anbindung der Prozeßsignale erfolgt ausschließlich über den CANbus. Die 68K-CPU übernimmt mit Hilfe des Echtzeitbetriebssystems RTOS-UH die Entgegennahme, Vorverarbeitung und Verteilung der CAN-Daten. Die in Form von Schrittketten implementierten Steuerungsabläufe werden, in einer den herkömmlichen Prozessoren weit überlegenen Geschwindigkeit, vom BIP ereignisgesteuert abgearbeitet.

Der Beitrag erläutert die der Entwicklung des BIP zugrundeliegenden Anforderungen und schildert die Realisierung des Hard- und Softwarekonzeptes. Die Vorstellung einer formalen Sprache zur Programmierung des BIP mündet in die Beschreibung des Einsatzes in der Praxis.

1. Der Grundbegriff Echtzeit

Eine zentrale Anforderung an die Steuerung in den Anlagen der Verpackungsindustrie ist die Einhaltung einer bestimmten Reaktionszeit t_R .

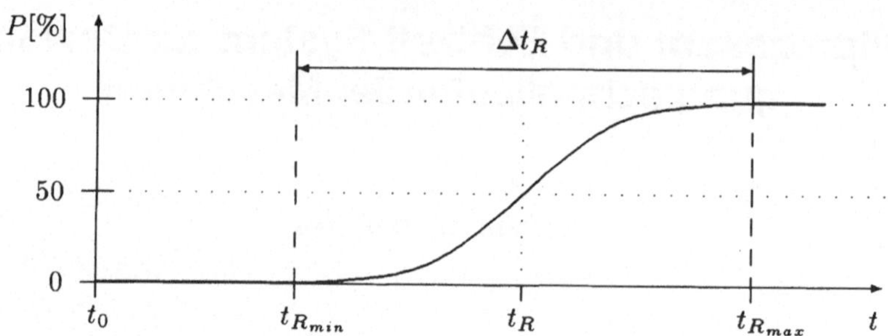

Bild 1: Begriffsdefinierte Echtzeit

Für Abläufe, bei denen das durch die Maschine laufende Gut zu drehen, zu falten oder zu verpacken ist, muß die Steuerung innerhalb eines genau festgelegten Zeitfensters reagieren, damit das Produkt nicht beschädigt wird oder zu große Toleranzen der Faltbewegungen den Präsentationswert der Verpackung schmälern.

Dieses Zeitfenster wird im folgenden als Reaktionszeitschwankung Δt_R bezeichnet. Das Diagramm in Bild 1 veranschaulicht diesen Zusammenhang, in dem es die Antwort-Wahrscheinlichkeit P zur Reaktionszeit t in Beziehung setzt. Für ein Ereignis, das zum Zeitpunkt t_0 eingetreten ist, wird jedem Zeitpunkt t nach dem Ereignis eine Wahrscheinlichkeit P für das Auftreten der Antwort-Reaktion zugeordnet. Kennzeichen von echtzeitfähigen Steuerungen ist damit eine minimale und maximale Reaktionszeit t_{Rmin} und t_{Rmax}, welche in keinem Falle unter- oder überschritten werden darf. Vor t_{Rmin} darf keine Reaktion erfolgen (P=0%). Nach t_{Rmax} muß die Reaktion erfolgt sein (P=100%). Bei zugrundegelegter Normalverteilung der Eingangssignale entsteht somit nach einer statistischen Auswertung der Reaktionszeiten einer bestimmten Steuerung oben aufgeführtes Diagramm. Hauptkennwert einer Steuerung ist deshalb die mittlere Reaktionszeit t_R und die Reaktionszeitschwankung Δt_R.

Zusammenfassend verlangt der Begriff Echtzeit das Vorhandensein eines genau definierten Reaktionszeitfensters. Er besagt nichts über die absoluten Werte von t_{Rmin} und t_{Rmax}. Diese müssen aus den jeweiligen Anforderungen der Anwendung gewonnen werden. Das Hauptaugenmerk liegt bei den oben beschriebenen Anlagen auf der Reaktionszeitschwankung Δt_R (0,5-1ms). Der absolute Betrag von t_{Rmin} (0,5-300ms) ist zwar nicht untergeordnet, jedoch läßt sich diese auch als Totzeit zu interpretierende Zeitspanne in den meisten Fällen durch die geometrischen Abmessungen der Vorrichtungen kompensieren.

2. Hardwarekonzept

Parallele, sich stellenweise überschneidende Funktionsabläufe, stellen das Charakteristikum von Steuerungen in den Anlagen der Verpackungsindustrie dar. Vorgänge laufen Großteils isoliert voneinander ab, sind aber an einigen Stellen miteinander verzahnt und müssen geeignet synchronisiert werden. Es handelt sich bei diesen Vorgängen nicht um komplexe Regelungstechnische Probleme, es geht schlicht um die Bearbeitung klassischer Logikschaltungen im Umfang von einigen tausend Bitverknüpfungen. Gerade diese Aufgabe läßt sich mit den leistungsfähigen und auf große Wortbreiten gezüchteten Mikroprozessoren nicht effizient genug lösen. Auch die ursprünglich für diese Aufgabe gebauten speicherprogrammierbaren Steuerungen können bei vertretbaren Kosten (<2000 DM), mit realen Zykluszeiten von 10ms und mehr ($\Rightarrow \Delta tR > 10$ms) die oben beschriebenen Anforderungen an die Echtzeitfähigkeit nicht erfüllen.

Dies waren die Beweggründe einen herkömmlichen Singleboardrechner mit CANbus-Interface um einen Bitprozessor zu ergänzen. Dieser bekommt die Aufgabe zugewiesen, zwei Bits in weniger als 65ns zu einem dritten Bit zu verknüpfen.

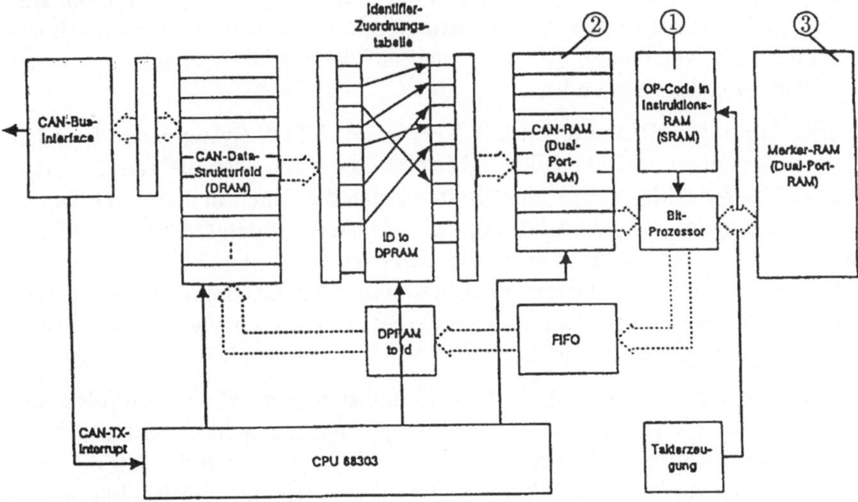

Bild 2: Struktur des BIP

Um die 1-Bit-ALU sind in Bild 2 der Befehls-Speicher, auch Instruktions-RAM (1), das CAN-RAM (2) zur Aufnahme von Prozeßsignalen und der Speicher für die Zwischen- und Zustandsinformationen, das Merker-RAM (3), angeordnet.

Die linke Hälfte von Bild 2 zeigt den Aufbau eines herkömmlichen CANbus-Subsystems auf RTOS-Rechnern. Die CAN-Daten werden durch eine RTOS-I/O-Betreuungstask (CAN-Treiber) im CAN-Datenstrukturfeld verwaltet. Jedem CAN-ID wird ein Strukturelement mit 8 Byte CAN-Daten und zusätzlichen Status-Informationen zugeordnet, so daß sämtliche CAN-Daten "memory-mapped" jeder Zeit zur Verfügung stehen.

Als Koppelglied zwischen CAN-Daten-Strukturfeld und CAN-RAM wird eine Zuordnungstabelle eingesetzt, die jeder vom Bitprozessor bearbeiteten CAN-Nachricht einen Speicherplatz im CAN-RAM zuordnet. Bei nachträglicher Änderung von Identifiern der angeschlossenen Module kann der OP-Code unverändert bleiben, es muß nur die Identifier-Zuordnungstabelle neu geladen werden.

Vor dem Start des Bit-Prozessors müssen die OP-Codes im Instruktions-RAM abgelegt werden. Außerdem ist die Identifier-Zuordungstabelle zu laden. Der Bit-Prozessor wird vom RTOS-System freigegeben und bearbeitet die Befehle im Instruktions-RAM.

Das Resultat einer Bit-Verknüpfung wird mit dem ursprünglichen Zustand des der CPU übergebenen Bit verglichen und nur wenn sich das Bit durch die Berechnung geändert hat in den FIFO übertragen. Dadurch werden unnötige Belastungen der CPU vermieden und nur Daten auf den CANbus übertragen, wenn eine Änderung stattgefunden hat.

Ein FIFO-Interrupt informiert den BIP-Treiber des RTOS-Systems darüber, daß die Daten transferiert werden sollen. Über eine Zuordnungstabelle zwischen den Daten des CAN-RAM und den Identifiern werden die Daten in das CAN-Daten-Strukturfeld eingetragen. Die Übertragung der Daten auf den CANbus wird erst dann eingeleitet, wenn für diesen Identifier keine weiteren Bits vom Bit-Prozessor mehr eintreffen. Dieses Vorgehen minimiert die Belastung des CAN-bus wesentlich, da nicht für jedes geänderte Bit ein ganzes Byte oder Wort über den Bus transportiert werden muß.

Erst wenn der BIP-Treiber den CAN-TX-Interrupt vom CAN-Controller als Bestätigung für die erfolgreiche Übertragung empfangen hat, wird das neue Datum in das CAN-RAM geschrieben. Damit ist sicher gestellt, daß der Bit-Prozessor immer mit den aktuellen CANbus-Daten arbeitet und Rückkopplungen in den Logikgleichungen sich erst dann auswirken, wenn die Daten auch wirklich über den CANbus gesendet wurden.

Bild 3 verdeutlicht den gesamten Vorgang und belegt, daß bei freiem CANbus und einer Baudrate von 1 MBit/s eine Zeitspanne von typischerweise 140μs verstreicht um die Informationen des BIP in einer CAN-Nachricht von 16 Bit Daten zu übertragen.

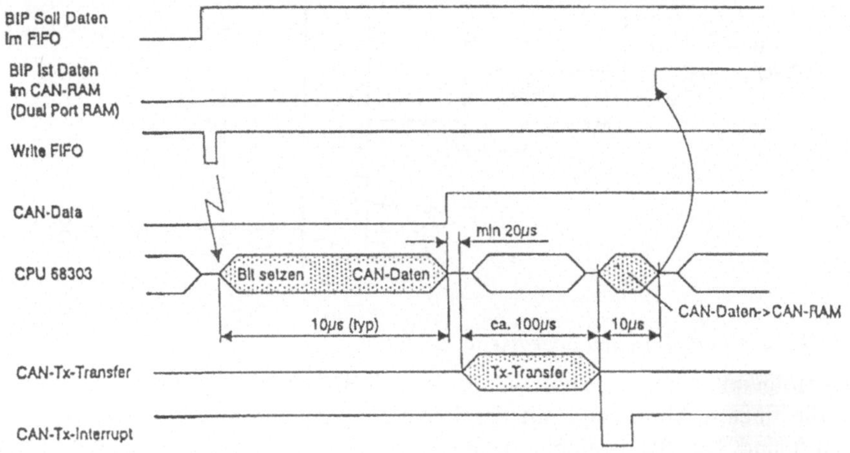

Bild 3: Datentransfer vom Bit-Prozessor zum CANbus und in das CAN-RAM

3. Softwarekonzept

Zum Betrieb des Bit-Prozessors bietet die Firmware auf dem RTOS-System eine Bedienoberfläche mit Assembler für die OP-Codes. Ein Linker besorgt die Verwaltung der Identifier-Zuordnungstabelle. Für den Up- und Download von Dateien steht ein CMS-Fileserver zur Verfügung. Über einen Remote-Comand-Interpreter wird ein Flash-Disc-System angesteuert, damit Programmdaten resetfest ohne rotierende Datenträger auf dem System verwaltet werden können.

Zur Lösung einer Steuerungsaufgabe werden aus Benutzersicht zwei Dateien benötigt. Das File **canlabel.src** ordnet jedem Bit einer CAN-Nachricht einen Signalnamen zu, über den dieses Bit im Assembler File **bipassem.src** referenziert wird.

Die Implementierung einer Logikschaltung ist im folgenden kurz skizziert. Der Funktionsplan in Bild 4 stellt einen Ausschnitt aus einer Schrittkette dar und setzt nach Eintreffen des Signals **OutZ1** den Schrittspeicher **X3**.

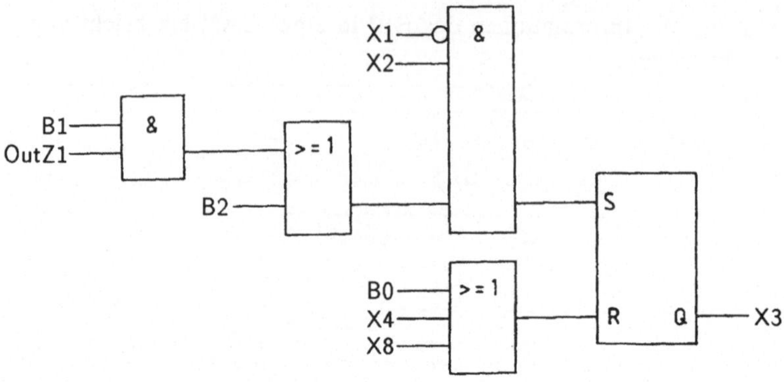

Bild 4: Ausschnitt aus einer Schrittkette

Nachfolgend ist der Assembler-Code für den BIP abgebildet. Deutlich zu sehen
ist die lineare Abbildung, mit der Funktionsplan und Logikgleichungen verknüpft sind. Der BIP bearbeitet jeden dieser Verknüpfungen in einem Takt. Neben den 16 möglichen Bitverknüpfungen sind bedingte und unbedingte Sprünge
sowie ein Volladdierer ADDC erlaubt.

```
*    ...                                  *    Schritt 3
*  R0,R1,R2,R3                            *    Weiterschaltbedingungen
*  und Q sind interne                         MOV        OutZ1,R0
*  ALU-Register                           *    Freigabe der Bedingungen
*    ...                                       AND        B1,R0,R0
*    ...                                  *    Schalten ohne Bedingungen
B0 EQU $100 Grundstellung                     OR         B2,R0,R0
B1 EQU $101 Freigabe WSB                  *    Verriegelung mit Vorgaenger
B2 EQU $102 Schalten ohne WSB                 AND        /X1,R0,R0
B3 EQU $103 Start Kette                       AND        X2,R0,R0
B4 EQU $104 Freigabe Befehle              *    Ruecksetzbedingung
*    ...                                       MOV        X4,R1
*    ...                                       OR         X8,R1,R1
X2 EQU $1FF Schrittspeicher 2             *    Richtimpuls Grundstellung
X3 EQU $200 Schrittspeicher 3                 OR         B0,R1,R1 _
X4 EQU $201 Schrittspeicher 4             *    Schrittmerker verarbeiten
X5 EQU $202 Schrittspeicher 5             *               R0=1 setzen
*    ...                                   *               R1=1 ruecksetzen
X8 EQU $205 Schrittspeicher 8                 AND        X3,/R1,R2
*    ...                                       OR         R0,R2,X3
```

In der Datei **canlabel.src** muß die Anbindung der externen Signale **OutZ1** und
K32 über folgende Einträge erfolgen:

```
* Symbol  ID   Byte  Bit  Kommentar
  OutZ1   305  2     1    Zaehler 1 abgelaufen
  K32     300  1     7    Kupplung Band 1
```

Damit der Anwender nicht mit den Details der Schrittkettenprogrammierung behelligt werden muß, wurde eine formale Sprache entworfen, die der

4. SFCL - Sprache für die Schrittkettenprogrammierung

Jede Schrittkette wird als sogenannte Task betrachtet. Diese Programmeinheit wird völlig unabhängig behandelt und läuft parallel mit den anderen Schrittketten einer Steuerung. Kommentare können an jeder Stelle stehen, an denen syntaktisch Leerzeichen erlaubt sind. Variablennamen dürfen bis zu 30 Zeichen lang sein. Es steht "sprechenden,, Programmlistings in der Steuerungstechnik also nichts mehr entgegen.

Signale, welche über den CANbus übertragen werden, werden durch **FRAME**-Konstrukte anhand ihrer Bitnummer im Frame zu CANbus-Nachrichten zusammengebaut. Signale, die zur internen Verarbeitung oder zur Kommunikation zwischen den Schrittketten dienen, werden durch das **SIGNAL**-Konstrukt eingeführt.

```
SIGNAL                                FRAME CDIO_Txid1 :
    (FreigEin1,FreigF2,                   Qx(13);   S44(12);  S36(11);
            StoerWick) BIT;               S20(10);  S21(9);   S22(8);
    (Laufzeit_Band3,                      S30(1);   S31(2);   S33(0);
     Zeit_Klappe_oben) TIMER;             (* ... *)
END_SIGNAL                            END_FRAME
```

In vielen Fällen bestehen zwischen bestimmten Signalen einer Anlage eine feste Verknüpfung. Durch das **FUNCTION**-Konstrukt können rein kombinatorische Zusammenhänge zwischen Signalen formuliert werden. Tauchen Signale innerhalb der **FUNCTION**-Umgebung auf der linken Seite des Zuweisungszeichens auf, so dürfen diese Signalnamen nicht mehr im weiteren Verlauf des Programms verwendet werden. Der **BIT**-Prozessor sorgt dafür, daß alle Gleichungen aus dem **FUNCTION**-Block immer erfüllt sind, unabhängig in welchem Zustand sich die Schrittketten befinden. Dieses Konstrukt dient zur Zusammenfassung von Signalen unter einem funktionsbeschreibenden Namen. Dadurch werden Programme erheblich lesbarer und die Fehlerwahrscheinlichkeit bei Ansteuerung von zusammenhängenden Signalen reduziert.

```
FUNCTION                        (* Band 2 nicht gleichzeitig auf*)
    K32    := BAND1;            (* Vor- und Ruecklauf schalten   *)
    K32_1  := NOT(BAND1);       BOLT Band2_Vor FOR BAND2_VOR
    K33_1  := BAND2_VOR;             := BAND2_RUECK;
    K33    := BAND2_RUECK;      END_BOLT
    K34    := NOT(BAND2_VOR
               OR                BOLT Band2_Rueck FOR BAND2_RUECK
               BAND2_RUECK);          := BAND2_VOR;
END_FUNCTION                    END_BOLT
```

Eine sicherheitsgerichtete Projektierung von Anlagen wird durch Verriegelungen, welche Schäden an der Maschine und dem Bedienpersonal vermeiden sollen, ermöglicht. Ist eine Verriegelung (engl. Bolt) aktiv, so können die zugeordneten Befehle nicht aktiviert werden. Das **BOLT**-Konstrukt bietet die Möglichkeit den Signalen durch Logikgleichungen definierbare Verriegelungen zuzuordnen.

Die Umsetzung der einzelnen Schritte einer Ablaufkette wird mit dem **STEP**-Konstrukt vollzogen. Der erste Schritt einer Schrittkette wird mit dem **INITIAL_STEP**-Konstrukt notiert. Den Schritten werden nun Aktionen zugeordnet. Dem Signalnamen folgt in Klammern eingeschlossen die Art der Befehlsverarbeitung. Hier sind alle Befehle erlaubt, die durch die Ablaufsprache (AS) in IEC 1131 eingeführt sind. Die Namen der Timer-Variablen ergänzen durch Komma getrennt die zeitabhängigen Befehlsarten. Die Verzögungsglieder werden über das Laufzeitsystem durch ein Timermodul auf der RTOS-Seite implementiert. Die Kommunikation zwischen dieser RTOS-Task und dem Schrittkettenprogramm erfolgt über das CAN-Daten-Strukturfeld.

```
TASK FALTUNG_1 :                       (* ... *)
                                       STEP BAND3_start :
    INITIAL_STEP X0 :                      Y3(SD,Zeit_Klappe_oben);
    BAND1(R);          BAND2_VOR(R);       K90_1(SL,Laufzeit_Band3);
    BAND2_RUECK(R);ANLEGER(R);         END_STEP
    FreigEinl(S);   FreigF2(R);
    GateZ12(R);                        TRANSITION T8 FROM
    END_STEP                                   Band3_start TO X8
                                           := TRIG(S44);
    TRANSITION start FROM X0 TO X2     END_TRANSITION
      (* Wickelblatt ist da *)
      := S31 AND S23;                      (* ... *)

    END_TRANSITION                     END_TASK
```

Mit dem **TRANSITION**-Konstrukt werden die Übergänge zwischen den Schritten notiert, und die entsprechenden Weiterschaltbedingungen formuliert.

Für Behandlung von Fehlersituationen in der Anlage oder zu Wartungszwecken muß für Schrittketten die Möglichkeit vorhanden sein, andere Schrittketten in ihren Zuständen zu beeinflussen. Mit den aufgeführten Befehlen lassen sich innerhalb des **STEP**-Konstruktes diese Aufgaben lösen.

```
Faltung_2(LOCK);            (* Schaltet die Freigabe der WSB ab   *)
Einlauf(UNLOCK);            (* Schaltet die Freigabe der WSB ein  *)
Abzug(ENABLE);             (* Schaltet Befehlsfreigabe ein       *)
Dampfkammer(DISABLE);       (* Schaltet Befehlsfreigabe ab        *)
Schweisskeil(CLOCK);        (* Weiterschalten ohne Bedingungen    *)
```

Die Verwendung der SFCL zur Formulierung von Schrittkettenprogrammen erlaubt dem Laufzeitsystem jeden Bestandteil einer Schrittkette beim Namen zu nennen. Somit ist eine halbautomatische Generierung von Fehlermeldungen denkbar, die es dem Maschinenbediener erlaubt sicher und schnell jede Fehlersituation zu beheben.

Die Beschränkung von SFCL auf reine Logikbearbeitung ist bewußt so gewählt worden. Auf der Basis von RTOS-UH mit seinen Multitasking- und Multiuser-Eigenschaften können Aufgaben, welche die Möglichkeiten von SFCL übersteigen über die von der Echtzeit-Hochsprache PEARL (DIN 61109) unterstützten Tasking-Konzepte abgebildet werden. Diese Echtzeitaufgaben werden einzelnen Hochsprachen-Tasks zugeordnet, die dann vom Betriebssystem prioritätsgerecht verwaltet werden.

5. Die Anwendung in einer Strumpflegemaschine

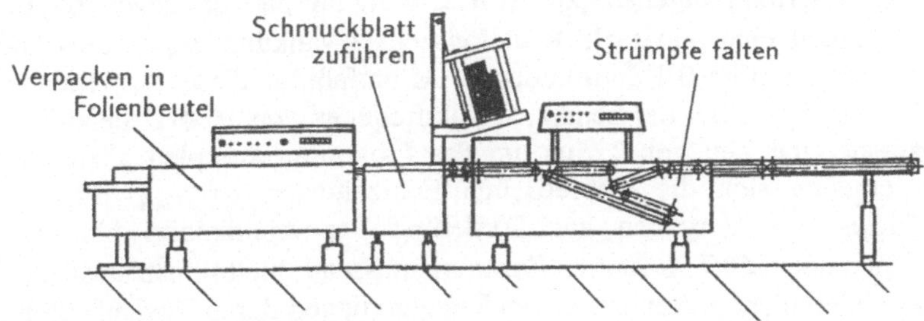

Bild 5: Verpackungslinie für Feinstrumpfhosen

In der Verpackungslinie aus Bild 5 soll eine Strumpflegemaschine, wie sie in Bild 6 schematisch dargestellt ist, Feinstrumpfhosen um einen Wickelkarton falten. Die Steuerung ist so programmiert worden, daß in drei Falt-Schritten die Ware mit Hilfe von fünf Band-Systemen um eine Wickelkarte gefaltet wird.

Für die Betrachtungen im Rahmen dieses Berichtes wird im folgenden nur auf das Geschehen der ersten Faltung eingegangen. Alle Bänder laufen mit einer Bandgeschwindigkeit von v=1 m/s . Die geforderte Faltgenauigkeit beträgt $\Delta s = 0{,}5$mm.

Der Legevorgang wird beim Durchlauf der Strumpfhose durch eine am Beginn von Band 1 befindliche Lichtschranke ausgelöst. Die fallende Flanke der Lichtschranke startet auf einem CANbus-Modul zwei Zähler. Nach dem Ablauf des ersten Zählers sorgt die Schrittkette des BIP für das Starten des Wickelblattanlegers. Der Zählerstand des zweiten Zählers bestimmt die Länge der Faltung. Nach Ablauf desselben befindet sich die Strumpfhose zwischen Band 1 und Band 2 und die CANbus-Nachricht vom Zähler veranlaßt die Schrittkette die Bänder 1 und 2 zu stoppen. Der Wickelblattanleger hat in der Zwischenzeit ein Wickelblatt aus dem über Band 1 montierten Magazin entnommen und an der Faltkante zwischen Band 1 und Band 2 abgelegt. Gleichzeitig hat sich Band 1 auf die Ebene von Band 3 abgesenkt. Entscheidend für diesen Vorgang ist der Zeitraum zwischen der Meldung des Zählers und dem Halt des Bandsystems.

Bild 6: Zwei Stationen einer Strumpffaltung

Bei der geforderten Faltgenauigkeit von $\Delta s = 0{,}5$mm darf bei gegebener Bandgeschwindigkeit eine maximale Reaktionszeitschwankung $\Delta t_R = 0{,}5$ms auftreten. Das Programm im BIP Intruktions-RAM umfaßt bei dieser Anwendung ca. 2800 Anweisungen. Bei der benutzten Taktfrequenz von 16MHz benötigte der Bitprozessor eine Zeit von 175µs um das Programm komplett abzuarbeiten. Daraus ergeben sich die theoretischen Echtzeitdaten zu $t_{Rmin} = 140$µs und $t_{Rmax} = 315$µs. Im Vergleich zur Forderung der Applikation bleiben mit $\Delta t_R = 175$µs noch 65% Reserve. Zusammenfassend bleibt festzustellen, daß trotz der vielen nicht genau erfaßbaren Verzögerungen durch Buslaufzeiten und Modulantwortzeiten die Marke von 0,5ms in keinem Fall überschritten wurde. Eine Verletzung der Echtzeitanforderungen würde sofort das Erscheinungsbild des verpackten Feinstrumpfes verändern und damit sprichwörtlich ins Auge fallen. Durch den Einsatz des BIP kann die Kundenforderung nach ausgezeichneter Qualität der verpackten Ware wie bisher sicher erfüllt werden, jedoch mit erheblich reduziertem Installations-, Geräte- und Programmieraufwand.

Echtzeitverhalten von Multiprozessor-Systemen

H. H. Heitmann

Abstract

A multiprocessor real-time operating system can greatly simplify the implementation of an application for a multiprocessor system. But the comfort of such systems has to be paid with a high consumption of resources. In particular for system based on usual microprocessors, this may have a strong influence on the real-time capabilities. In this paper some simple methods for the evaluation of the real-time properties are discussed and measurements on a system, based on Microcontroller from the 68000 family, running under the control of the real-time operating system $pSOS^{+m}$ and coupled with a CAN fieldbus, are presented.

1. Einführung

Multiprozessor-Systeme finden eine immer stärkere Verbreitung. Selbst in einfachen Seriengeräten, bei denen es insbesondere auf einen möglichst niedrigen Hardwarepreis ankommt, werden sie zunehmend eingesetzt. Dies wird einerseits durch die deutlich gefallenen Hardwarepreise begünstigt, auf der anderen Seite bieten solche Systeme eine bessere Modularität, eine höhere Ausfallsicherheit und die Möglichkeit, Rechenleistung dort einzusetzen, wo sie auch benötigt wird (z.B. im Sensor). Die Steigerung der Leistung steht meist nicht so sehr im Vordergrund, vielmehr die Verbesserung der Echtzeiteigenschaften durch Dedizierung der Aufgaben. Die genannten Vorteile werden aber häufig durch den enormen zusätzlichen Softwareaufwand zunichte gemacht. Besondere Probleme bereitet die Entwicklung eines zuverlässigen Übertragungsprotokolls und die Suche nach Fehlern im Zusammenspiel der Prozessoren. Dieser Zusatzaufwand kann jedoch durch den Einsatz eines Multiprozessor-Echtzeitbetriebssystems deutlich reduziert werden.

Im folgenden werden einige Untersuchungen vorgestellt, die exemplarisch an dem kommerziellen Betriebssystem $pSOS^{+m}$ der Firma Integrated Systems durchgeführt worden sind.

2. Multiprozessor-Betriebssystem pSOS^{+m}

Die Tasks einer Applikation unter pSOS^{+m} werden statisch einzelnen Knoten zugeteilt. Dies ist für die meisten Echtzeitanwendungen keine wesentliche Einschränkung, da in vielen Applikationen die einzelnen Prozessorknoten sowieso nur fest zugeteilte Aufgaben abarbeiten. Innerhalb eines Knotens erfolgt die Taskverwaltung mittels eines primär prioritätsgesteuerten Schedulers. Über bestimmte Kommunikationsprimitive (z. B. Semaphoren, Queues, Events) können die Tasks miteinander kommunizieren. Diese Primitive sind eigenständige Objekte, die dynamisch erzeugt und gelöscht werden können. Die meisten Objekte können global über Knotengrenzen hinweg wirken: Sie werden auf einem bestimmten Prozessorknoten erzeugt, können dann aber von jedem beliebigen anderen Knoten verwendet werden (Bild 1).

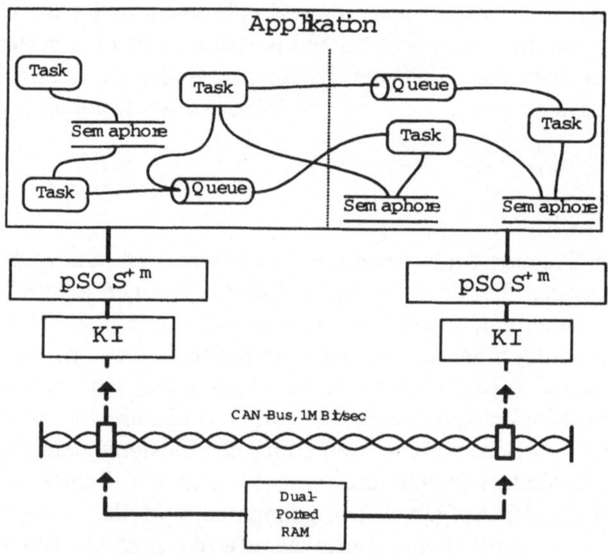

Bild 1: Applikation unter dem Multiprozessor-Betriebssystem pSOS^{+m}.

Wichtig ist, daß in den Systemaufrufen nicht zwischen globalen oder lokalen Objekten unterschieden werden muß. Dies kann das Betriebssystem automatisch an Hand der angegebenen Identifier erledigen. Eine Applikation für ein Mehrprozessorsystem kann daher so programmiert werden, als würde es in einer Einzelprozessor-Umgebung ablaufen. Natürlich muß dabei beachtet werden, daß der Zeitbedarf für bestimmte Systemaufrufe aufgrund der durchzuführenden Kommunikation mit den anderen Knoten erheblich ansteigen und daß zwischen den Knoten keine Kommunikation über globale Variable oder Funktionsparameter erfolgen kann.

Das Betriebssystem selbst ist hardwareunabhängig. Es kann über einen Satz von Funktionen, dem Kernel Interface (KI), vom Benutzer an sehr unterschiedliche Architekturen angepaßt werden. Neben einer engen Kopplung über gemeinsamen Speicher werden insbesondere auch lose gekoppelte Systeme unterstützt, die z. B. über LAN miteinander verbunden sind. Dies bietet die Möglichkeit, sehr preiswerte Systeme aufzubauen, die flexibel konfiguriert und auch über größere Entfernungen miteinander kommunizieren können. Die Auswahl des Kommunikationsmediums bestimmt natürlich ganz wesentlich die Eigenschaften des gesamten Systems.

3. Anforderung an die Kommunikationsverbindung

Das Kommunikationsmedium muß hohe Geschwindigkeiten und große Zuverlässigkeit zu einem günstigen Preis bieten. Dies sind u.a. typische Anforderungen an Feldbussysteme. Weitere wichtige Auswahlkriterien sind:

- **Geringe Prozessorbelastung.**
  Die Abarbeitung des Protokolls sollte ein intelligenter Kontroller-Baustein übernehmen. Es ist zu beachten, daß das Kernel Interface von pSOS zuverlässige und fehlerfreie Datenverbindungen voraussetzt. Der Kontroller sollte daher nach Möglichkeit auch die Protokollabsicherung und -überwachung übernehmen.

- **Multi-Master-Architektur.**
  Jeder Knoten sollte vorzugsweise mit jedem anderen direkt kommunizieren können. Die Verwaltung der Kommunikation (z.B. Hinzufügen und Entfernen einzelner Knoten) kann aber durchaus von einem ausgewählten Knoten erfolgen.

Die oben genannten Forderungen werden u. a. von dem CAN-Feldbussystem erfüllt. Dieses Bussystem wurde ursprünglich für den Einsatz im Kfz-Bereich konzipiert, hat aber in vielen anderen Bereichen Verwendung gefunden. Der CAN-Bus zeichnet sich durch eine besonders hohe Zuverlässigkeit aus. Es sind intelligente preiswerte Kontroller erhältlich, die den Prozessor erheblich entlasten.

4. Implementierung des Kernel Interfaces auf CAN-Basis

Für die Untersuchung der Betriebssystemeigenschaften wurde beispielhaft ein System mit mehreren Mikrokontrollern vom Typ 68340 aus der 68000-Familie aufgebaut, die über einen CAN-Feldbus verbunden sind. Zusätzlich wurde als Referenz eine Kopplung über Dual Ported RAM vorgesehen. Hierfür wurde das vom Betriebssystem-Hersteller gelieferte KI verwendet, daß für diese Zwecke nur geringfügig modifiziert werden mußte.

Das Kernel Interface für den Feldbus wurde selbst entwickelt. Normalerweise sollte die Kommunikation über den CAN-Bus objektorientiert erfolgen, d. h. auf dem Bus vorhandene Nachrichten können bei Bedarf von allen anderen Knoten gleichzeitig empfangen werden. Die Objekte werden durch Identifier gekennzeichnet. Der verwendete Basic-CAN-Baustein 82C200 besitzt ein sogenanntes Akzeptanzfilter, das dafür sorgt, daß nur ausgewählte Objekte von einem Knoten empfangen werden.

Das Kernel Interface verlangt jedoch eine verbindungsorientierte Kommunikation. Die CAN-Identifier werden daher mißbräuchlich als Knotenadressen innerhalb des Netzwerkes verwendet. Die Akzeptanzfilter werden so eingestellt, daß nur Pakete mit der richtigen Knotenadresse empfangen werden. Dies führt zu einer erheblichen Entlastung der CPU.

Eine Schwierigkeit ergibt sich aus den kurzen CAN-Objektlängen. Ein pSOS-Paket ist standardmäßig bis zu 100 Bytes lang. Da der CAN-Bus maximal 8 Bytes pro Objekt überträgt, müssen pSOS-Pakete auf entsprechend viele CAN-Objekte aufgeteilt werden.

5. Test-Applikation

Die Eigenschaften des Multiprozessorsystems werden mittels einer sehr einfachen überschaubaren Erzeuger-Verbraucher Applikation genauer untersucht (Bild 2). In dieser Applikation werden periodisch von einer Erzeuger-Task Daten erstellt, die dann mit Hilfe von Betriebssystemfunktionen zu einer Verbraucher-Task übermittelt und dort weiterverarbeitet werden. Die Tasks können dabei auf demselben oder auf unterschiedliche Knoten angeordnet sein. Der Transport der Daten erfolgt mit dem Queue-Mechanismus des pSOS-Betriebssystems. Die Queue ist ein eigenständiges Objekt, das einem bestimmten Knoten zugeordnet wird. Die Erzeuger-Task kann mit Hilfe des Sendeaufrufes Daten in der Queue ablegen. Befindet sich die Queue auf dem gleichen Knoten, so kann die Task ohne Unterbrechung weiterarbeiten. Ist jedoch die Queue auf einem anderen Knoten angesiedelt, so wird die Task für die Dauer der Kommunikation vertagt. Erst nachdem die Bestätigung von dem anderen Knoten eingetroffen ist, wird sie wieder aktiviert. Die Verbraucher-Task kann Daten von der Queue abfordern. Falls keine Daten vorhanden sind, wird sie bis zum erneuten Eintreffen von Daten blockiert. In der Bild 3 ist beispielhaft der zeitliche Ablauf für den Fall gezeigt, daß die Queue auf dem Knoten des Empfängers angesiedelt ist.

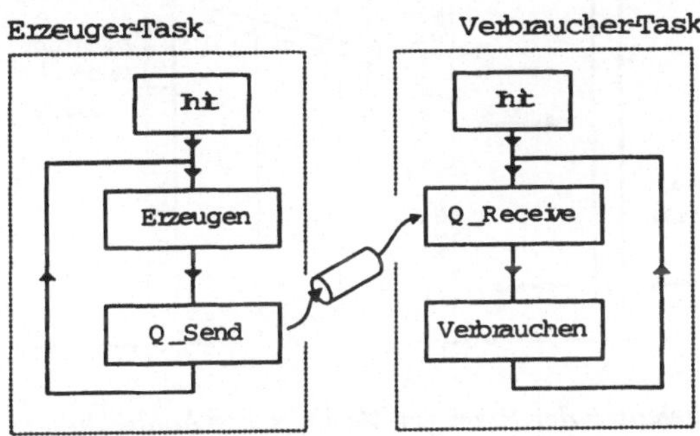

Bild 2: Erzeuger-Verbraucher Applikation

Zu beachten ist, daß eine deutliche Abweichung von dem Verhalten der Single-prozessor-Variante auftritt. Es muß während des Sendevorganges mit einer Vertagung der Task gerechnet werden. Dies kann zu einer erheblichen Verzögerungszeit führen, die neben dem Zeitbedarf für die Taskwechsel insbesondere auch durch die Übertragungszeit der Pakete bestimmt wird.

Eine Möglichkeit zur Vermeidung dieser Verzögerungszeit sind die mit der Version 2.0 von pSOS^{+m} eingeführten asynchronen Betriebssystemaufrufe. Bei diesen Aufrufen wird nicht auf die Bestätigung durch den entfernten Knoten gewartet, vielmehr kann die entsprechende Task sofort weiterarbeiten. Diese Aufrufe sind aber nur dann sinnvoll einzusetzen, wenn sichergestellt ist, daß bei der Bearbeitung keine Fehler auftreten. Für den Notfall kann eine spezielle Fehlerbehandlungsroutine vorgesehen werden.

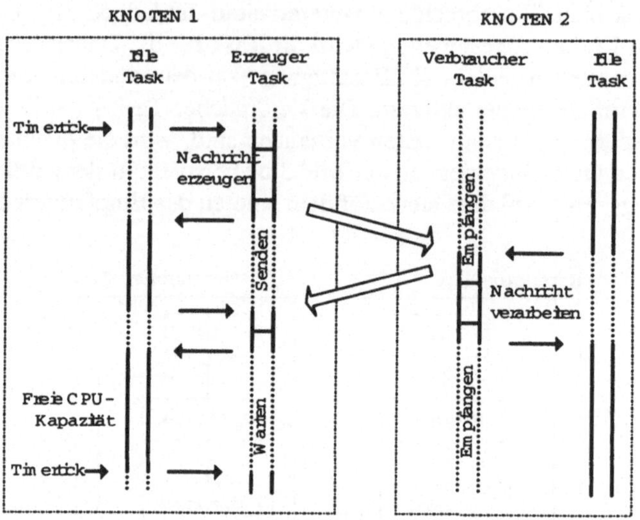

Bild 3: Zeitliches Verhalten der Erzeuger-Verbraucher Applikation in einem Multipro-zessor-System. Queue befindet sich auf dem Knoten des Verbrauchers.

6. Bewertung der Echtzeiteigenschaften

Folgende Zeiten können für die Bewertung der Echtzeiteigenschaften der Test-Applikation herangezogen werden:

- **Transferzeit:** Zeit, die während des Transports der Daten von der Erzeuger- zur Verbraucher-Task vergeht.

- **Dauer des Sende- bzw. Empfangs-Systemaufrufs:** Diese Zeiten geben an, wie stark die aufrufende Task durch die Übertragung der Daten verzögert wird.

- **CPU-Zeit:** Zeit, die die CPU tatsächlich für die Abwicklung des Sende- bzw. Empfangsauftrages benötigt. Diese Zeit ist bei Einzelprozessor-Syste-men identisch mit der Dauer des Sende- bzw. Empfangs-Systemaufrufs. Bei Multiprozessor-Systemen können die CPU-Zeiten erheblich abweichen.

- **Maximale Latenzzeit:** Während der Datenübertragung kann eine hohe In-terruptbelastung auftreten oder das System kann die Interruptverarbeitung teilweise sperren. Dies kann eine starke Wechselwirkung auf die Reaktions-fähigkeit anderer Tasks oder Interruptroutinen eines Rechnerknotens haben.

7. Meßverfahren zur Erfassung der CPU-Zeiten

Das verwendete Meßverfahren setzt voraus, daß die zu untersuchenden Vorgänge periodisch ablaufen. Sporadische Ereignisse dürfen während der Messung nicht auftreten. Diese Bedingung ist z.B. bei der vorgestellten Testapplikation erfüllt. Bei dieser Messung wird ausgenutzt, daß die Ausführungszeit der Idle-Task ein direktes Maß für die nicht verbrauchte CPU-Zeit ist. Subtrahiert man diese von der gesamten zur Verfügung stehenden CPU-Zeit, so ergibt sich der Gesamtbedarf für die jeweilige Applikation. Die Ausführungszeit der Idle-Task kann einfach dadurch ermittelt werden, indem man sie einen Zähler hochzählen läßt. Für den Zählerstand n nach einer definierten Meßdauer t_M ergibt sich folgendender Zusammenhang:

$$n = \frac{n_0}{t_M} \cdot (t_M - N \cdot t_{CPU}) \tag{1}$$

N ist die Zahl der Durchläufe des zu untersuchenden Vorganges, t_{CPU} der Verbrauch von Rechenzeit für den Vorgang pro Durchlauf und n_0 der Zählerstand der Idle-Task nach der Meßdauer t_M, wenn keine Unterbrechungen stattfinden würden. n_0 kann z.B. mittels einer Referenzmessung ermittelt werden. Will man diese Referenzmessung vermeiden, kann n_0 aus der Variation der Häufigkeit f, mit der das Untersuchungsobjekt ausgeführt wird, errechnen. Stellt man Formel 1 um, so ergibt sich:

$$n = n_0 \cdot (1 - f \cdot t_{CPU}) \tag{2}$$

Führt man die Messung bei verschiedenen Frequenzen f aus, dann kann die CPU-Zeit aus der Ausgleichsgeraden n = a f + b wie folgt berechnet werden:

$$t_{CPU} = -\frac{a}{b} \tag{3}$$

Der Vorteil dieser Messung ist, daß garantiert sämtliche Zeiten für z.B. Task-Wechsel oder Interruptbearbeitung erfaßt werden. Es sind keine Modifikationen an dem zu untersuchenden Objekt durchzuführen. Es ist lediglich in der unkritischen Idle-Task ein Zähler einzubauen, der keine oder nur sehr geringe Rückwirkungen auf die Applikation hat. Dieser Zähler kann sehr einfach implementiert werden; es ist insbesondere keine Kalibrierung notwendig. Eine zusätzliche Zeitbasis ist nicht erforderlich, es kann der normale Zeittakt des Betriebssystem genutzt werden. Das Verfahren zeichnet sich durch eine sehr hohe Auflösung und Genauigkeit aus. Bei der vorliegenden Hardware ist die Auflösung besser als 0.2 µs. So kann z.B. das Einfügen eines einzelnen zusätzlichen Assemblerstatements sicher nachgewiesen werden.

Dieses Verfahren ist nicht nur auf Multitasking-Systeme beschränkt. Es läßt sich auch für die Untersuchung von interruptgesteuerten Datenübertragungsverfahren verwenden. So kann es z.B. zur Bewertung verschiedener Kernel Interfaces (KI) des pSOS-Betriebssystems benutzt werden.

8. Datenübertragung mittels CAN-Bus

Auf dem CAN-Bus werden die Daten in einzelne Frames mit jeweils 0 bis 8 Bytes Nutzdaten übertragen. Bei 8 Bytes beträgt die gesamte Framelänge mindestens 111 Bits. Allerdings wird im CAN-Protokoll ein sogenanntes Bit-Stuffing-Verfahren zur Verbesserung der Synchronisation durchgeführt, so daß bei einer Übertragungsgeschwindigkeit von 1 Mbit/sec typische Übertragungszeiten von 120 µs/Frame zu erwarten sind. Daraus ergibt sich eine maximal erzielbare Nutzdatenrate von ca. 66 kBytes/sec.

Der verwendete CAN-Controllerbaustein enthält nur einen Sendepuffer. Füllen und Übertragen des Puffers müssen daher zeitlich hintereinander erfolgen. Damit ergibt sich eine von der CPU-Leistung abhängige Übertragungspause. Durch Variation der CPU-Taktrate, die sich bei dem verwendeten Microcontroller durch den integrierten Takt-Synthesizer einfach durchführen läßt, können sehr leicht die Einflüsse der physikalischen Übertragungszeit und der CPU-Leistung voneinander getrennt werden. Die obere Kurve in Bild 4 zeigt die gemessenen Zeiten, in Abhängigkeit von der CPU-Geschwindigkeit. Zu beachten ist, daß die X-Achse die Taktfrequenz der CPU in reziproker Darstellung angibt. Der Schnittpunkt mit der Y-Achse beschreibt daher ein System mit unendlicher Rechnerleistung, d. h. er gibt die physikalische Übertragungszeit des Mediums an. Bei der maximalen CPU-Taktfrequenz der Testhardware wird das Medium immerhin noch zu 80 % ausgenutzt. Die untere Kurve zeigt die für die Übertragung notwendige CPU-Rechenzeit, gemessen mit dem oben beschriebenen Verfahren. Bei einer Taktrate von 16.77 Mhz wird die CPU zu 55 % mit der CAN-Kommunikation belastet! Weitere Messungen haben ergeben, daß die Belastung für Sender und Empfänger ungefähr gleich sind. Zu beachten ist, daß die oben erwähnte Übertragungspause bei mehreren Sendern innerhalb eines Systems durchaus ausgefüllt sein kann. Der Empfänger muß daher die theoretisch mögliche maximale Übertragungsrate verarbeiten können. In der vorliegenden Implementierung muß daher die CPU-Taktrate mindestens 12 Mhz betragen (Schnittpunkt mit der gestrichelten Kurven), ansonsten können Pakete verlorengehen. Für die Messungen wurden Frames mit 8 Bytes Nutzdaten verwendet. Bei kürzeren Frames wird eine entsprechend höhere Anforderung an die CPU-Leistung gestellt.

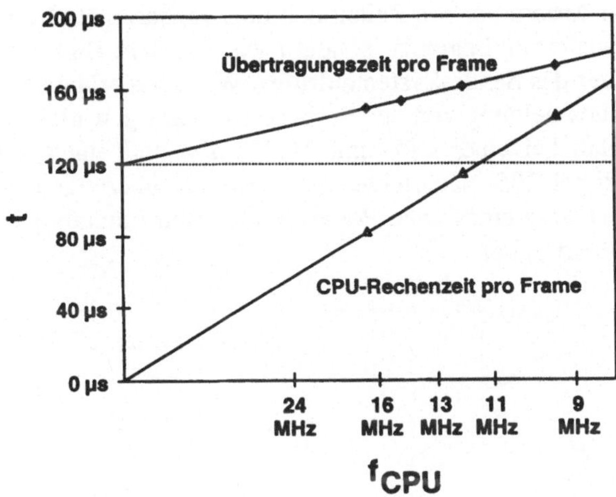

Bild 4: Übertragungszeiten und CPU-Belastungen bei der Übertragung eines CAN-Paketes mit 8 Byte Nutzdaten. CAN-Bitrate ist 1 MBit/sec

9. Bewertung der Testapplikation

Nachfolgend werden beispielhaft Messungen an der Testapplikation, deren Ablauf in Bild 3 dargestellt ist, vorgestellt. Das Bild 5 zeigt die erzielbaren Transferzeiten als Funktion der CPU-Taktfrequenz für Einzelprozessor-Systeme und Multiprozessor-Systeme mit unterschiedlicher Kopplung. Zu beachten ist die reziproke Darstellung der Frequenzachse. Die Schnittpunkte mit der Y-Achse gelten für eine CPU mit unendlicher Leistung. Bei der Kommunikation über Dual-Ported RAM treten keine physikalischen Übertragungszeiten auf, daher geht mit zunehmender Prozessorleistung die Kurve gegen Null. Anders bei der Kopplung über CAN. Hier geben die Schnittpunkte die physikalischen Übertragungsdauern des Feldbusses an. Durch die Variation der Prozessor-Taktfrequenz kann so sehr einfach die physikalische Übertragungsdauer und damit die untere Grenze der Transferzeit bestimmt werden. Die Linie A zeigt bei einer realistischen Prozessorgeschwindigkeit die Anteile der CPU Rechenzeit und physikalische Übertragungsdauer an der Transferzeit. Der große Anteil der CPU-Zeit deutet darauf hin, daß ein erheblicher Overhead zu bewältigen ist. Die Vergleiche mit der Dual-Ported RAM Kopplung und der Einzelprozessor-Variante zeigen, daß der Overhead nicht allein im Bereich der Kommunikation liegt.

Die maximale Anzahl der pro Zeiteinheit übertragbaren Nachrichten wird nicht durch die Transferrate begrenzt, sondern wie aus dem Bild 5 zu erkennen ist, durch die Dauer des Sende-Systemaufrufes. Wie oben erläutert, muß beim Senden auf die Rückmeldung von der Verbraucher-Task gewartet werden. Messungen zeigen, daß bei einer CPU mit 16.77 Mhz und einem CAN-Bus mit 1 Mbit/sec maximal 185 Nachrichten pro Sekunde übertragen werden können. Bei der Verwendung eines Dual-Ported RAMs sind immerhin 740 Nachrichten pro Sekunde übertragbar.

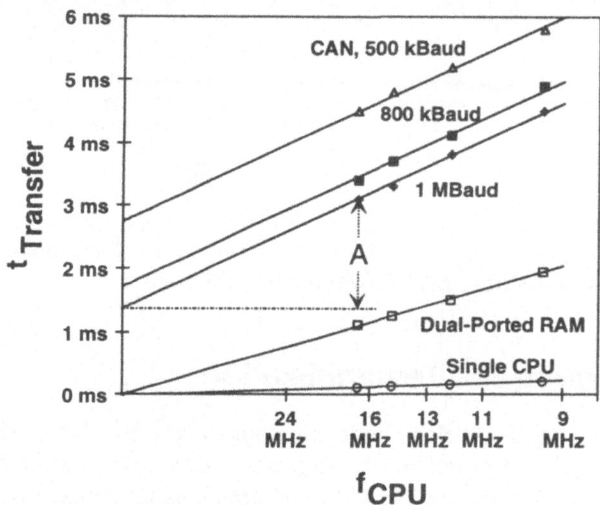

Bild 5: Transferzeit der Erzeuger-Verbraucher Applikation von Bild 2.

Bei der maximalen Datenrate von 185 Nachrichten pro Sekunde steht im Falle des CAN-Busses die CPU nur noch mit ca. 50 % anderen Tasks zur Verfügung, im Falle der Dual-Ported RAM Kopplung sind es noch 75 %.

Diese Ergebnisse zeigen, daß der CAN-Bus trotz intelligentem Controller eine sehr hohe CPU-Last erzeugt. Der Grund sind die recht kurzen Datenframes. Hier sollte durch die Verwendung einer DMA-Steuerung eine Verbesserung zu erzielen sein. Erste Messungen an einem solchen Aufbau bestätigen dieses. Auf der anderen Seite ist aber auch ein großer Teil im Overhead des Betriebssystems zu suchen, wie die Messungen an der Dual-Ported RAM Kopplung zeigen.

10. Zusammenfassung

Ein Multiprozessor-Echtzeitbetriebssystem kann die Implementierung einer Applikation auf einem Mehrprozessor-System erheblich vereinfachen. Dies ist insbesondere der Fall, wenn für die Kommunikation zwischen den Prozessorknoten die üblichen Kommunikationsprimitiven des Betriebssystems verwendet werden. Der Anwender ist damit von der Entwicklung eines aufwendigen Kommunikationsprotokolls befreit. Die Fehlersuche wird durch System-Debugger, die die Abfrage der internen Betriebssystemzustände erlauben, erheblich erleichtert. Durch die einheitliche Verwendung der Systemaufrufe ist eine Umkonfiguration des Systems sehr einfach möglich. Werden einige Randbedingungen eingehalten, kann eine Neuverteilung der Tasks ohne großen Softwareaufwand durchgeführt werden. Zu beachten ist, daß einige Systemaufrufe bei der Anwendung auf globale Objekte ein deutlich anderes Zeitverhalten aufweisen.

Der hohe Komfort des Betriebssystem muß aber mit einer recht hohen CPU-Belastung bezahlt werden. Dadurch wird die Bandbreite möglicher Applikationen deutlich eingeschränkt. Die vorliegende Arbeit zeigt für Systeme, die auf handelsüblichen Microcontrollern basieren, die auftretenden Grenzen auf. Bei der vorliegenden Leistungsklasse der Prozessoren werden diese Grenzen nicht nur durch die Kommunkationsmittel vorgegeben, sondern sie werden auch zum Teil durch den Overhead des Betriebssystems bestimmt.

Literatur

[1] Gentlemen, W. M.: „Realtime Applications: Multiprocessors in Harmony", 1989, National Research Council of Canada.

[2] Mukherjee, B., Schwan, K., Ghosh, K.: „A Survey of Real-Time Operating Systems", 1993, Report GIT-CC-93/18, College of Computing, GIT, Atlanta.

[3] Ripps, D. L.: „An Implementation Guide to Real-Time Programming", 1990, Yourdon Press.

[4] Latuske, R., Lochner, W.: „Fehlertolerante Multiprozessor-Systeme", 1994, Systeme, 1, 19-22.

Einsatz der Methode SDL in Echtzeitanwendungen mit automatischer Codegenerierung

R. O'Donnell, K. Rosenkötter

Kurzfassung

In diesem Vortrag wird gezeigt, wie auf Basis der genormten Spezifikationssprache SDL (Specification und Description Language) und einer damit verknüpften optimierten Codegenerierung die Produktentwicklung im Echtzeitbereich effektiver wird. Durch die genormte Sprache SDL ist es inzwischen aufgrund der guten Werkzeugunterstützung möglich geworden, komplexe Systeme grafisch zu spezifizieren und zu simulieren. Aus diesen grafischen Spezifikationen wird automatisch optimierter C Code erzeugt, der sich beliebig auf entsprechende Zielsysteme portieren läßt. Es wird am Beispiel einer Autoradioentwicklung gezeigt, wie sich der Entwicklungsprozeß mittels dieser neuen Vorgehensweise gestaltet.

Summary

This lecture will show how the product development in the area of realtime will be more effective on the base of the standardized specification language SDL (specification and description language) connected with an optimized Codegeneration.

Because of the standardized language SDL it is meanwhile possible (on the basis of the good tool support) to specificate and simulate complex systems in a graphic way. From this graphic specifications optimized C Code will be produced automatically which you can port as you like to corresponding target systems. The example of the development of a car radio shows how the development process is formed by means of this new way.

1. SDL

SDL ist eine Spezifikationssprache, die für Echtzeitanwendungen entworfen/gestaltet wurde. Die Sprache wurde durch ITU-T, dem internationalen Telekommunikations- und Standardisierungsgremium, entwickelt und standardisiert. SDL basiert auf der Idee unabhängiger Prozesse, die Signale senden und empfangen und die Aktionen (Transitionen) ausführen, die von den empfangenen Signalen und dem Zustand des Prozesses abhängig sind. SDL wird in vielen Telekommunikationsanwendungen und auch in anderen Echtzeitbereichen benutzt. Ein Vorteil einer standardisierten, formal definierten Sprache wie SDL ist die Möglichkeit, ausführbaren Code aus einer Spezifikation automatisch zu generieren. Dieses Verfahren stellt sicher, daß die Spezifikation immer „up to date" ist, da der Entwickler sie immer modifizieren muß, um Änderungen in der Software zu implementieren. Die Spezifikation wird oft nicht aktualisiert, wenn sie unabhängig vom Code gepflegt wird. Dieser Fall tritt häufig dann ein, wenn Zeitdruck herrscht, um einen Ausliefertermin einzuhalten. Auch wenn die Spezifikation aktualisiert wird, können sich Ungereimtheiten einschleichen. Ein anderer Vorteil der automatischen Codegenerierung liegt in der Zeitersparnis, die dadurch erreicht wird, daß nicht beide, der Implementationscode und die Spezifikation, getrennt gepflegt werden müssen.

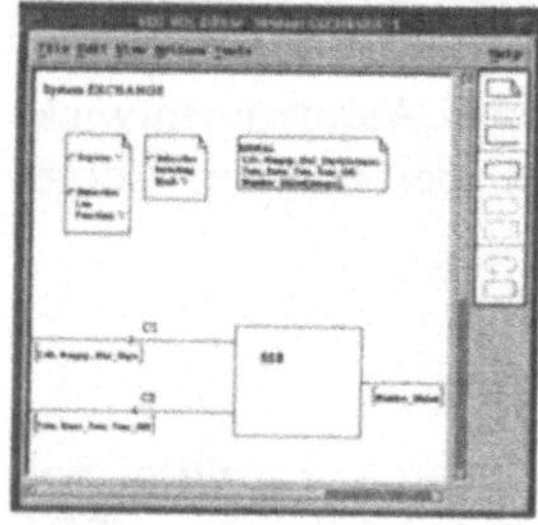
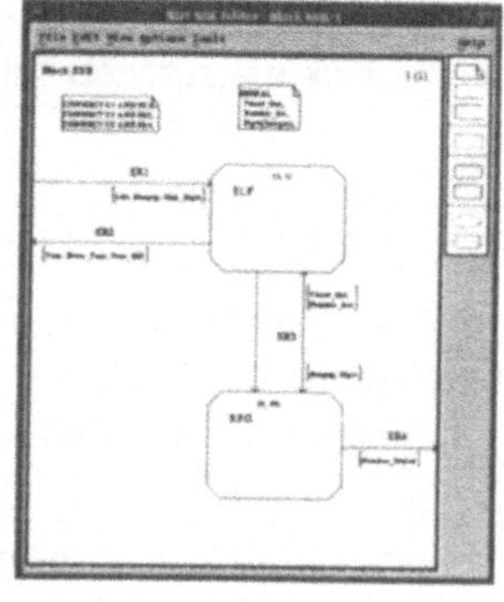
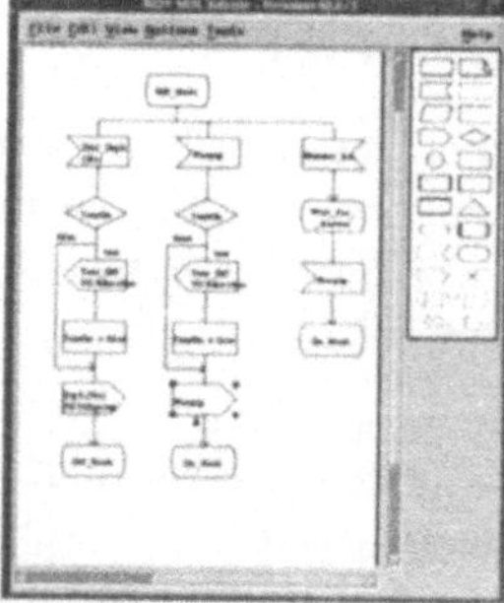

Bild 1

2. SDL und automatische Codegenerierung

Dadurch daß SDL eine genormte Sprache ist und sich alle Systemabläufe genau und detailliert spezifizieren lassen, bietet sie die optimale Möglichkeit, automatisch in eine Programmiersprache überführt zu werden. Von dem Werkzeug

SDT wird eine optimale Codegenerierung in C, das Cmicro, unterstützt. Dabei kann der Benutzer selbst bestimmen, wie er sein System optimiert (durch Parametrisierung und Einschänkungen bei der Benutzung von SDL Konstrukten).

Die Codegenerierung besteht aus 3 Komponenten:

- Cmicro Codegenerierung,

- Cmicro Library,

- Cmicro Tester.

Die Cmicro Codegenerierung ist für kleine Zielsysteme entworfen worden, für die effizienter Code und gute Performance erforderlich sind. Im allgemeinen eignet sich Cmicro für Applikationen auf 8/16 Bit Microcontrollern mit 10 K bis 500 K RAM und ROM. Der Cmicro Code Generator benutzt die Cmicro Library um die Funktionalität eines Betriebssystems zur Verfügung zu stellen, z.B. Kreieren und Stoppen von Prozessen, Senden von Prozessen, Scheduling von Prozessen usw. Die Cmicro Library wird im C Source ausgeliefert und muß mit dem generierten Code der auszuführenden Applikation compiliert und gelinkt werden.

Die folgenden Punkte zeigen die wichtigsten Features der Cmicro Library:

- Wahl zwischen preemptive und non-preemptive scheduling

- Signal- und Prozeßprioritäten

- Deterministische Charakteritika (Worst-Case Verhalten, z.B. für das Eintreffen eines Signals kann vom Environment gemessen werden)

- Queue profiling - Messen der maximalen Anzahl von Messages in der Signal Queue

- Integrierbarkeit mit anderen RTOS: z.B pSOS, OSE

- Skalierbare Codegröße, abhängig von den benutzten Features zwischen 1 und 8 KB, gemessen auf einem 80x86 Prozessor

Folgendes Bild zeigt den Aufbau eines Systems mit automatischer Codegenerierung.

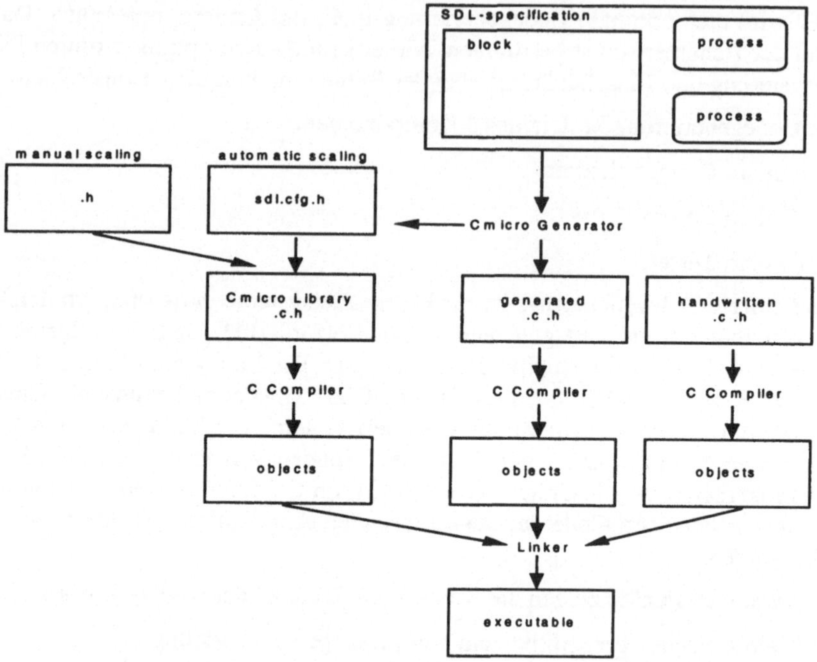

Bild 2

Die im folgenden aufgeführten Features können durch #defines ausgeschaltet werden, um Speicher bei der Optimierung des Systems zu sparen. Wie im Diagramm zu sehen ist, werden einige dieser Optionen automatisch durch den Cmicro Code Generator erzeugt. (Sie können jedoch durch die Applikation selbst beeinflußt werden, z.B. durch die Benutzung spezieller SDL Konstrukte). Die Benutzung mancher Features liegt in der Entscheidung des Benutzers, wie z.B. die Verwendung des preemptiven Kernels.

- Preemptives Scheduling

- Signal- oder Prozeßprioritäten

- Mehr als 1 Prozeßinstanz pro Prozeßtyp

- SDL Konstrukte: Save, Create, Stop, Timers, Signale mit Parametern, Output To Parent/Self/Sender/Offspring

Der Cmicro Tester besteht aus einer Funktionenbibliothek, die es ermöglicht, das auf dem Zielsystem laufende SDL System zu testen. Der Benutzer kann die

Aktionen des Systems auf SDL Ebene aufzeichnen und auf dem Host als Datei speichern oder dynamisch mit dem MSC Editor anzeigen lassen. Er kann weiterhin Test Suites laufen lassen, indem er Environment-oder interne Signale in das SDL System schickt. Außerdem kann ein aufgezeichneter Trace (Record) zu einem späteren Zeitpunkt wieder abgespielt werden (Play). Das bedeutet, daß bestimmte Fehlersituationen im Feldtest aufgezeichnet werden können und später im Entwicklungsumfeld wieder reproduziert werden können.

3. Softwareentwicklung mit SDL in der Microcontrollerentwicklung für ein „Autoradio"

So wie bei vielen Produkten, für die die Softwareentwicklung eine führende Rolle einnimmt, gilt auch für die Autoradio-Softwareentwicklung die Anforderungen an eine hohe Produktqualität (ISO 900x) und eine schnelle Markteinführung bei steigender Komplexität.

Um diesen Anforderungen gerecht zu werden, ist eine methodische Vorgehensweise zwingend notwendig. Die S&P MEDIA zeigt am praktischen Beispiel an einem für den Markt bestimmten Gerät, wie die Entwicklung mit SDL und dem CASE-Werkzeug SDT verbessert werden kann.

3.1 Die Definition des Produktes

In dieser Phase entscheidet die Zusammenarbeit zwischen Kunden, Vertrieb und der Entwicklung über das Gesamtergebnis. In erster Linie sind in dieser Phase die Benutzeranforderungen von größtem Interesse. Wichtigstes Ziel bei der Definition der Benutzeranforderungen ist es, diese nicht fehlinterpretierbar, vollständig und gültig festzulegen.

Das folgende Verfahren ist hierbei üblich:

Der Kunde und/oder der Vertrieb kennt nur partiell die Anforderungen an das Produkt und kann demzufolge keine klare Produktdefinition erstellen. Die Entwicklung kann deshalb oft nur ohne sinnvolle Zielvorgaben beginnen. Das führt meist dazu, daß erst am Ende der Entwicklung die endgültigen Funktionalitäten deutlich werden. Das ist jedoch zu spät. Müssen zu diesem Zeitpunkt Änderungen erfolgen, so steigen die Aufwände und Kosten enorm und das Ziel, schnell am Markt zu sein, kann nicht erreicht werden.

Daher müssen während der Definition der Benutzeranforderungen diese permanent verifiziert und vervollständigt werden. Ständige Abstimmungen zwischen

Kunde/Marketing/Vertrieb und weiteren Beteiligten sind von großer Bedeutung. Nur so kann die Entwicklung mit hochqualitativen Vorgaben ein hochqualitatives Produkt erstellen.

Wie erreicht man dieses Ziel?

Durch die Möglichkeit, schnell und flexibel eine Simulation der Benutzeroberfläche zu erstellen, wird dem Prinzip des Rapid Prototyping gefolgt. Die Entwicklung kann auf Basis von OSF Motif und/oder MxS-Windows Oberflächen und mit SDL Spezifikationen* für die Bedienoberfläche eine Simulation der Gerätefrontplatte des Autoradios innerhalb weniger Tage erstellen. Anordnung und Funktionszuordnung zu Ein- und Ausgabeelementen der Oberfläche können auf diese Weise schnell erstellt und so am praktischen Beispiel besprochen, festgelegt und umdefiniert werden. Die Demonstration beim Kunden vor Ort kann der Vertriebsbeauftragte mittels eines tragbaren PCs und der Simulation unter Windows durchführen. So kann der Funktionalitätsumfang in praktischer Form festgelegt werden, und die Entwicklung hat gleichzeitig eine Prüfung der Machbarkeit vorgenommen. Denn die SDL Spezifikation ist schon Bestandteil der Realisierung für das Zielsystem.

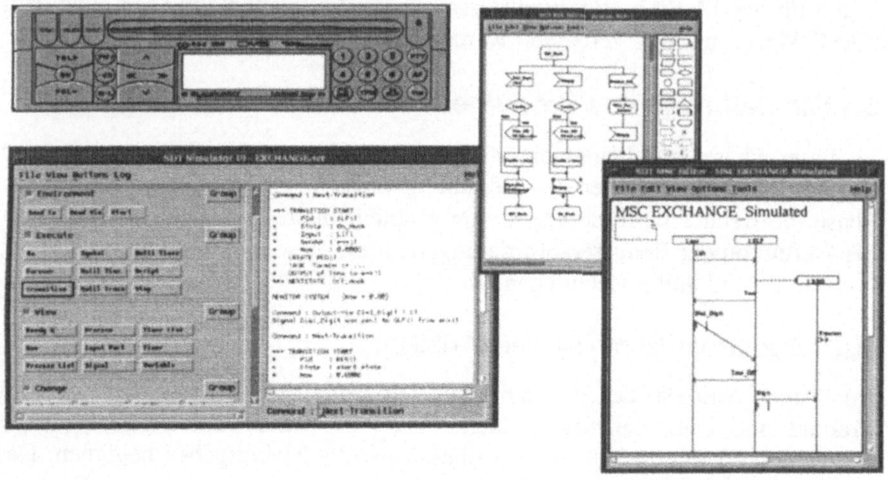

Bild 3

---

* SDL und MSC sind von der CCITT, jetzt ITU-T genormte Beschreibungssprachen

3.2 Software- und Schnittstellenspezifikation

Durch den sauberen Abschluß der Benutzeranforderungsdefinitionen ist ein Teil der Spezifikationsarbeiten bereits erledigt. Die Softwareentwicklung kann beginnen. Jetzt müssen weitere Interna des Softwaresystems spezifiziert werden. Die konsequente Anwendung von SDL und Message Sequence Charts (MSC) (*) in der Softwareentwicklung durch die SDT Toolkette in einer vernetzten Entwicklungsumgebung liefert folgendes:

- frühzeitig eine formale, wohldefinierte, nachvollziehbare und testbare Beschreibung des Systems,

- die Möglichkeit zum Einsatz von Simulations- und Validationstechniken,

- sehr gute Verständigungsmöglichkeiten zwischen den beteiligten Parteien (Beispiel Softwareentwicklung und Qualitätssicherung und -kontrolle),

- jederzeit eine vollständige Dokumentation.

3.3 Testen und Debugging auf der Zielhardware

Bei dem abschließenden Test auf der Zielhardware kann insbesondere die Einhaltung der Echtzeitanforderungen überprüft werden. Durch die automatische C Codegenerierung -der erzeugte C Code ist für alle Phasen der Entwicklung derselbe, ob Host oder Target- und durch die Simulation auf dem Host konnten alle logischen Zusammenhänge dort schon überprüft werden.

Zum Einsatz kommen hier:

- SDL >C Code Generator; entweder als Standard SDT Code Generator und/oder als optimierender Code Generator für Microcontroller,

- spezieller C Compiler, Linker etc.für die Zielhardware,

- spezielles SDL Betriebssystem für die Zielhardware, welches eine Testschnittstelle zur Verfügung stellt.

Über eine Verbindung zwischen Workstation und Zielhardware (als Beispiel eine V.24 Schnittstelle) kann ein echtzeitnaher Test durchgeführt werden. Die zu testende Software wird über die Verbindung von der Workstation zur Zielhardware (Beispiel V.24) geladen und dort ausgeführt. Von der Workstation aus ist ein echtes Remotedebugging inklusive der graphischen Oberflächen (Simulator, MSC, SDL Editor) möglich. Zum Beispiel können SDL Zustände und SDL Ereignisse, momentaner Zustand der Ready-Queue usw. abgefragt und verändert werden. Das Einfügen von Breakpoints ist möglich. Der Umfang des Debugbetriebes ist konfigurierbar.

Der wirkliche Echtzeitbetrieb ist nur durchführbar ohne Softwaredebugging. Der Test unter Realbedingungen, also ohne Beeinflussung der Targetsoftware von außen, kann, um Echtzeitproblemen auf die Spur zu kommen, mit einem Emulator vollzogen werden. Dabei kann die zu testende Software wiederum über eine Verbindung von der Workstation zur Zielhardware (Beispiel V.24) geladen werden.

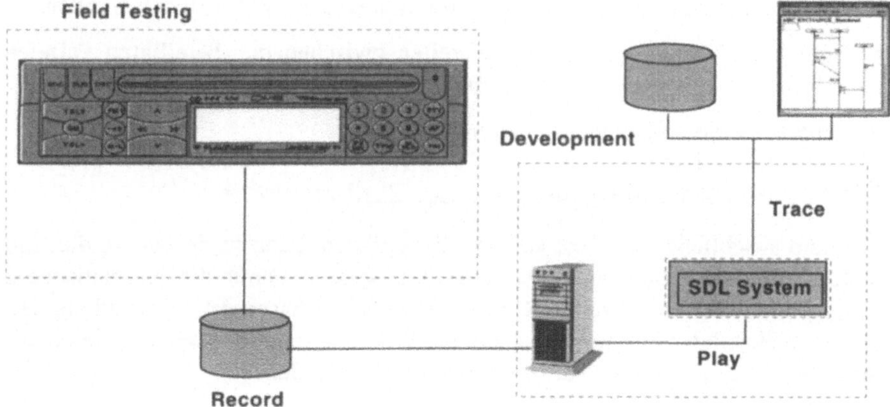

Bild 4

3.4 Komplexität eines typischen Autoradios der gehobenen Klasse

Zur Untermauerung der Notwendigkeit methodischer Vorgehensweise mögen einige Angaben über die Softwarekomplexität dienen:

- komplexe Prozeßsteuerung,

- vom Benutzer angestoßene Prozesse konkurrieren untereinander, da der Benutzer jederzeit eine andere Funktion ausführen kann, während eine andere noch nicht abgeschlossen ist; dadurch werden Prozesse geschachtelt;

- das gleiche gilt für vom Gerät selbst angestoßene Prozesse (Beispiel SCAN-Funktion, Travelstore, etc.),

- hohe Echtzeitanforderungen,

- hohe Integrationsdichte,

- hoch integrierte Bauteile mit komplexen Funktionen/Schnittstellen,

- viele Benutzerfunktionen (Tastatur/Display/Audio),

- viele Schnittstellen:

- Multiprozessorkommunikation (3),

- Hochintegrierte Bauelemente, die von dem Geräteprozessor gesteuert werden,

- I2C-Bus, SCI, Parallelschnittstelle.

Für das reelle Autoradio in Assembler bedeutet das in Zahlen:

- 12 Prozesse,

- 33 Timerüberwachungen,

- 7 Schnittstellentreiber für PLL, Audio und NF, Display/Tastatur, RDS etc.,

- 26 Tasten, davon 14 mit Mehrfachfunktionen.

Für das mit SDL entwickelte Autoradio bedeutet das in Zahlen:

- 6 SDL Prozesse,

- SDL Prozesse kommunizieren untereinander über 140 SDL Signale mit Parametern,

- Insgesamt 24 Prozeßzustandsvariablen,

- 7 Timerüberwachungen,

- 3 Schnittstellentreiber für Audio und NF, Display/Tastatur, RDS etc.,

- 20 Tasten, davon 8 mit Mehrfachfunktionen.

Literatur

[1] ITU-T Recommendation Z.100: CCITT Specification and Description Language (SDL), ITU-T June 1994, This is the reference manual for SDL and includes index (Annex A), glossary (Annex B), formal basis for data types (Annex C) and predefined data types (Annex D).

[2] ITU-T Recommendation Z.120 Message Sequence Chart (MSC), ITU-T September 1994, This is the reference manual for MSC.

[3]   Engineering Real-Time Systems. An object-oriented methodology using SDL, Prentice-Hall 1993, ISBN 0-13-034448-6, A methodology that helps the user to master the complexity of distributed real-time systems and maintain quality in operation is presented. It supplies complete coverage from ideas to implementation. A realistic example is developed throughout the book. The methodology uses the specification language SDL-92 recommended by the international standardisation body ITU.

[4]   F. Belina, D. Hogrefe and A. Sarma:SDL with Applications from Protocol Specification, Prentice-Hall 1991, ISBN 0-13-785890-6, This book on the specification and description language SDL meets the urgent need for an introduction to the language and, in particular, SDL-88. Features include: A gradual introduction of SDL concepts, complemented by real-life examples; A complete treatment of the language constructs, enabling the reader to understand and write SDL specifications; A chapter devoted to the use of SDL for the specification of OSI protocols and services; Appendices containing complete lexical and syntax rules and a list of all the graphical symbols.

Autorenliste

Bauer, A., Dipl.-Inform.	Fachhochschule Wiesbaden
Behrens, Arno, Prof. Dr.-Ing.	Universität der Bundeswehr Hamburg
Dieterle, W., Dipl.-Ing.	Universität -GH- Duisburg
Dittmar, E., Ing. (grad.)	ABB Netzleittechnik GmbH Ladenburg
Doll, Wolfgang, Dipl.-Ing.	Krempel-Wepamat, Weilheim/Teck
Eichhorn, K., Dipl.-Ing.	TU Chemnitz-Zwickau
Franke, H., Dipl.-Ing.	Fraunhofer-Insitut für Umformtechnik und Werkzeugmachinen Chemnitz
Gierth, L., Dipl.-Ing.	Mauell Weida GmbH, Weida
Hampel, Rainer, Prof. Dr.-Ing. habil	Fachhochschule Zittau/Görlitz
Hartlmüller, Peter, Dipl.-Inform.	Deutsche Aerospace AG, München
Heitmann, Hans H., Dr.	Fachhochschule Hamburg
Jovalekic, Silvije, Prof. Dr.	Fachhochschule Albstadt-Sigmaringen
Kastner, W., Dipl.-Ing.	Technische Universität Wien
Keil, A., Dipl.-Ing.	Mauell Weida GmbH, Weida
Kochs, H.-D., Prof. Dr.-Ing.	Universität -GH- Duisburg
Köller, Malte, Dipl.-Ing.	Universität Rostock
Kröger, Reinhold, Prof. Dr.	Fachhochschule Wiesbaden
Kuntze, H.-B., Dr.	Fraunhofer-Institut für Informations- und Datenverarbeitung, Karlsruhe
Landwehr, R.	Competence Center Informatik GmbH, Meppen
Mächtel, Michael, Dipl.-Ing.	Universität der Bundeswehr München

Müller, D., Prof. Dr.-Ing. habil	TU Chemnitz-Zwickau
O'Donnell, R., Dipl.-Ing.	S&P MEDIA GmbH, Bielefeld
Obermayer, P. E., Dr.	Competence Center Informatik GmbH, Meppen
Peek, R.A.	Competence Center Informatik GmbH, Meppen
Remédios, O., Dipl.-Inform.	Fachhochschule Wiesbaden
Rosenkötter, K., Dipl.-Ing.	S&P MEDIA GmbH, Bielefeld
Rzehak, Helmut, Prof. Dr. rer. nat.	Universität der Bundeswehr München
Sauermann, Gerd, Dr.	Concurrent Computer GmbH, Planegg/Martinsried
Schlegel, P., Dipl.-Ing.	TU Chemnitz-Zwickau
Schmid, Ulrich, Dr.	Technische Universität Wien
Schneider, Jana, Dipl.-Inform.	Universität der Bundeswehr München
Schulze, W., Dr.-Ing.	esd gmbh, Hannover
Thoss, M., Dipl.-Inform.	Fachhochschule Wiesbaden
Witzak, Michael P., Dipl.-Ing.	Universität der Bundeswehr Hamburg
Woitzel, Egmont, Dr.-Ing.	Universität Rostock

Sachwortverzeichnis

Fuzzy Control für Ingenieure

Analyse, Synthese und Optimierung
von Fuzzy-Regelungssystemen

von Jörg Kahlert

1995. XII, 283 Seiten mit Diskette. Gebunden.
ISBN 3-528-05460-3

Fuzzy Control – die Anwendung der Fuzzy-Logik im Bereich der Meß-
, Steuerungs- und Regelungstechnik – ist auf dem besten Wege, sich
zu einer der Schlüsseltechnologien der 90er Jahre zu entwickeln.
Dieses Buch erläutert nach der Vermittlung der Fuzzy-Logik-Grund-
lagen in ausführlicher Form die Struktur und den Entwurf von Fuzzy-
Regelungssystemen, beginnend bei Grundstrukturen über adaptive
Fuzzy Controller bis zur Fuzzy-Logik basierten Prozeßüberwachung.
Die mitgelieferte Software erlaubt das unmittelbare Nachvollziehen
des Stoffes und die Durchführung eigener Experimente.

Verlag Vieweg · Postfach 1546 · 65005 Wiesbaden

Fuzzy-Logik und Fuzzy-Control

Eine anwendungsorientierte Einführung
mit Begleitsoftware

von Jörg Kahlert und Hubert Frank

*2., verbesserte und erweiterte Auflage 1994. XII, 359 Seiten
mit Diskette. Gebunden.
ISBN 3-528-15304-0*

Die Fuzzy-Logik (unscharfe Logik) ist in jüngster Zeit vor allem durch
japanische Produkte bekannt geworden. Sie eignet sich im Gegensatz zur klassischen Logik hervorragend dazu, verbal formuliertes
Wissen und Zusammenhänge auf einem Digitalrechner nachzubil-
den. Ein wesentlicher Anwendungsbereich liegt in der Steuerung
und Regelung technischer Systeme (Fuzzy-Control). Die Fuzzy-
Technik ermöglicht hier die Automatisierung gerade solcher Prozesse, die bisher mit klassischen Methoden nicht zugänglich waren.
Sie bietet dabei eine hervorragende Grundlage, empirisches Pro-
zeßwissen und verbal beschreibbare Steuerungsstrategien unmittelbar umzusetzen.

Verlag Vieweg · Postfach 1546 · 65005 Wiesbaden

Regelbasierte Interpolation und Fuzzy Control

von Dirk Drechsel

1996. XII, 263 Seiten. Gebunden.
ISBN 3-528-05515-4

Fuzzy Control hat, initiiert durch die Erfolge der japanischen Industrie, auch im Westen große Popularität erzielt. Das Bemühen von Fuzzy-Methoden, unscharfes Expertenwissen in Form von WENN...DANN...-Regeln zur Automatisierung einzusetzen, scheint im Gegensatz zu dem Paradigma der klassischen präzisen Regelungstechnik zu stehen. Eine Annäherung und Kombination von beidem schien bisher problematisch.

Dieses Buch führt neben der Fuzzy-Methode in die neue Regelbasierte Interpolations (RIP)-Methode ein. Die RIP-Methode verwendet zur Umsetzung von Expertenwissen Stützpunkte und mehrdimensionale Interpolationen. Die Vorteile der RIP-Methode liegen vor allem in der Vervollständigung von unvollständigem Expertenwissen und einer direkten Kombination mit der klassischen Regelungstechnik. Der theoretische Vergleich beider Methoden u.a. wird durch die Regelung eines verfahrenstechnischen Prozesses illustriert.

Verlag Vieweg · Postfach 1546 · 65005 Wiesbaden